云南省普通高等学校“十二五”规划教材

工程材料与热处理

主　编　何人葵
副主编　刘　树

北　京
冶 金 工 业 出 版 社
2024

内 容 提 要

本书根据新形势下高等院校教学的实际情况，结合新时期高等院校“工程材料与热处理”课程教学大纲的基本要求编写而成。全书共分为十章，主要内容包括金属的力学性能、金属的结构与结晶、铁碳合金相图、金属的塑性变形与再结晶、钢的热处理、常用钢、铸铁、非金属材料等。

本书适合于高等院校机械、材料专业的师生使用，也可供相关专业的工程技术人员参考。

图书在版编目（CIP）数据

工程材料与热处理/何人葵主编．—北京：冶金工业出版社，2015.7（2024.8 重印）

云南省普通高等学校“十二五”规划教材

ISBN 978-7-5024-6927-6

Ⅰ．①工…　Ⅱ．①何…　Ⅲ．①工程材料—高等学校—教材　②热处理—高等学校—教材　Ⅳ．①TB3　②TG15

中国版本图书馆 CIP 数据核字(2015)第 149322 号

工程材料与热处理

出版发行 冶金工业出版社　**电　　话** (010)64027926
地　　址 北京市东城区嵩祝院北巷 39 号　**邮　　编** 100009
网　　址 www. mip1953. com　**电子信箱** service@ mip1953. com

责任编辑　郭冬艳　美术编辑　吕欣童　版式设计　孙跃红
责任校对　李　娜　责任印制　窦　唯
北京虎彩文化传播有限公司印刷
2015 年 7 月第 1 版，2024 年 8 月第 2 次印刷
787mm×1092mm　1/16；11.75 印张；283 千字；177 页
定价 31.00 元

投稿电话　(010)64027932　投稿信箱　tougao@cnmip. com. cn
营销中心电话　(010)64044283
冶金工业出版社天猫旗舰店　yjgycbs. tmall. com
（本书如有印装质量问题，本社营销中心负责退换）

前　　言

本书是根据教育部制定的高等学校工科“工程材料与热处理”课程教学的基本要求，在充分总结各院校工程材料与热处理课程教学改革研究与实践的成果和经验的基础上编写而成的，是面向21世纪的课程教材，适合于机械、材料等专业的师生使用，考虑到这类专业的教学内容和学时数不断压缩的实际情况，在广泛征求高等院校教学一线教师的意见后，决定以“简明、精练”作为本书的编写宗旨。

本书主要具有以下特点：

（1）编写体例新颖：借鉴优秀教材特别是国外精品教材的写作思路和方法，图文并茂，活泼新颖。书中配有大量实物图和实景图，并辅以示意图进行介绍，增强教材的可读性，激发学生的学习兴趣。

（2）知识内容新颖：充分反映学科新理论、新技术、新材料和新工艺，体现最新教学改革成果，并将学科发展趋势和前沿研究内容以阅读材料的方式介绍给学生，增强教材内容的延展性，有效拓展学生的知识面。

（3）突出对学生技能的培养：教材的内容根据冶金技术专业定位及人才培养目标的要求，对照就业岗位群中各个职业岗位必需的知识、能力和素质要求，并以高技能技术岗位的能力要求为主线，参照国家职业资格标准、行业技术标准和行业技术规范，结合技能鉴定考核等要求进行编写，让学生在学习中完整体验各岗位工作的设备、内容和方法，有助于提高学生解决具体问题的能力。

（4）知识体系实用：以学生就业所需专业知识和操作技能为着眼点，着重讲解应用型人才培养所需的技能。理论讲解简单实用，重视实践环节，强化实际操作训练，培养学生的职业意识和职业能力。让学生学而有用，学而能用。

（5）内容编排实用：以学生为本，紧紧抓住学生专业学习的动力点，并充分考虑学生的认知过程，结合不同的工程实例深入浅出地进行讲解，案例分析和习题设置注重启发性，强调锻炼学生的思维能力和运用知识解决问题的能力。

在编写过程中特别注意“工程材料”国家标准的更新，采用截止本书出版前正式发布的最新标准。

本书由云锡职业技术学院何人葵主编，刘树副主编，参加本书编写的还有刘超平等。具体分工是：第一、二章由刘树编写，第三、四章由吴道懿编写，第五、六章由刘超平编写，第七、八章由何人葵编写，第九、十章由赖楠编写。

由于编者水平所限，加之时间仓促，书中缺点、错误恳请广大读者批评和指正。

编 者

2015 年 4 月

目　　录

第一章　金属材料的力学性能

金属材料是现代机械制造业最基本的基料，广泛应用于制造生产和生活用品。金属材料之所以能够广泛地应用，关键是由于它具有良好的力学性能。

金属材料的性能包括使用性能和工艺性能两个方面，使用性能是指金属材料在使用过程中表现出来的性能，包括密度、熔点、导电性、导热性、热膨胀、磁性等物理性能；耐腐蚀性、抗氧化性等化学性能和力学性能。而工艺性能是指金属在制造和加工过程中反映出来的各种性能。在机械设备的设计、制造及选用金属材料时，大多以其力学性能为主要依据，因此，掌握金属材料的力学性能是非常重要的。

所谓力学性能是指金属在外力作用下表现出来的性能。常用的力学性能指标有：强度、塑性、硬度、冲击韧性和疲劳强度等。

金属材料在加工及使用过程中所受的外力称之为载荷。根据载荷作用性质的不同，可以分为静载荷、冲击载荷和交变载荷三种。

（1）静载荷：是指大小不变或变化过程缓慢的载荷。

（2）冲击载荷：在短时间内以较高速度作用于零件上的载荷。

（3）交变载荷：是指大小、方向或大小和方向随时间做周期性变化的交变载荷、弯曲载荷、剪切载荷和扭转载荷等。

根据作用形式的不同，载荷又可以分为拉伸载荷、压缩载荷等。

金属材料的力学性能是零件设计和材料选择的主要依据。本章主要讨论各种力学性能指标的宏观物理现象及其测定方法。

金属材料受到载荷作用而产生的几何形状和尺寸的变化称为变形。变形一般分为弹性变形和塑性变形两种。

金属材料受外力作用时，为保持其不变形，在材料内部作用着与外力相对抗的力，这种力称为内力。单位面积上的内力称为应力。金属材料受拉伸或压缩载荷作用时，其横截面上的应力可以按下式计算：

$$\sigma = F/S$$

式中　σ——应力，Pa；

F——外力，N；

S——横截面积，m^2。

第一节　强度和塑性

一、强度

金属材料在外力作用下抵抗永久变形和断裂的能力称为强度。强度的大小用应力表示。按外力作用的性质不同，强度可分为抗拉强度、抗压强度、抗弯强度、抗剪强度和抗扭强度等，一般情况下多以抗拉强度作为判别金属强度高低的指标。

由于金属材料在外力作用下从变形到破坏都是有一定规律的，因而，通常采用静载拉伸试验来进行测定，即把金属材料制成一定规格的试样，把试样放置在拉伸试验机上进行拉伸，静拉伸试验通常是在室温和轴向加载条件下进行的，其特点是试验机加载轴线与试样轴线重合，缓慢施加载荷，应变与应力同步。在静拉伸试验中得到的应力-应变曲线上，记载着材料力学的基本特征，因此，应力-应变曲线成为理解材料基本力学性能的基础和信息源。

（一）拉伸试样

拉伸试样的形状一般做成圆形和矩形两类。如图 1-1 所示为圆形试样，如图 1-2 所示为矩形试样。国家标准（GB/T 397—1986）中，对试样的形状、尺寸及加工要求均有明确的规定。

图 1-1 中，d 是试样的直径，L_0 为标距长度，根据标距长度和直径的不同，试样可以分为长试样（$L_0=10d$）和短试样（$L_0=5d$）两种。

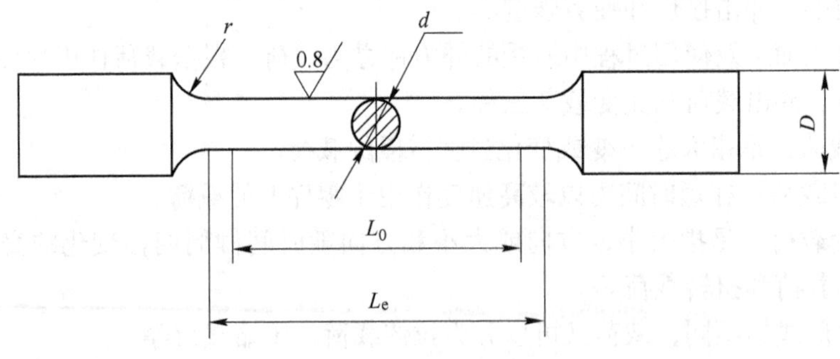

图 1-1 圆形试样

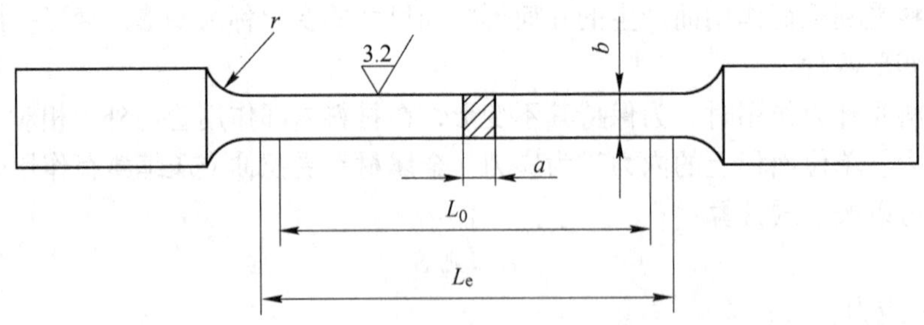

图 1-2 矩形试样

（二）应力-应变曲线

拉伸试验中得到的应力与应变之间的关系曲线，叫做应力-应变曲线。也称为拉伸曲线图。如图 1-3 所示，为低碳钢在拉伸时的应力-应变曲线。图中纵坐标表示应力 σ 的大小，横坐标表示应变 ε，图中明显地表示出下面几个变形阶段：

1. 弹性阶段

从图 1-3 中可以看出，Oa 段成直线，表明在这一阶段内应力与应变成正比，材料服从胡克定律，a 点是应力与应变成正比的最高点，与 a 点对应的应力称为比例极限。比例极限是弹性阶段中的最大应力。超过比例极限后，从 a 点到 b 点应力和应变之间的关系不再是直线，但当解除外力以后，变形也就随之消失，这种变形称为弹性变形。材料受外力后变形，卸去外力后变形完全消失的这种性质称为弹性。b 点对应的应力是材料出现弹性变形的极限值，称为弹性极限，事实上工程中对弹性极限与比例极限并不作严格的区分。

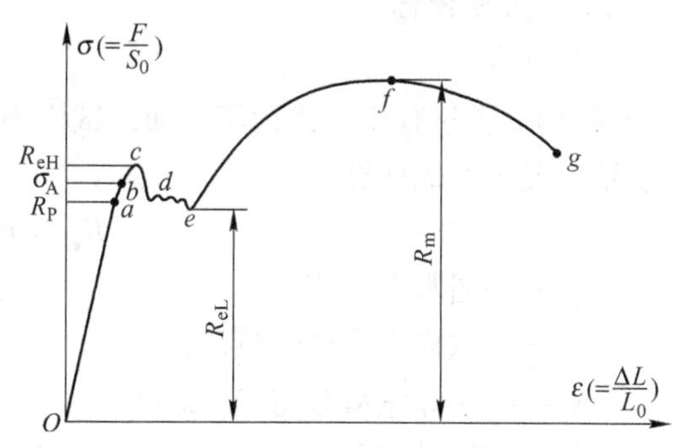

图 1-3 低碳钢拉伸时的应力-应变曲线

2. 屈服阶段

当应力超过弹性极限后，应力-应变曲线上出现一段沿水平上下波动的锯齿形线段，如图 1-3 所示中的 ce 段，在这一阶段中金属材料试样承受的外力超过材料的弹性极限时，虽然应力不再增加，但是试样仍发生明显的塑性变形，这种现象称之为屈服，即材料承受外力到一定程度时，其变形不再与外力成正比，而产生明显的塑性变形。产生屈服时的应力称为屈服强度极限，用 R_{eL}表示。对于塑性高的材料，在拉伸曲线上会出现明显的屈服点，而对于低塑性材料则没有明显的屈服点，从而难以根据屈服点的外力求出屈服极限。因此，在拉伸试验方法中，通常规定试样上的标距长度产生 0.2% 塑性变形时的应力作为条件屈服极限，用 $R_{p0.2}$表示。屈服极限指标可用于要求零件在工作中不产生明显塑性变形的设计依据。但是对于一些重要零件还考虑要求屈强比（即 R_{eL}/R_m）要小，以提高其安全可靠性，不过此时材料的利用率也较低。

3. 强化阶段

经过屈服阶段后，从 e 点开始曲线又逐渐上升，材料又恢复了抵抗变形的能力，这是材料产生变形硬化的缘故。图形为向上凸起的曲线 ef，表明若要试件继续变形，必须增加外力，这种现象称为材料的强化。强化的最高点 f 对应的应力是试件拉断前承受的最大应力值，称为强度极限，用 R_m 表示。强度极限是衡量材料强度的一个很重要的指标。常用单位为兆帕（MPa），换算关系有：$1\text{MPa} = 1 \times 10^6\text{Pa}$。

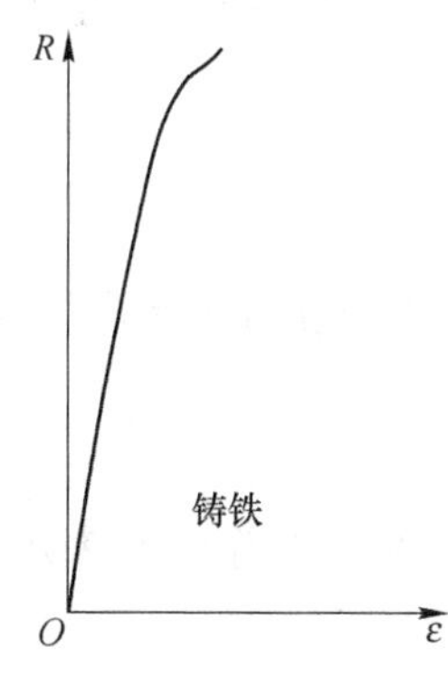

图 1-4 铸铁拉伸时的应力-应变曲线

4. 缩颈阶段

当载荷达到最大值后，试验材料的应变硬化与几何形状导致的软化达到平衡，此时力不再增加，试样最薄弱截面的中心部分开始出现微小空洞，然后扩展连接成小裂纹，试样的受力状态由两向变为三向受力状态，裂纹扩展的同时，试样的直径发生局部收缩，称为“缩颈”，在试样表面可以看到产生的缩颈变形，由于试样缩颈处横截面面积的减小，试样变形所需的载荷也随之降低，这时伸长主要集中于缩颈部位，直到断裂。

工程上使用的金属材料，多数没有明显的屈服现象，有的脆性材料，不仅没有屈服现象，而且也不产生“缩颈”，如铸铁等。图 1-4 为铸铁拉伸时的应力-应变曲线。

（三）强度指标

1. 屈服点

在拉伸试验过程中，载荷不增加，试样仍能继续伸长时的应力称之为屈服点，用符号 R_{eL}表示，可用下式计算：

$$R_{eL} = F_S / S_0$$

式中　R_{eL}——屈服点，MPa；

F_S——试样屈服时的载荷，N；

S_0——试样原横截面积，mm^2。

对于无明显屈服现象的金属材料，按国标 GB/T 228—2002 规定可用规定残余伸长应力 $R_{p0.2}$表示。$R_{p0.2}$表示试样卸除载荷后，其标距部分残余伸长率达到 0.2% 时的应力，也称为屈服强度。可用下式计算：

$$R_{p0.2} = F_{0.2} / S_0$$

式中　$R_{p0.2}$——规定残余伸长应力，MPa；

$F_{0.2}$——残余伸长率达 0.2% 时的载荷，N；

S_0——试样原横截面积，mm^2。

屈服点 R_{eL}和规定残余伸长应力 $R_{p0.2}$都是衡量金属材料塑性变形抗力的指标。机械零件在工作时如果受力过大，会导致过量的塑性变形而失效。若零件工作时所受的应力，低于材料的屈服点或规定残余伸长应力，则不会产生过量的塑性变形。材料的屈服点 R_{eL}和规定残余伸长应力 $R_{p0.2}$越高，允许的工作应力也就越高，则零件的截面尺寸及自身质量就可以适当减小。因此材料的屈服点 R_{eL}和规定残余伸长应力 $R_{p0.2}$是机械零件设计的主要依据，也是评定金属材料性能的重要指标。

2. 抗拉强度

材料在拉断前所能承受的最大应力称为抗拉强度，用符号 R_m 表示，可用下式计算：

$$R_m = F_b / S_0$$

式中　R_m——抗拉强度，MPa；

F_b——试样拉断前承受的最大应力，N；

S_0——试样原横截面积，mm^2。

零件在工作中所承受的应力，不允许超过抗拉强度，否则会发生断裂。抗拉强度 R_m也是机械零件设计和选材的重要依据和指标。

二、塑性

金属材料在外力作用下产生永久变形而不破坏的能力称为塑性，塑性指标也是由拉伸试验测得，常用伸长率和断面收缩率来表示。

（一）伸长率 A

试样拉断后，标距的伸长量与原始标距长度的百分比称为伸长率，用符号 A 表示。其公式表示为：

$$A = [(L_1 - L_0)/L_0] \times 100\%$$

式中　A——伸长率,%；

L_1——试样拉断后的长度，mm；

L_0——试样原始的标距，mm。

必须说明，在实际试验时，同一材料但是不同规格（直径、截面形状，例如方形、圆形、矩形以及标距长度）的拉伸试样测得的伸长率也不同，因此，一般需要特别加注。例如最常用的圆截面试样，其初始标距长度为试样直径5倍时测得的伸长率表示为 A，而初始标距长度为试样直径10倍时测得的伸长率则表示为 $A_{11.3}$。

（二）断面收缩率 Z

拉伸试验时试样拉断后原横截面积 S_0 与断口细颈处最小截面积 S_1 之差与原横截面积 S_0 之比，称为断面收缩率，用符号 Z 表示。其公式表示为：

$$Z=[(S_0-S_1)/S_0]\times100\%$$

式中 Z——断面收缩率，%；

S_0——试样原横截面积，mm^2；

S_1——试样拉断后缩颈处的横截面积，mm^2。

金属材料的伸长率（A）和断面收缩率（Z）数值越大，表示金属材料的塑性就越好。塑性好的金属可以发生大的塑性变形而不被破坏，易通过塑性变形加工制成形状复杂的零件。例如，工业纯铁的 A 可达50%，Z 可达80%，可以拉制细丝，轧制薄板等。而铸铁的 A 几乎为零，所以，铸铁不可以进行塑性变形加工。塑性好的材料，在受力过大时，首先产生塑性变形而不致发生突然断裂，因此比较安全。

下面举例说明强度、塑性的计算方法：

【例1-1】 有一个直径 $d_0=10mm$，$L_0=100mm$ 的低碳钢试样，拉伸试验时测得 $F_S=21kN$，$F_b=29kN$，$d_1=5.65mm$，$L_1=138mm$，试求此试样的 R_{eL}、R_m、A、Z。

解： 计算 S_0、S_1

$$S_0=\pi d_0^2/4=3.14\times10^2/4=78.5mm^2$$

$$S_1=\pi d_1^2/4=3.14\times5.65^2/4=25mm^2$$

（1）计算 R_{eL}、R_m

$$R_{eL}=F_S/S_0=21000/78.5=267.5MPa$$

$$R_m=F_b/S_0=29000/78.5=369.4MPa$$

（2）计算 A、Z

$$A=[(L_1-L_0)/L_0]\times100\%=[(138-100)/100]\times100\%=38\%$$

$$Z=[(S_0-S_1)/S_0]\times100\%=[(78.5-25)/78.5]\times100\%=68\%$$

第二节 金属材料的硬度

硬度是指金属材料抵抗局部变形，特别是塑性变形、压痕或划痕的能力。

硬度是各种零件及工具必须具备的性能指标。机械制造业所用的刀具、量具、模具等，都应具备足够的硬度，才能保证它的使用性能和寿命。有些机械零件如齿轮等，也要求有一定的硬度，以保证它有足够的耐磨性和使用寿命。因此，硬度是金属材料重要的力学性能之一。

硬度又是一项综合力学性能指标，从金属表面的局部压痕可以反映出金属材料的强度和塑性。在零件图上经常标注出各种硬度指标作为技术要求。金属材料的硬度值愈高，其耐磨性也就越好。硬度值又可以间接地反映金属的强度及金属的化学成分、金相组织和热处理工艺上的差异，而与拉伸试验相比，硬度试验简便易行，因而硬度试验应用十分广泛。

硬度测定方法有压入法、划痕法、回弹高度法等，其中压入法的应用最为普遍。

在压入法中，常用的硬度测试方法有布氏硬度（HB）、洛氏硬度（HRA、HRB、HRC等）和维氏硬度（HV）三种。

一、布氏硬度（HB）

（一）布氏硬度的测试原理

布氏硬度的试验原理是用一定直径的硬质合金球，以匹配的试验力压入试样表面，经规定的保持时间后，卸除试验力，测量试样表面的压痕直径 d，然后根据压痕直径 d 计算其硬度值的方法，如图 1-5 所示。

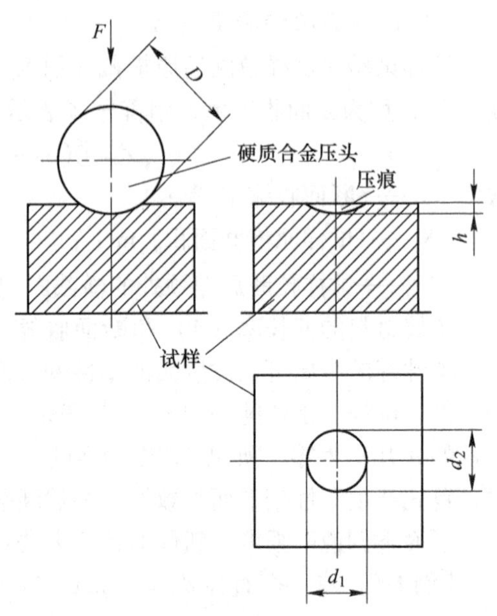

图 1-5　布氏硬度试验原理示意图

布氏硬度值是用球面压痕单位面积上所承受的平均压力来表示。用符号 HB 来表示。

如已知所加载荷 F，压头直径 D，只要测出试样表面上的压痕直径 d 或压痕深度 h，即可用下式求出其布氏硬度值，当力的单位用 10^7Pa（$1\text{kgf/mm}^2 = 10^7$Pa）时，布氏硬度值可按下式计算：

$$\mathrm{HB} = \frac{F}{S} = \frac{2F}{\pi D(D - \sqrt{D^2 - d^2})}$$

当力的单位用 N 时，布氏硬度值可按下式计算：

$$\mathrm{HB} = \frac{F}{S} = 0.102\frac{2F}{\pi D(D - \sqrt{D^2 - d^2})}$$

式中　HB——用钢球（或硬质合金球）试验时的布氏硬度值；

F——试验力，N；

S——球面压痕表面积，mm^2；

D——球体的直径，mm；

d——压痕平均直径，mm。

从上式可以看出，当试验力 F、压头球体直径 D 一定时，布氏硬度值只与压痕直径 d 的大小有关。d 值越小，布氏硬度值越大，钢硬度越高。相反，d 值越大，布氏硬度值越小，硬度也就越低。

通常布氏硬度值是不标注单位的。在实际应用中，布氏硬度一般不用计算，而是用专用的刻度放大镜量出压痕直径 d，根据压痕直径 d 的大小，再从专门的硬度表中查出相应的布氏硬度值。

（二）布氏硬度的表示方法

布氏硬度的表示方法：符号 HBS 或 HBW 之前的数字表示硬度值，符号后边按以下顺序用数字表示试验的相关参数：（1）球体直径；（2）试验力；（3）试验力保持的时间（10～15s 不标注）。

例如：

150HBW10/1000/30：表示用直径 D 为 10mm 的硬质合金球，在 1000kgf（9.807kN）试验力作用下，试验力保持 30s 时测得的布氏硬度值是 150；

500HBW5/750：表示用直径 D 为 5mm 的硬质合金球，在 750kgf（7.355kN）试验力作用下，试验力保持 10～15s 时测得的布氏硬度值是 500。

布氏硬度试验范围的上限为 650HBW。

（三）布氏硬度应用范围及优缺点

布氏硬度主要适用于测定灰铸铁、有色金属、经退火处理或正火处理的金属材料及其半成品等硬度不是很高的材料。

布氏硬度试验的特点是试验时金属材料表面压痕大，能在较大范围内反映被测金属材料的平均硬度，测得的硬度值比较准确，数据稳定。另外，由于布氏硬度与其他力学性能（如抗拉强度）之间存在着一定的关系，因而在工程上得以广泛应用。

测量布氏硬度的缺点是由于压痕较大，对金属表面的损伤较大，而且操作比较费时，对不同的材料需要不同的压头和试验力，在进行高硬度材料试验时，由于球体本身的变形会使测量结果不准确，因此，用钢球压头测量时，材料硬度值必须小于 450，用硬质合金球压头测量时，材料硬度值必须小于 650，且不宜测定太小或太薄的试样。

二、洛氏硬度（HR）

（一）洛氏硬度的测试原理

洛氏硬度是以直接测量压痕深度，并以压痕深度大小表示材料的硬度。洛氏硬度的压头有两种：即顶角为 120°的金刚石圆锥体压头和直径为 1/16″（1.5875mm）或 1/8″（3.175mm）的钢球压头。前者适用于测定淬火钢材等较硬的金属材料，后者适用于测定退火钢、有色金属等较软材料。洛氏硬度测定时应先加 98.1N（10kgf）的预载荷，然后再加主载荷。采用的压头不同，则施加的载荷也不同。不同的压头和载荷可组成不同的洛氏硬度标尺。我国规定的洛氏硬度标尺有九种，其中常用的洛氏硬度标尺有 A、B、C 三种，其中 C 标尺应用最为广泛。这三种硬度标尺的试验条件及测试规范见表 1-1。

表 1-1　常用洛氏硬度尺的试验条件和测试规范

标尺	压　头	总试验力/N	硬度值有效范围	适用测试材料
HRA	120°金刚石圆锥体	588.4	60～85HRA	硬质合金、表面淬火钢
HRB	直径 1.5875mm 淬火钢球	980.7	25～100HRB	退火钢、非铁金属
HRC	120°金刚石圆锥体	1471.0	20～67HRC	一般淬火钢件

如图 1-6 所示，图示位置 A 处为金刚石压头还没有和试样接触的位置。图中 1—1 处是在初载荷作用下，压头所处的位置，压头压入试样表面深度为 h_1，加初载荷的目的是

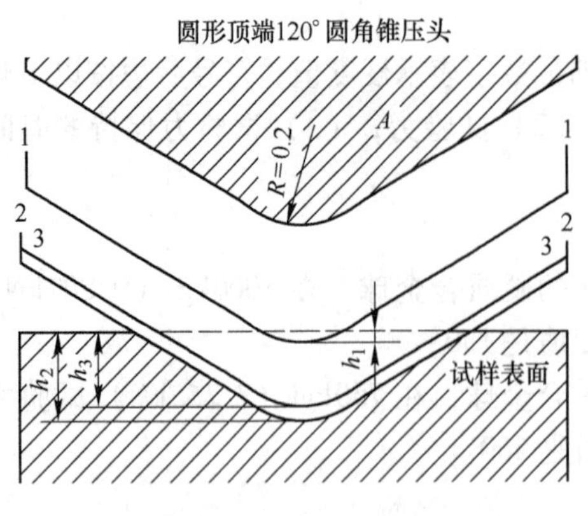

图 1-6 洛氏硬度计试验原理示意图

为了清除由于试样表面不光洁而对试验结果的精确性造成的不良影响。图中 2—2 处为总载荷（初载荷 + 主载荷）作用下压头所处的位置，压入深度为 h_2。3—3 处是卸除主载荷后压头所处的位置，由于金属弹性变形得到回复，此时压头实际压入深度为 h_3，故由于主载荷所引起的塑性变形而使压头压入深度 $h = h_3 - h_1$。洛氏硬度值由 h 的大小来确定，压入深度 h 越大，硬度越低；反之，压入深度 h 越小，则硬度值就越高。为了适应习惯上数值愈大，硬度愈高的习惯，故采用一个常数 C 减去 h 来表示硬度大小，并用每 0.002mm 的压痕深度为一个硬度单位。由此获得的硬度值称为洛氏硬度值，用符号 HR 表示。因此

$$\mathrm{HR} = C - (h/0.002\mathrm{mm})$$

式中，C 为常数（对于 HRB，C 为 130；对于 HRC 和 HRA，C 为 100），由此获得的洛氏硬度值 HB 为一无名数，在试验时一般由指示器上直接读出。HR 前面为硬度值，HR 后面为使用的标尺。例如 50HRC 表示用 C 标尺测定的洛氏硬度值为 50。

所以，洛氏硬度试验原理是以锥角为 120°的金刚石圆锥体或直径为 1.5875mm 的淬火钢球，压入试样表面，试验时，先加初试验力，然后加主试验力，压入试样表面后，去除主试验力，在保留初试验力的情况下，根据试样残余压痕深度增量来衡量试样的硬度大小。

（二）表面洛氏硬度

由于洛氏硬度试验所用载荷较大，不宜用来测定极薄工件和表面硬化层（如渗氮及金属镀层）的硬度。为满足这些硬度测定的需要，应用了洛氏硬度的原理，发展了表面洛氏硬度试验。它与普通洛氏硬度试验的不同之处在于：

（1）预载荷为 29.4N（3kgf），总载荷比较小，分别是 147.2N（15kgf）、294.3N（30kgf）、441.5N（45kgf）。

（2）取压痕残余深度 $h = 0.1$mm 时洛氏硬度为零，以每 0.001mm 的压痕深度残余增量对应一个硬度单位。

表面洛氏硬度的标尺、试验规范及应用见表 1-2。

表 1-2 表面洛氏硬度试验的标尺、试验规范及应用

标尺	硬度符号	压头类型	初始试验力 F_0/N	主试验力 F_1/N	总试验力 F/N	测量硬度范围	应用举例
15N	HR15N	金刚石圆锥	29.42	117.7	147.1	70~94	渗氮钢、渗碳钢、极薄钢板、刀刃、零件边缘部分、表面镀层
30N	HR30N		29.42	264.8	294.2	42~86	
45N	HR45N		29.42	411.9	441.3	20~70	
15T	HR15T	直径 1.5875mm 钢球	29.42	117.7	147.1	67~93	低碳钢、铜合金、铝合金等薄板
30T	HR30T		29.42	264.8	294.2	29~82	
45T	HR45T		29.42	411.9	441.3	1~72	

表面洛氏硬度的表示方法是在 HR 后面加注标尺符号，硬度值写在 HR 之前，如 45HR30N，80HR30T 等等。

（三）洛氏硬度优缺点及应用

洛氏硬度试验的优点是：硬度试验压痕小，对试样表面损伤小，常用来直接检验成品或半成品零件的硬度，尤其是经过淬火处理的零件，常采用洛氏硬度计进行测试；另外，试验操作简便，可直接从试验机上读取硬度值。缺点是由于压痕小，硬度值的准确性不如布氏硬度高，数据重复性差。在测试时要选取不同位置的三点测出硬度值，将三点硬度的平均值作为被测金属材料的洛氏硬度值。

三、维氏硬度（HV）

（一）维氏硬度测定原理和方法

维氏硬度测定原理和方法与布氏硬度基本相同，也是根据单位压痕表面积上承受的载荷大小来确定硬度值。不同的是测定维氏硬度所用的压头是用金刚石制成的四方锥体，两相对面夹角 α 为 136°，所加载荷较小。测定维氏硬度时，也是以一定载荷的力将压头压入试样表面，保持一定时间后卸载，试样表面留下压痕，如图 1-7 所示。已知载荷 F，测定压痕两对角线长度后取平均值 d，代入下式求维氏硬度，维氏硬度符号为 HV。

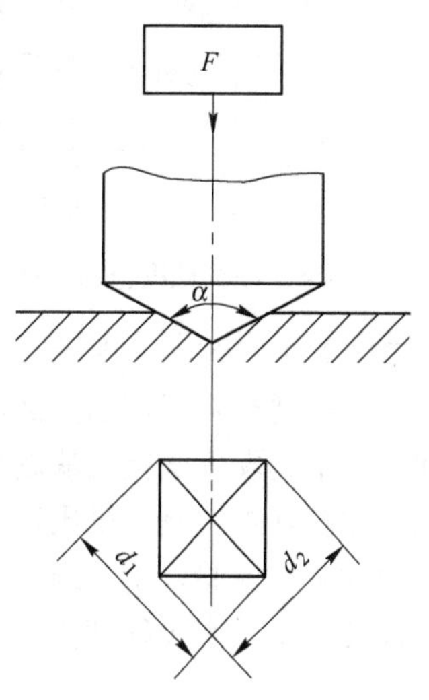

图 1-7 维氏硬度计试验原理示意图

当载荷 F 单位为 kgf 时：

$$HV = F/S = 1.8544F/d^2$$

当载荷 F 单位为 N 时：

$$HV = 0.102F/S = 0.1891F/d^2$$

与布氏硬度一样，维氏硬度也不标注单位。

当载荷一定时，即可根据 d 值，求出维氏硬度 HV。测定压痕两对角线长度的平均值后查表求 HV 时，注意载荷单位。维氏硬度的表示方法与布氏相同，例 640HV30/20，前面数值为硬度值，后面数字依次为所加载荷和时间。

根据材料的软硬、厚薄及所测部位的特性不同，需要在不同试验力范围内测定维氏硬度。为此，我国制定了相应的维氏试验方法国家标准：

（1）GB 4340—2009《金属维氏硬度试验方法》试验力范围为 49.03 ~ 980.7N（5 ~ 10kgf），共分六级。主要用于测定较大工件和较深表面层的硬度。

（2）GB 5030—1999《金属小负荷维氏硬度试验方法》试验范围为 1.961 ~ <49.03N（0.2 ~ 5kgf），共分七级。主要用于测定较薄工件和工具的表面层或镀层的硬度，也可测定试样截面的硬度梯度。

使用维氏硬度测试硬化层硬度时，硬化层或试样的厚度应大于 1.5d。若不知被测试样硬化层厚度，则可在不同载荷下按从小到大的顺序进行试验。当载荷增加，硬度明显降低，则必须采用较小的载荷，直至两相邻载荷得出相同结果为止。若已知待试层厚度和预期的硬度，可参照图 1-8 选择试验载荷。当厚度较大时，尽可能选用较大载荷，以减小对角线测量的相对误差和试件表面层的影响，从而提高维氏硬度测定精度。但对 HV >500

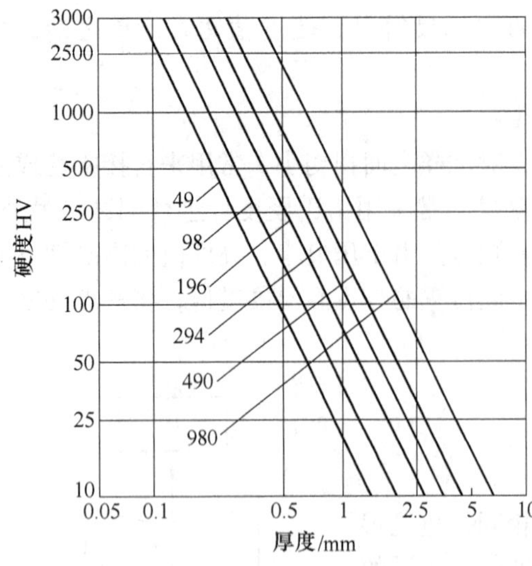

图 1-8 载荷硬度值与试样最小厚度的关系

的材料，试验时不宜采用 45N（5kgf）以上的载荷，以免损坏金刚石压头。

640HV30 表示用 294.2N（30kgf）试验力，试验力保持 10～15s 时测定的维氏硬度值是 640；

640HV30/20 表示用 294.2N（30kgf）试验力，试验力保持 20s 时测定的维氏硬度值是 640。

（二）维氏硬度的特点及应用

维氏硬度与布氏硬度及洛氏硬度试验相比，维氏硬度试验具有很多优点。由于采用压头为四棱锥体，当载荷改变时，压力角恒定不变，因此，载荷可任意选择，不存在布氏硬度试验中载荷 F 与球体直径 D 之间关系的约束。由于压痕清晰，对角线长度计量精确可靠。此外，维氏硬度测量范围较宽，软硬材料都可以测试。维氏硬度也不存在洛氏硬度那样不同标尺的硬度无法统一的问题。维氏硬度试验的缺点是测取维氏硬度时，需要测量对角线长度，然后查表或计算，测量比较麻烦，测量维氏硬度没有洛氏硬度方便，工作效率比洛氏硬度低，不适于成批生产中的常规检验。由于维氏硬度与布氏硬度的测定原理相同，在材料硬度小于 450HV 时，维氏硬度值与布氏硬度值大致相同。

第三节 冲击韧性

金属材料在冲击载荷的作用下抵抗破坏的能力称为韧性，通常采用冲击试验来表征材料的韧性。即用一定尺寸和形状的金属试样在规定类型的冲击试验机上承受冲击载荷而折断时，断口上单位横截面积上所消耗的冲击功来衡量材料韧性的大小。

一、加载速率与变形速率

加载速率是指载荷施加于机件的速率。用单位时间应力的增量表示，单位为 MPa/s。变形速率是单位时间内的变形量。由于加载速率增加时，机件的变形速率也随之增加，因此，也可用变形速率间接反映加载速率的变化。变形速率有两种表示方法，绝对变形速率和相对变形速率。绝对变形速率是单位时间内试样的绝对变形量，用 $v = \mathrm{d}L/\mathrm{d}t$ 表示（L 为试样长度，t 为时间），单位为 m/s。相对变形速率是单位时间试样的真实相对变形量，用 $\varepsilon = \mathrm{d}e/\mathrm{d}t$ 表示，大多数情况下，相对变形速率应用得较多。

二、冲击载荷对力学性能的影响

在冲击载荷下，机件的变形断裂与静载荷作用一样，也可分为弹性变形、塑性变形和断裂三个阶段。

金属在弹性变形阶段，弹性变形的传播是以声速在介质中进行的。在金属中，声速的数值相当大，如钢中约为5000m/s。这样，即使在高速加载的条件下，材料的弹性变形也能跟得上载荷的增加速率，所以，加载速率对弹性变形过程基本是没有影响的。

在塑性变形阶段，由于塑性变形的速率比较缓慢，当加载速率很快时，变形速率就跟不上加载速率，使得塑性变形来不及充分进行。与同样大小的静载相比，快速加载的塑性变形量较小，也就是说快速加载会导致强度提高。其中屈服强度提高较多，抗拉强度提高较少，结果使屈强比增大。

变形速率增加时，塑性指标的变化较为复杂。一般对塑性差的材料，增大变形速率会使塑性下降，材料变脆；而对塑性好的材料，在变形速率提高时，塑性一般变化不大，或者有所增加，但当变形速率极高时，各种材料的塑韧性均下降。

表1-3给出了几种材料的光滑试样冲击加载性能。

表 1-3　几种材料的冲击加载性能

变形速率	$/m \cdot s^{-1}$	$A\times100$	$Z\times100$	R_{eL}/MPa	R_m/MPa	$\dot{\varepsilon}/s^{-1}$
$30Cr_2Ni_2MoA$，910℃淬火，660℃高温回火，26HRC						
静载荷		11.5	66.0	800	903	—
冲击载荷	5.7	13.5	62.0	1080	1148	5.77×10^3
	25	14.0	63.5	1153	1261	18.2×10^3
	450	13.0	—	1624	1653	31.7×10^3
	600	13.0	—	1800	1835	46.9×10^3
	750	12.0	—	1844	1844	58.1×10^3
18CrNiWA，870℃空淬，190℃低温回火，37HRC						
静载荷		7.0	56.5	1221	1261	—
冲击载荷	5.7	7.0	54.0	1148	1256	6.71×10^3
	25	8.5	54.0	1270	1329	18.1×10^3
	450	5.0	—	1388	1599	34.5×10^3
	600	5.5	—	1717	1717	39.0×10^3
40CrNi，830℃油淬，600℃高温回火，31HRC						
静载荷		10.5	57.0	956	1035	—
冲击载荷	5.7	13.0	57.5	996	1030	6.20×10^3
	25	13.5	59.5	1025	1025	15.9×10^3
	450	13.0	—	1275	1570	27.7×10^3
	600	6.5	—	1187	1187	48.2×10^3
40Cr，830℃油淬，600℃高温回火，29HRC						
静载荷		11.5	61.0	633	917	—
冲击载荷	5.7	13.0	62.0	976	981	6.9×10^3
	25	14.0	61.5	947	1014	12.3×10^3
	450	10.0	—	1643	1368	40.5×10^3

三、缺口冲击弯曲试验方法

摆锤缺口冲击弯曲试验，是一种广泛使用的冲击试验。其试验方法如图1-9所示。冲击弯曲的试验步骤为：

（1）将缺口试样置于试验机支座上；

（2）把质量为 m 的摆锤抬升到一定高度 H_1，使其获得位能 mgH_1；

（3）释放摆锤，冲断试样。

摆锤冲断试样后由于惯性继续运动到 H_2，剩余位能为 mgH_2。此过程中，位能损失为：

$$mgH_1 - mgH_2 = mg(H_1 - H_2) = G(H_1 - H_2)$$

式中　G——摆锤的重量，N；

H_1——摆锤初始的高度，m；

H_2——冲断试样后，摆锤回升的高度，m。

忽略摩擦、空气阻力及掷出试样所消耗的能量，则冲断试样所消耗的能量——冲击吸收功为 $A_k = G(H_1 - H_2)$，单位 J。摆锤冲击试样时冲击速率为 5～7m/s，$\varepsilon = 10^3/s$。

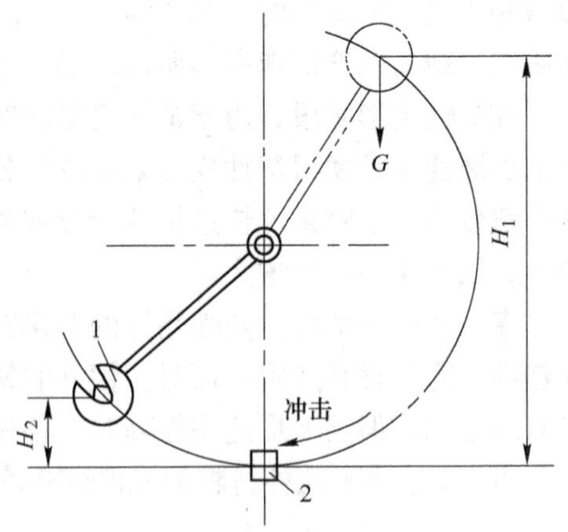

图 1-9 摆锤冲击试验原理示意图

1—摆锤；2—试样

国家标准 GB/T 229—1994 规定，冲击试验采用夏比 U 形缺口试样或夏比 V 形缺口试样，习惯上前者也称为梅氏试样，图 1-10 和图 1-11 给出了这两种试样的尺寸及加工要求。试样开缺口的目的是为造成应力集中，使试样脆化，以便将试样在缺口处冲断和测定材料承受冲击载荷的能力。两种试样的冲击功分别记为 A_{KU} 和 A_{KV}。由于两种试样缺口不同，使得冲击吸收功数值也不同，所以冲击吸收功的脚注是不可少的。由于 U 形试样缺口较钝，一般 U 形缺口试样的冲击吸收功数值较大。

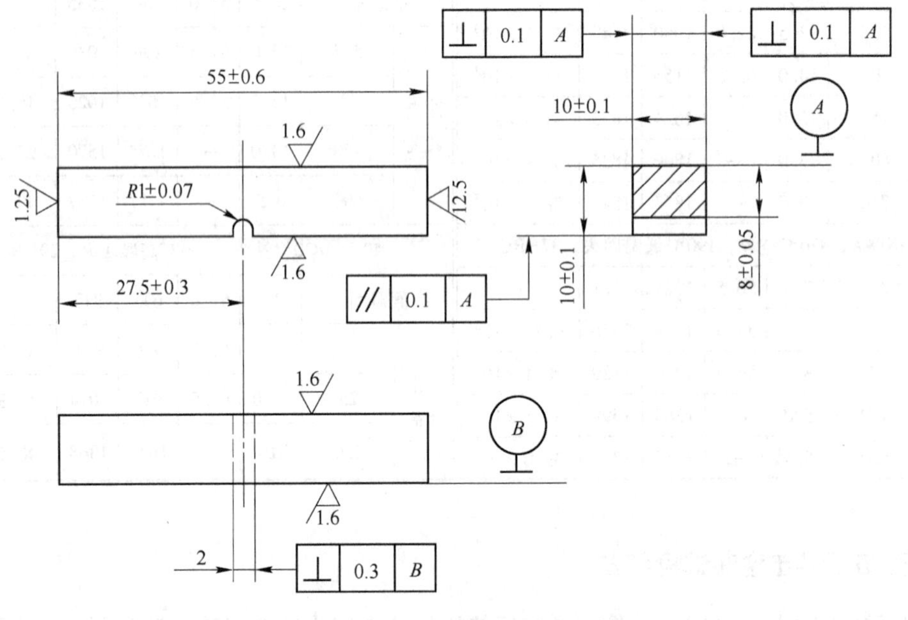

图 1-10 夏比 U 形缺口冲击试样

四、关于 A_k 的说明

A_k 是冲断试样所消耗的总功，或试样断裂前所吸收的能量，其物理意义是很明确的。而将 A_k 除以缺口截面积 S_N 表示单位面积吸收的能量，则物理意义就不明确了。因为，冲断试样时所消耗的能量并非沿试样截面均匀分布，而是主要被缺口附近的体积吸收，缺口附近与缺口远处吸收的能量在数值上相差极大；此外，吸收能量的是体积而不是面积，所以用单位面积吸收的能量 A_k 表示材料在冲击条件下的韧性其物理意义是不明确也不够准

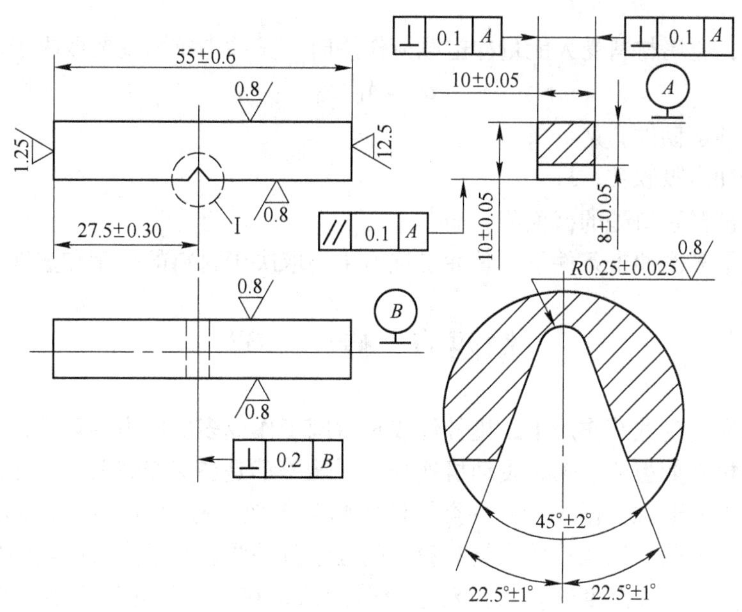

图 1-11 夏比 V 形缺口冲击试样

确的。

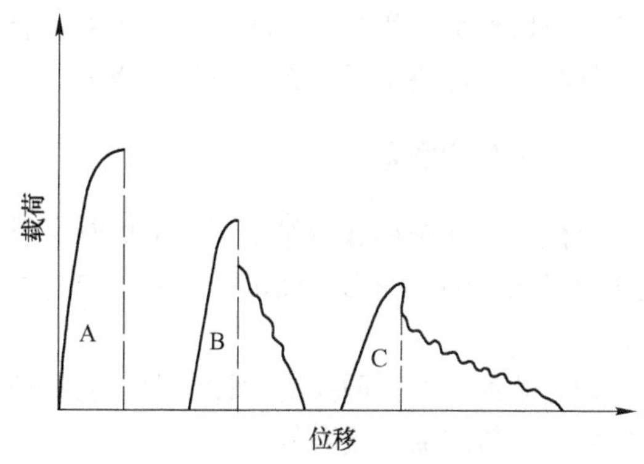

图 1-12 三种典型的载荷-位移曲线

用 A_k 作为衡量不同材料的冲击韧性指标也是不妥当的。因为，试样所吸收的冲击能量包括了三部分，即弹性变形功、塑性变形功和裂纹扩展功。对不同的材料，冲击吸收功数值可能相同，但这三部分各占的比例却不一定相同。而真正能显示材料韧性好坏的是后两部分，尤其是裂纹扩展功的大小。图 1-12 给出了三种材料的冲击载荷-位移曲线。由曲线可知，三种材料的冲击吸收功（曲线下的面积）相同。其中材料 A 强度高、塑性低，无裂纹扩展功，断前基本未发生塑性变形，属于脆性断裂；材料 C，强度较低，塑性好，断前发生了明显的塑性变形，裂纹扩展功较大，属于典型的韧性断裂。材料 B 的情况介于 A、C 之间。由此可见，A_k 值相同，但材料的韧性却不一定相同。所以用 A_k 作为评定不同材料的韧性指标也是不合理的。

虽然 A_k 作为比较不同材料的韧性指标不妥，但由于 A_k 对材料中的冶金缺陷，热加工的缺陷十分敏感，与不含这些缺陷的同类材料相比，其 A_k 值明显较低（在这方面，已积累了大量有价值的资料和数据）。所以，将 A_k 值作为检验处于同一状态的同一材料的韧性指标还是正确、合理的。并且冲击试验简便易行，故在工程实际中得到了广泛的应用。

应当说明的是，A_k 与 A 一样是一个经验指标，对于服役中的机件，A_k 值究竟取多大，是无法预先进行设计计算的。只能凭经验或对比性试验来确定，这一点是与强度指标不同的。

实践证明，金属材料受大能量冲击载荷作用时，其冲击抗力主要取决于冲击韧性 α_k：

$$\alpha_k = A_k / S_0$$

式中 α_k——冲击韧性，J/cm^2；

A_k——冲击吸收功，J；

S_0——试样缺口处的截面积，cm^2。

而在小能量多次冲击条件下，其冲击抗力主要取决于材料的强度和塑性。

第四节 疲 劳

疲劳是指在交变载荷作用下，机件经较长时间工作或多次应力循环后，发生突然失效的现象。许多机件如齿轮、轴、发动机连杆、弹簧等都是在交变载荷下工作的。疲劳是这些机件的主要失效形式。据统计，各类机件的断裂失效，有80%左右是由不同形式的疲劳破坏造成的。因此，工程技术人员对疲劳问题十分关注。对于疲劳问题的研究，至今已有150年的历史了。在此期间，人类对于疲劳的认识在不断深化和发展，尤其是近几十年，人们对疲劳的认识有了长足的进展。一方面是由于随着航空、航天等工业部门的快速发展，重大疲劳断裂事故日益增多，促使人们对疲劳的研究投入大量的人力、物力；另一方面，20世纪50年代后，各类电子显微镜及其他先进的测试仪器相继出现；并且，与疲劳研究密切相关的位错理论等也有了很大发展。这些都对疲劳的研究起到了极大的推动作用，从而大大加快了对疲劳研究的步伐。

一、疲劳的概念

机械零件在循环载荷作用下，工作时所承受的应力值通常低于制作金属材料的屈服强度或规定残余伸长应力，经过一定的工作时间后发生突然断裂，这种现象称为金属材料的疲劳。

疲劳断裂不产生明显的塑性变形，通常断裂是突然发生的，因此，疲劳断裂具有很大的危险性，常造成严重事故。

研究表明：疲劳断裂首先是发生在零件应力集中的区域，先形成微小的裂纹核心（裂纹源）。随后在循环应力作用下，裂纹继续扩展和长大。由于疲劳裂纹不断扩展，使零件的有效工作面逐渐减小，造成零件实际承载区的应力不断增加，当应力超过金属材料的断裂强度时，则发生疲劳断裂，形成最后断裂区。

二、疲劳曲线和疲劳极限

疲劳曲线是指交变应力与循环次数的关系曲线。

早在19世纪中期，人们就已经注意到，在交变应力作用下，材料的力学性能与静载状态下的不同，材料所受交变应力的最大值愈大，则断裂前所能承受的应力循环次数 N（即疲劳寿命）愈少，反之愈多。这一关系可用图1-13所示的疲劳曲线来描述。由该曲线可见，当最大应力 σ_{max} 降至某一值时，曲线出现一个平台。平台对应的应力值称为疲劳极限。疲劳极限是材料经受无限次应力循环而不发生断裂的最大应力值。

在工程实践中，一般是求疲劳极限，即对应于指定的循环基数下的中值疲劳强度。

对于钢铁材料其循环基数 $N=10^7$，对于非铁金属其循环基数 $N=10^8$。对于对称循环应力（如图 1-14 所示），其疲劳强度用 σ_{-1} 表示。

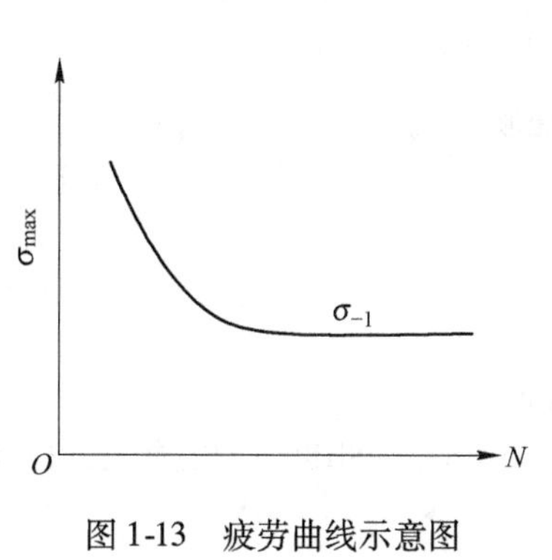

图 1-13　疲劳曲线示意图

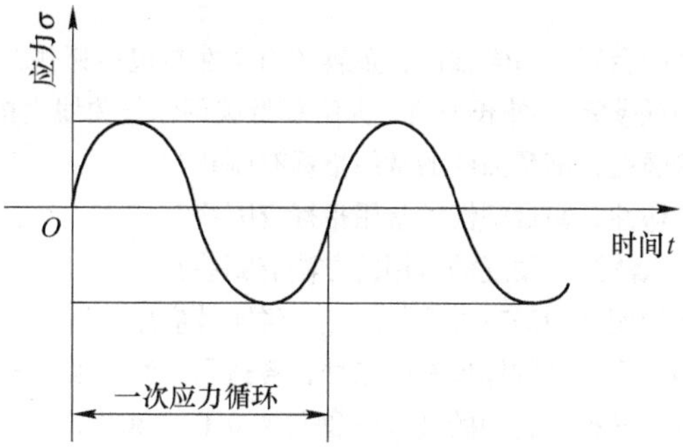

图 1-14　对称循环应力

三、疲劳断裂的特征

金属材料在交变应力作用下的行为，与静载荷状态下的区别，主要表现在以下几个方面：

（1）疲劳断裂是一种低应力脆性断裂，疲劳极限低于材料的屈服强度，甚至低于弹性极限。

（2）断裂前，没有明显的塑性变形，即使在静载下表现出很高塑性的材料也是如此。由于断裂前没有明显的预兆，使疲劳断裂成为一种危险性很大的断裂。

（3）疲劳断裂对材料表面及内部的缺陷非常敏感。疲劳裂纹常在表面缺口（如螺纹、刀痕、油孔、淬火裂纹）、脱碳层及材料中夹杂物、白点、孔洞等处形成。

（4）试验数据分散性很大，即使是同一炉材料，并经同样处理、加工的试样也是如此。这是由于材料的成分、组织、表面及内部缺陷及试验条件的很小差异，都会对试验结果产生很大影响（手册、资料所给疲劳强度数据都是统计处理后的结果）。

（5）宏观疲劳断口一般可明显地分为三个区域，即疲劳源、疲劳裂纹扩展区和瞬时断裂区，如图 1-15 所示。疲劳源多数在机件的表面处。疲劳裂纹扩展区具有“贝纹状”花样，称为贝纹线。贝纹线是裂纹扩展前沿线的痕迹。塑性材料最后断裂的瞬断区呈暗灰色纤维状，脆性材料则呈结晶状。

四、影响疲劳性能的因素

影响疲劳强度的因素很多，如工作条件、表面状态、材料成分、组织及残余内应力等，除设计时在结构上注意减轻零件应力集中外，改善零件表面粗糙度，可以减少缺口效应，从而提高零件的疲劳强度。例如，采用高频淬火、表面形变强化（喷丸、滚压、内孔挤压等）、化学热处理（渗碳、渗氮、碳-氮共渗）以及各种表面复合强化工艺等都可改变零件表层的残余应

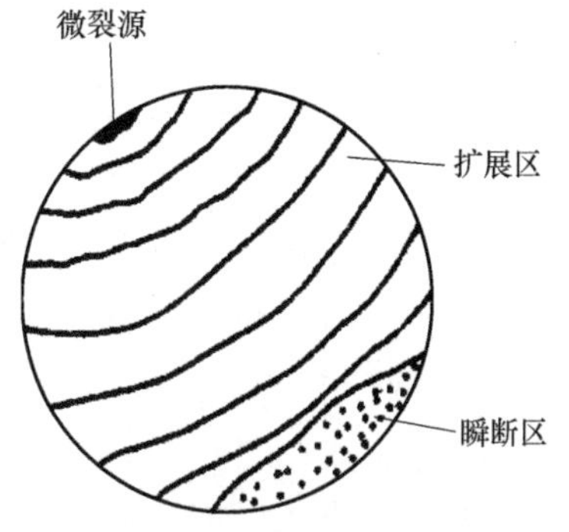

图 1-15　疲劳断口示意图

力状态，从而提高零件的疲劳强度。

习题与思考题

1. 什么叫金属的力学性能，金属的力学性能包括哪些？
2. 绘制低碳钢力-伸长曲线，并解释低碳钢伸长曲线上的几个变形阶段。
3. 何谓强度，衡量强度的常用指标有哪些？
4. 何谓塑性，衡量塑性的常用指标有哪些？
5. 用压入法测量硬度的常用的方法有哪些？
6. 布氏硬度试验法有哪些优缺点，说明其应用范围？
7. 常用洛氏硬度的标尺有哪三种，各适用于测定哪些材料的硬度？
8. 有五种材料，它们的硬度分别是480HV、80HRB、79HRC、65HRC、475HBW。试比较这五种材料的硬度的高低。
9. 何谓冲击韧性？
10. 什么是疲劳，疲劳一般发生在什么地方？
11. 简述疲劳断裂特征。
12. 何谓疲劳极限，当应力为对称循环应力时，疲劳极限用什么符号表示？
13. 影响疲劳的因素有哪些，从哪些方面可以提高零件的疲劳强度？
14. 其厂购进一批40钢材，按国家标准规定，其力学性能指标不能低于下列数值：R_{eL} 340MPa、R_m 340MPa，A 19%、Z 45%。验收时，用该材料制成 $d_0 = 1 \times 10^{-2}$ m 的短试样（原始标距为 5×10^{-2}m）作拉伸试验：当载荷达到28260N时，试样产生屈服现象，载荷加至4553N时，试样发生缩颈现象，然后被拉断。拉断后标距长度为 6.05×10^{-2}m，断裂处直径为 7.3×10^{-3}m。试计算这批钢材是否合格。

第二章　金属的结构与结晶

不同的金属材料具有不同的力学性能，即使是同一种金属，在不同的条件下，其力学性能也是不相同的。金属材料的这些差异，从本质上说是由金属的内部结构决定的。因此，掌握金属材料的内部结构，对于选择和加工金属材料，都具有非常重要的意义。

第一节　金属的晶体结构

一、金属键

由于金属原子的价电子与核的结合，易于脱离，所以金属原子间采取如下特有的结合形式：原子都脱离其价电子变成正离子，正离子按照一定的几何形式规则地排列起来，在各个固定点上作轻微的振动，而所有价电子则都呈自由电子的形式在各个正离子间自由运动，为整个金属所共有，形成所谓的“电子气”；带负电的自由电子与带正电的金属正离子之间产生静电吸引力，从而使金属原子结合在一起。金属原子间的这种结合形式就称为金属键，如图 2-1 所示。

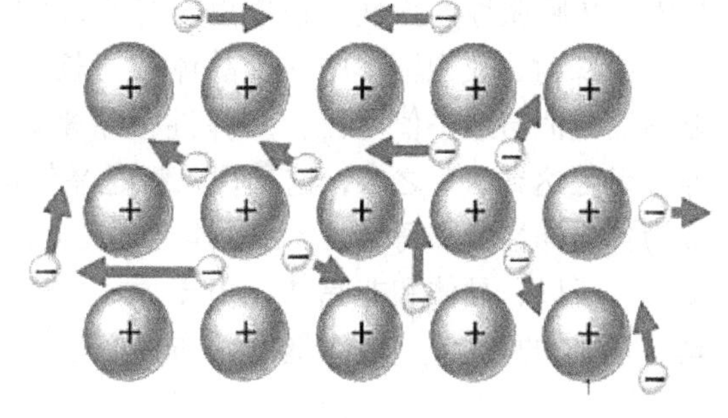

图 2-1　金属键

因此，金属内原子都处在异号电荷互相吸引，同号电荷互相排斥。以相邻两原子为例，它们之间便有两种相互作用：一种是相互吸引作用，它来自金属正离子与周围电子气之间的静电吸引，它促使原子彼此接近；另一种是相互排斥作用，它来自金属正离子与正离子之间和电子与电子之间的静电排斥，它促使原子彼此离开。图 2-2 是双原子作用模型图，表示了 A 原子对 B 原子的作用力以及作用能随原子间距离 D 的变化情况。由图可知，当原子间距离过大时，此时吸引力大于排斥力，原子就互相吸引，自动靠近；当原子间距离过近时，此时排斥力大于吸引力，原子便互相排斥，自动离开。当原子间距离为 D 时，吸引力和排斥力正好相等，原子既不会自动靠近，也不会自动离开，恰好处于平衡位置。这时，原子处于作用能曲线的谷底，此时势能最低，构成了晶体的稳定状态。每个原子都处于周围原子共同形成的势能谷中。能谷的深浅反映出原子间结合的强弱程度，能谷越深，结合能越大，金属键也就越强。

二、晶体与非晶体

一切固态物质，按其原子（或分子）的聚集的状态可分为两大类，即晶体与非晶体。凡是原子（或分子）在三维空间作有规则的周期性重复排列的固体，称之为晶体；凡原

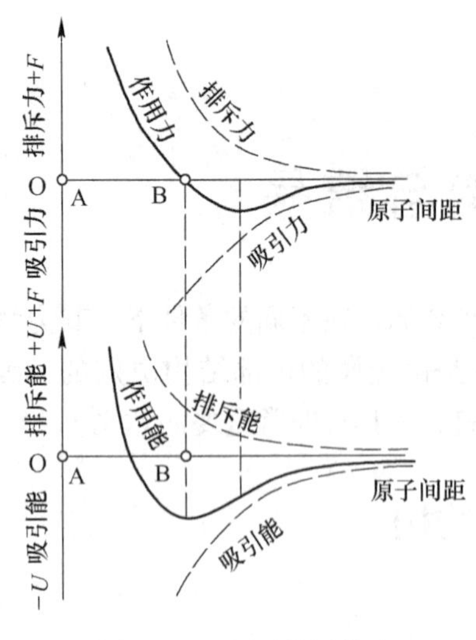

图 2-2　双原子作用模式

子（或分子）呈无序堆积状况的，称之为非晶体。这是两者的根本区别。所有固态金属和合金都属于晶体。

通常条件下液态金属凝固后原子是有规则排列的，所以固态金属往往都是晶体。液体中的原子处于紧密聚集的状态，但并不存在长程的周期性排列，从物质的质点排列是否规则而言，固态的非晶体实际上是一种过冷状态的液体，只是其物理性质与通常意义上的液体有所不同。玻璃是典型的非晶体，故往往也将固态非晶体称为玻璃体。

晶体与非晶体内部结构的不同，造成两者性能上存在着重要的差异。

（1）冷却或熔化时晶体有一定的凝固点或熔点（即固体与液体之间转变的临界温度）。在临界温度以上为非晶体状态的液体，临界温度以下液体转变为晶体，即晶体的固、液态转变具有突变性质，当然也就导致物理性质的突变，例如液态金属转变为固态金属，其黏度的上升幅度可以达到大约 20 个数量级。非晶体的固态与液态之间的转变则是逐渐过渡的，没有明显的凝固点或熔点，其物理性质的变化也是逐渐过渡的。

（2）晶体与非晶体另一个重要的差异是：沿晶体不同方向测得的性能（例如导电性、导热性、热膨胀性、弹性、强度以及外表面的化学性质等等）并不相同。例如，沿铜单晶体（冷却时，仅由液体中一个晶体核心长大而成的晶体称单晶体）不同方向测定有关性能的最大值与最小值之比，对弹性模量来说比值可达 2.86，抗拉强度之比超过 2.70，而伸长率更达到 5.5 之多，这种现象就是晶体的各向异性。非晶体的性能不因方向而异，这称为各向同性（或等向性）。晶体与非晶体内部结构的不同，造成两者性能上的一些重要差异。所以，晶体和非晶体，由于原子排列的方式不同，它们的性能也各不相同，晶体具有固定的熔点，其性能呈各向同性；非晶体没有固定的熔点，其性能呈各向异性。

三、金属的晶体结构

（一）金属晶体的一些基本概念

晶体内原子在空间的规则排列，称为空间点阵。为了便于描述晶体内原子排列的情况，常通过 a 直线把各原子的中心联结起来，构成一空间格子，即假想处于平衡状态的各原子都位于该空间格子的各结点上，如图 2-3a 所示。这种表示原子在晶体中排列规律的空间格架，称为晶格。由图中可知，晶格是由许多形状、大小相同的最小几何单元重复堆积而成的。晶体中各种方位的原子层，称为晶面。晶格中能反映晶格特征的最基本的几何单元，称为晶胞。如图 2-3b 所示。晶胞在三维空间的重复排列构成晶格并形成晶体。由晶胞可以描述晶格和晶体结构，所以研究晶体结构应考查晶胞的基本特性。

在三维空间中，晶胞的几何特征可以用晶胞的三条棱边长 a、b、c 和三条棱边之间的夹角 α、β、γ 等六个参数来描述。其中 a、b、c 称为晶格常数。

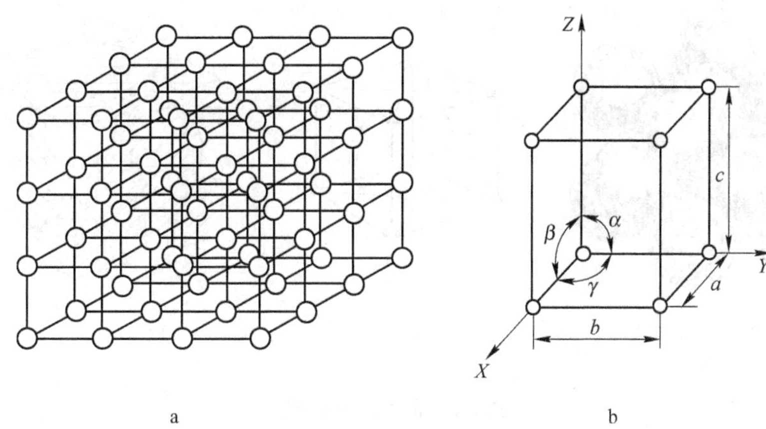

图 2-3　晶格和晶胞示意图
a—晶格；b—晶胞

（二）纯金属的典型晶体结构

X 射线结构分析技术出现之后，利用它测定了金属的晶体结构。除了少数元素外，绝大多数金属皆为体心立方晶格、面心立方晶格和密排六方晶格等三种典型的、紧密的晶体结构。

1. 体心立方晶格

体心立方晶格，如图 2-4 所示，金属原子分布在立方晶胞的八个角顶上和立方体的中心。属于这种体心立方晶格的金属有 Fe（<912℃，α-Fe）、Cr、Mo、W、V 等。

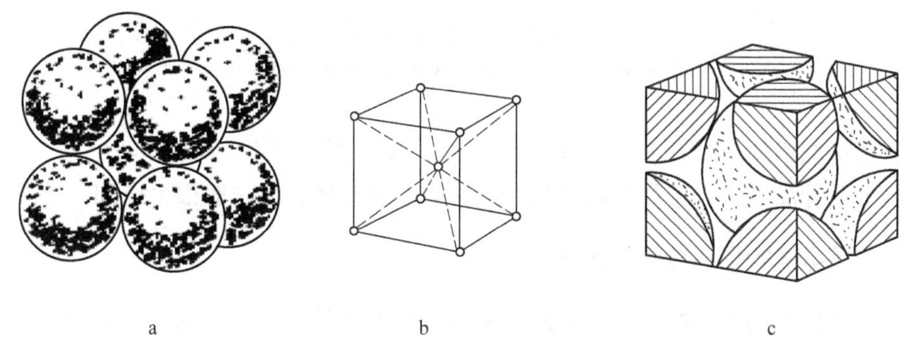

图 2-4　体心立方晶格
a—网球模型；b—质点模型；c—晶胞原子数

2. 面心立方晶格

面心立方晶格，如图 2-5 所示，金属原子分布在立方晶胞的八个角顶上和六个面的中心。属于这种晶格的金属有：Al、Cu、Ni、Pb、（γ-Fe）等。

3. 密排六方晶格

密排六方晶格，如图 2-6 所示，金属原子分布在六方晶胞的十二个角顶上以及上下底面的中心和两底面之间的三个均匀分布的间隙里。这种晶胞在晶格常数 c 和 a 的比值为 1.633 时最密。

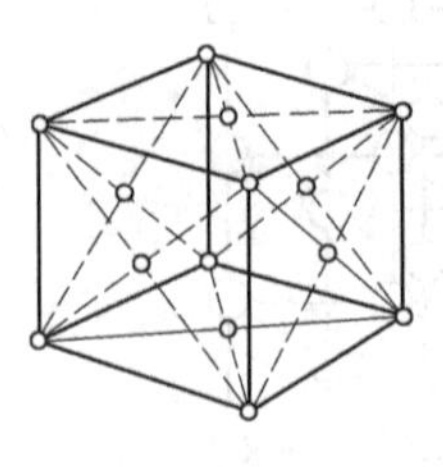
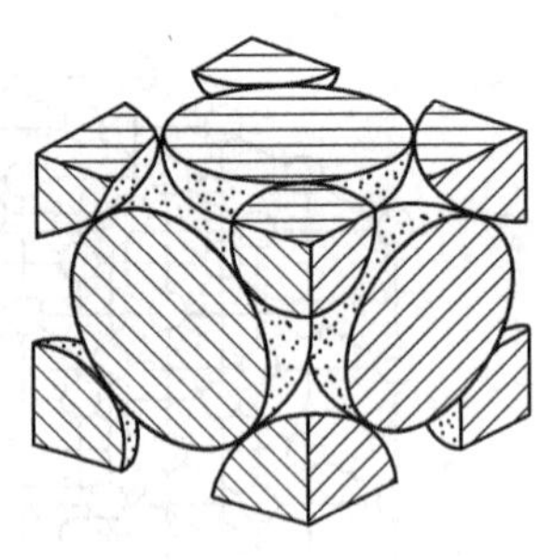

a b c

图 2-5 面心立方晶格

a—网球模型；b—质点模型；c—晶胞原子数

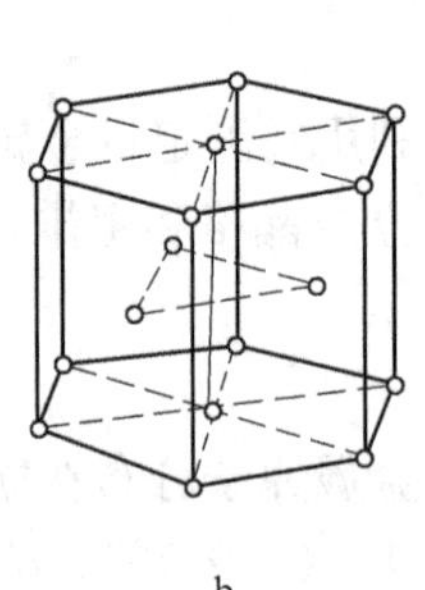

a b c

图 2-6 密排六方晶格

a—网球模型；b—质点模型；c—晶胞原子数

属于这种晶格的金属有 Be（铍）、Mg、Zn、Cd（镉）等。

除以上三种晶格外，少数金属还具有其他类型的晶格，但一般很少遇到。

四、金属晶体中晶面与晶向表示法

在分析研究有关晶体的生长、变形、相变以及性能等方面的问题时，常涉及晶体中某些原子所构成的方向和平面。在晶体学中，通过晶体中原子中心的平面称为晶面；通过原子中心的直线为原子列，其所代表的方向称为晶向。晶体结构的规律也反映在晶面和晶向上。为了便于表示各种晶向和晶面，需要确定一种统一的标号，称为晶面指数和晶向指数。国际上通用的是密勒（Miller）指数，标号方法如下所述。

（一）立方晶系的晶面指数

立方晶系晶面指数确定方法为：

（1）选定晶胞中任一结点为空间坐标系的原点 O（待定晶面不能通过该点）如图 2-7 所示，以晶胞的三条棱边（OX、OY、OZ）为轴，以晶胞的边长作为坐标轴的单位长度。

（2）求出待定晶面在三个坐标轴上的截距（若该晶面与某轴平行，则截距为∞）。例如1、1、∞，1、1、1，1、1、1/2 等。

（3）取这些截距数的倒数。例如 110，111，112 等。

（4）将上述倒数化为最小的简单整数，并加上圆括号，即表示该晶面的晶面指数，通常情况下记为（hkl）。例如(110)，(111)，(112)等。如果所求晶面在坐标轴上的截距为负数，则在相应的指数上方加一负号，如（$\bar{1}10$），（$1\bar{1}1$），（$11\bar{2}$）等。

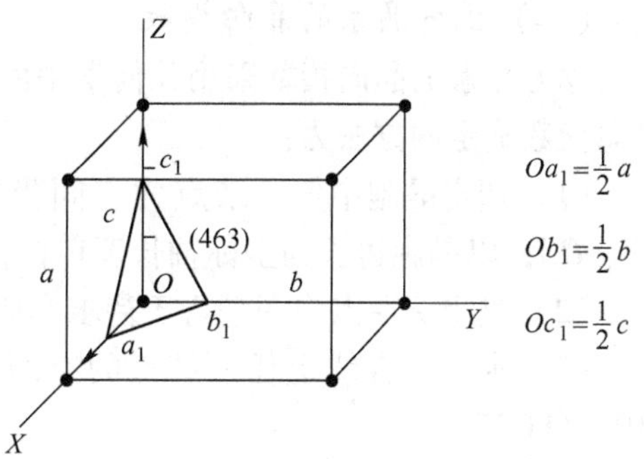

图 2-7　确定晶面指数示意图

【例 2-1】 图 2-7 中标出的晶面 $a_1b_1c_1$，相应的截距为 1/2、1/3、2/3，求其晶面指数。

解： 根据上述步骤得三截距数的倒数为 2、3、3/2，化为最小的简单整数为 4、6、3，所以晶面 $a_1b_1c_1$ 的晶面指数为（463）。如图 2-8 为立方晶系中一些常见重要晶面的晶面指数。

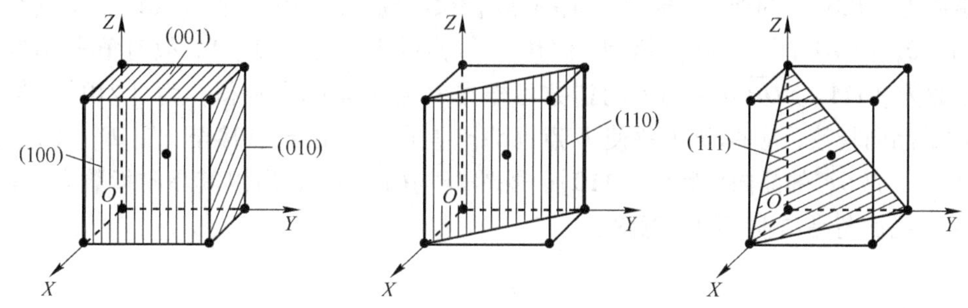

图 2-8　立方晶系常见的重要晶面的晶面指数示意图

【例 2-2】 作图表示立方晶系中的（120）、（112）、（234）、（$1\bar{3}2$）晶面。

解：（120）、（112）、（234）、（$1\bar{3}2$）四个晶面在三个坐标轴上的截距分别为 1、1/2、∞；1、1、1/2；1、2/3、1/2 或 1/2、1/3、1/4；1、 −1/3、1/2，如图 2-9 所示。

图 2-9a 为（120）、图 2-9b 为（112）、图 2-9c 为（234）、图 2-9d 为（$1\bar{3}2$），需要说明的是图 2-9d 即（$1\bar{3}2$）相当于原点选在 O'点，Y 轴为负向。

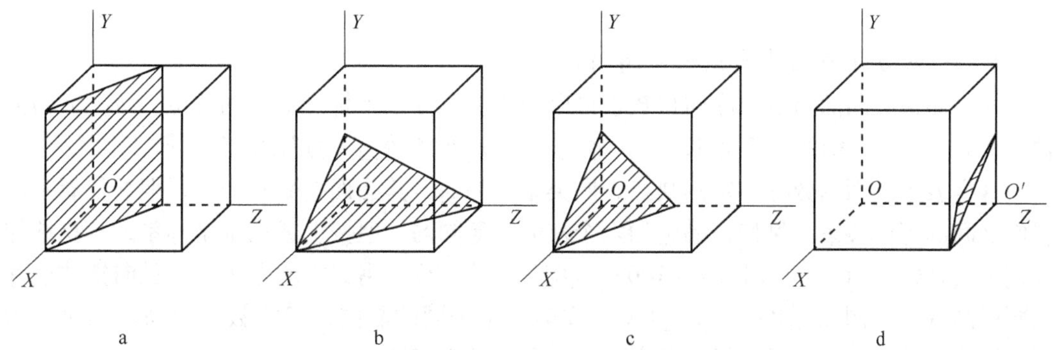

图 2-9　晶面指数示意图

（二）立方晶系的晶向指数

立方晶系的晶向指数采用几何学中由方向指数表示直线方向的方法来表示。立方晶系晶向指数确定的方法为：

（1）选定晶胞中任一结点为空间坐标系的原点，以晶胞的三条棱边为坐标轴 OX、OY、OZ，以晶胞边长为坐标轴长度单位，如图 2-10 所示；

（2）过坐标原点作一平行于待求晶向的直线；

（3）求出该直线上任一结点的空间坐标值；将其按比例化为最小整数，例如 100、110、111 等；

（4）将化好的整数用方括号括起来，即［uvw］。例如［100］、［110］、［111］等。如果 u、v、w 为负数，则将负号记于其上方，晶向指数表示着所有相互平行、方向一致的晶向。若方向相反，则数字相同，而符号相反。

【例 2-3】求如图 2-10 中晶向的晶向指数。

解：X 轴方向，其晶向指数由 A 点的坐标来确定，A 点坐标为 1、0、0，所以 X 轴的晶向指数为［100］。同理，Y 轴和 Z 轴的晶向指数分别为［010］和［001］。D 点的坐标为 1、1、0，故$\overrightarrow{OD}$方向的晶向指数为［110］。G 点的坐标为 1、1、1，故对角线$\overrightarrow{OG}$方向的晶向指数为［111］。$\overrightarrow{OH}$方向的晶向指数可根据 H' 点的坐标来求得，为［210］。若要求$\overrightarrow{EF}$方向的晶向指数，应将$\overrightarrow{EF}$平移使 E 点同原点重合，这时 F 点移至 F'，F'点的坐标为 -1、1、0，故$\overrightarrow{OF'}$的晶向指数为［$\bar{1}$10］。既然$\overrightarrow{EF}$与$\overrightarrow{OF'}$平行，所以其晶向指数为［$\bar{1}$10］。图 2-11 为晶面与晶向垂直的示意图。

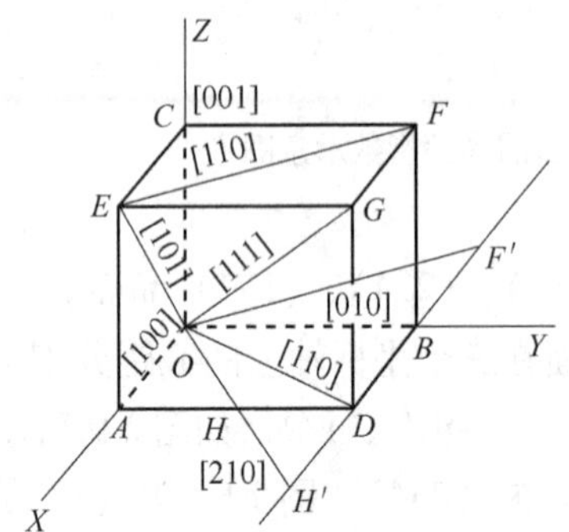

图 2-10 晶向指数确定的示意图

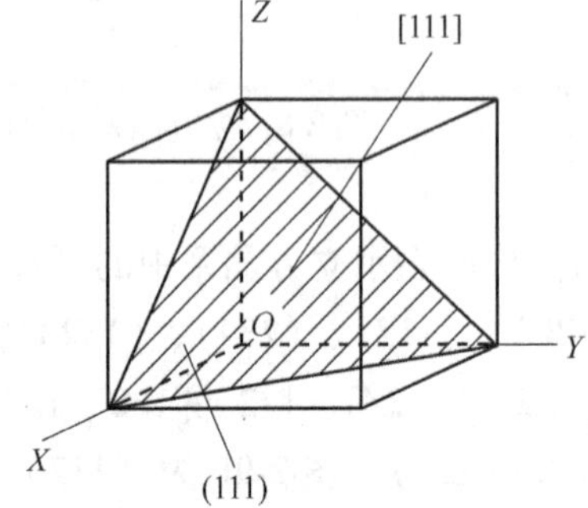

图 2-11 晶面与晶向垂直

（三）六方晶系的晶面指数与晶向指数

六方晶系的晶面指数和晶向指数也可以应用上述方法来标定。这时取 a_1、a_2、c 为晶轴。而 a_1 轴与 a_2 轴的夹角为 120°，c 轴与 a_1、a_2 轴相垂直，如图 2-12 所示。

这样表示晶面指数有一定的缺点，同类型的晶面，其晶面指数不相同，但往往看不出它们之间的等同关系。例如：晶胞的六个柱面是等同的，但按上述三轴坐标系，其指数却分别为（100）、（010）、（$\bar{1}$10）（$\bar{1}$00）、（0$\bar{1}$0）、（1$\bar{1}$0）。用这样的方法标定晶向指数也存在同样的缺点。例如［100］和［110］实际上是等同的晶向，但指数上反映不出来。为了克服这一缺点，通常采用另一种专用六方晶系的四指数法。

根据六方晶系的对称特点，对六方晶系采用四个晶轴即 a_1、a_2、a_3 和 c 轴，a_1、a_2、

a_3 之间的夹角均为 120°。这样，其晶面就以（$hkil$）四个指数来表示。晶面指数的标定方法同前面一样，在图 2-12 中举出了六方晶系一些晶面的指数。采用这种标定方法，等同的晶面可以从指数上反映出来。例如，上述六个柱面的指数分别为：$(10\bar{1}0)$、$(01\bar{1}0)$、$(\bar{1}100)$、$(\bar{1}010)$、$(0\bar{1}10)$、$(1\bar{1}00)$。

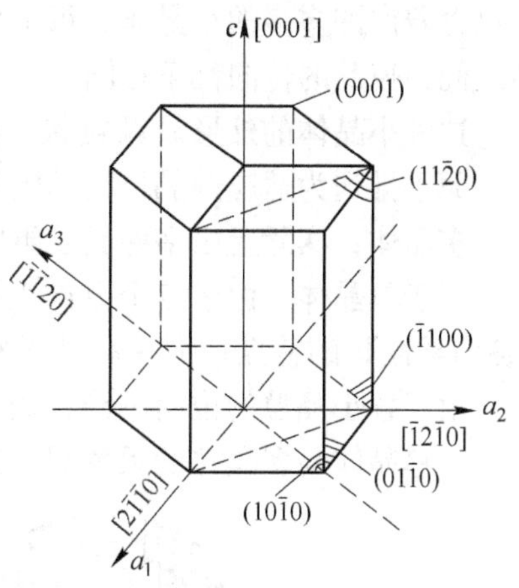

图 2-12 六方晶系示意图

根据几何学可知，三维空间独立的坐标轴最多不超过三个。应用上述方法标定的晶面指数形式上是四个指数，但是不难看出，前三个指数中只有两个是独立的，它们之间有一定的关系：$i=-(h+k)$ 或 $h+k+i=0$。因此，可以由前两个指数求得第三个指数，有时将第三个指数 i 略去，写成 $hk-l$。

采用四轴坐标时，晶向指数的确定原则和前述方法一样，即把晶向 $\overrightarrow{OP}$ 沿四个晶轴分解成四个分矢量：$\overrightarrow{OP}=ua_1+va_2+ta_3+wc$。则晶向指数就可用［$uvtw$］来表示。但 u、v、t 三个指数中只能有两个独立，不然将会有无限解，得不到确定的指数，因此必须附加一个条件。参照上述晶面指数之间的关系，规定：$u+v=-t$ 或 $u+v+t=0$。这样就得到唯一解，每个晶向有确定的晶向指数。

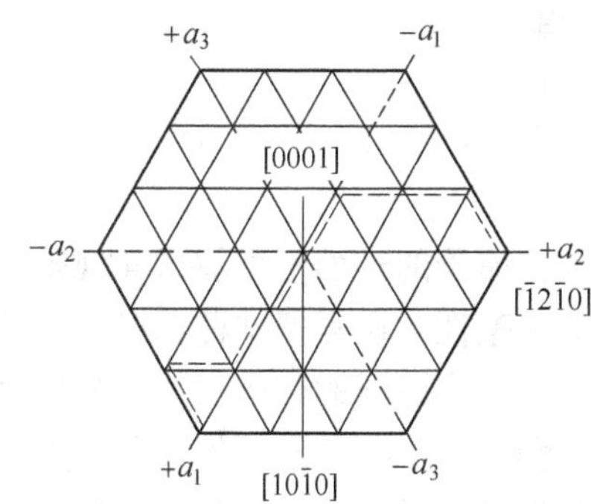

图 2-13 六方晶系晶向指数求法

晶向指数的具体标定方法为：从原点出发。沿着平行于四个晶轴的方向依次移动，使之最后到达要标定方向上的某一结点。移动时必须选择适当的路线，使沿 a_3 轴移动的距离等于沿 a_1、a_2 两轴移动距离之和的负值（即 $u+v=-t$）。将各方向移动距离化为最小整数，加上方括号，即表示该方向的晶向指数（参阅图 2-13 的举例）。

六方晶系按两种晶轴系所得的晶面指数和晶向指数可相互转换：对晶面指数来说，从（$hkil$）转换成（hkl）只要去掉 i 即可。反之则加上 $i=-(h+k)$。对晶向指数，则［UVW］与［$uvtw$］之间的互换关系为：

$$U=u-t, V=v-t, W=w$$

$$u=\frac{1}{3}(2U-V), v=\frac{1}{3}(2V-U), t=-(u+v), w=W$$

第二节 实际金属的晶体结构

一、单晶体与多晶体

如果一块晶体，其内部的晶格位向完全一致，则这块晶体称为单晶体。以上我们讨论的情况都是单晶体。

但在工业金属材料中，除非专门制作，否则都不是这样的，事实上在一块很小的金属中也含着许许多多的小晶体，每个小晶体的内部，晶格位向都是均匀一致的，而各个小晶体之间，彼此的位向都不相同。

这种小晶体的外形呈颗粒状，称为晶粒，晶粒与晶粒之间的界面称为晶界。在晶界处，原子排列为适应两晶粒间不同晶格位向的过渡，总是不规则的。

多晶体：实际上由多种晶粒组成的晶体结构称为多晶体。

对于单晶体，由于各个方向上原子排列不同，导致各个方向上的性能不同，即具有“各向异性”的特点；而多晶体对每个小晶粒具有“各向异性”的特点，就多晶体的整体，由于各小晶粒的位向不同，表现的是各小晶粒的平均性能，不具备“各向异性”的特点。单晶体与多晶体的示意图，如图 2-14 所示。

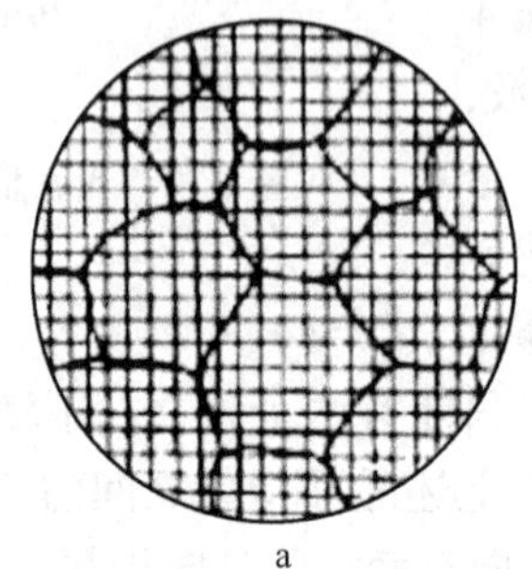
a

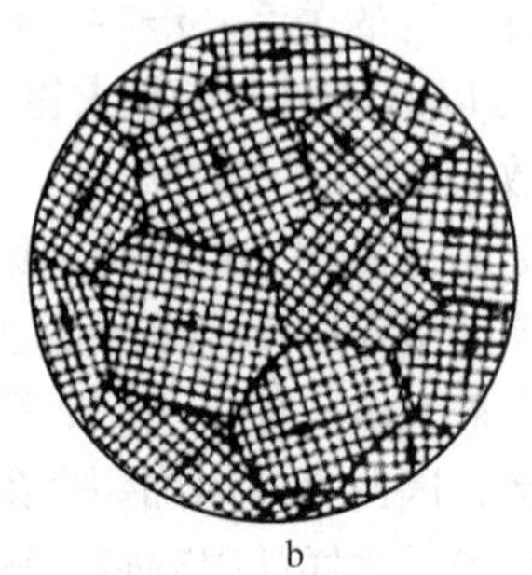
b

图 2-14 单晶体与多晶体示意图

a—单晶体；b—多晶体

二、实际金属中的晶体缺陷

前面所讨论的是理想晶体的结构情况。在实际晶体中，原子的排列不可能这样规则和完整，而是或多或少地存在着偏离理想的结构，出现了不完整性，通常把这种偏离完整性的区域称为晶体缺陷。缺陷的产生是与晶体的生成条件、晶体中原子的热运动、对晶体进行的加工过程以及其他因素的作用（如辐照）等有关；而且，通常情况下金属都是多晶体，在晶粒的晶界处，原子的规则排列也受到破坏。这些都导致晶体的不完整性，导致晶体缺陷。但必须指出，金属晶体中虽然存在缺陷，但总的来看其结构仍然保持一定的规律，仍可认为是接近完整的；即使在严重塑性变形的情况下，晶体中位置偏移很大的原子数目平均来说至多仅占总原子数的千分之一。因此，晶体缺陷仍可以用相当确切的几何图像来描述。根据晶体缺陷的几何形态特征可以将晶体缺陷分成三大类。

（一）点缺陷

点缺陷的特点是在 X、Y、Z 三个方向上的尺寸都很小（相当于原子的尺寸），晶体中的点缺陷包括空位、间隙原子、杂质或溶质原子，以及由它们组合而成的复杂缺陷（如空位对或空位片等）。这里我们主要讨论空位及间隙原子。

1. 空位

在晶体中，位于点阵结点上的原子并不是静止的，而是以其平衡位置为中心作热振动。在一定温度时，原子热振动的平均能量是一定的；但是，各原子的能量并不完全相等，而且经常发生变化，此起彼伏。在任何瞬间，总有一些原子的能量大到足以克服周围原子对它的束缚作用，就可能脱离其原来的平衡位置而迁移到别处。结果，在原来的位置上出现了空结点，这种情况称之为空位。

离开平衡位置的原子可以有两个去处：一是可迁移到晶体的表面上，二是可迁移到晶体点阵的间隙中，这时在形成空位的同时产生了间隙原子，如图 2-15b 所示。

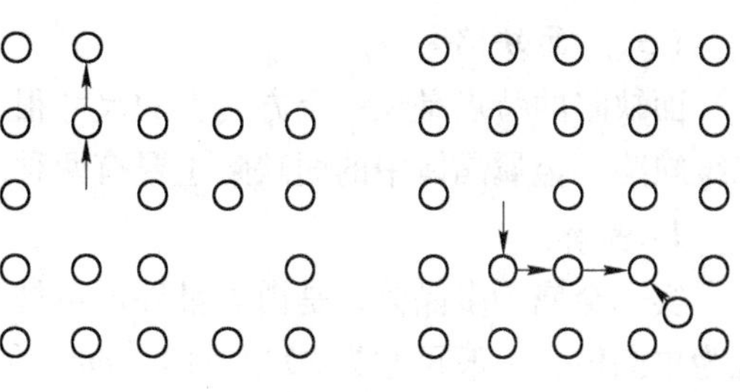

图 2-15　点缺陷示意图
a—原子迁移到晶体的表面上；
b—原子迁移到晶体点阵的间隙中

空位的存在，使周围原子失去一个近邻原子而影响原子间作用力的平衡，因而，周围的原子都要向空位方向稍微作些调整，造成了点阵的局部弹性变形。

2. 间隙原子

间隙原子就是位于晶格间隙之中的原子。有自间隙原子和杂质间隙原子两种。自间隙原子就是上面所述的形成空位的同时而形成的从晶格结点转移到晶格间隙中的原子如图 2-15b 所示。杂质间隙原子是外来杂质溶入晶格间隙引起的，是金属中间隙原子存在的主要形式。

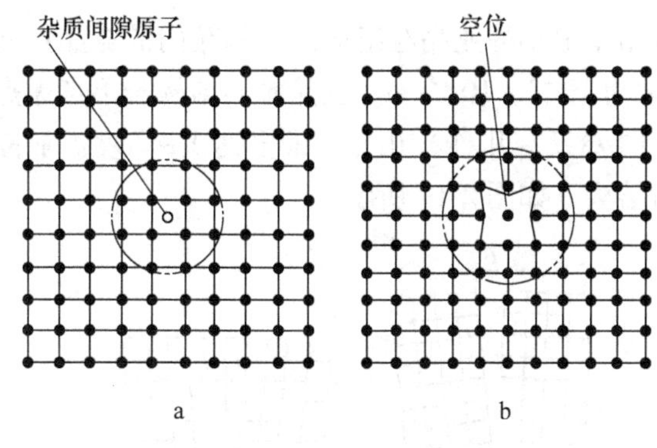

图 2-16　晶格畸变示意图
a—杂质间隙原子；b—空位

由于形成一个间隙原子需要很高的能量，所以，在纯金属中，主要的点缺陷是空位而不是间隙原子。但空位所造成的晶格畸变比间隙原子造成的畸变要小得多，如图 2-16 所示。

（二）线缺陷

线缺陷的特点是在两个方向上的尺寸很小，而在另一个方向上的尺寸相对较大，故称之为一维缺陷。线缺陷通常有位错，位错有两种。

1. 刃形位错

在金属晶体中，由于某种原因，晶体的一部分沿一定晶面相对于晶体的未动部分，逐步发生了一个原子间距的错动（如图 2-17 所示）。

图 2-17 中右上角部分晶体逐步向左移了一个原子间距时，则在发生了错动的晶体部分同未动部分的边缘上产生了一个多余的原子面。该原子面像是一个后塞进去的半原子面，不延伸至下半部分晶体中，犹如切入晶体的刀刃，刃口线为位错线，这就是刃形位错。刃形位错应该是晶格畸变的中心（图中“⊥”符号的地方）。由于在其周围的原子位置错动很大，即晶格的畸变很大，且距它愈远畸变愈小，所以刃形位错实际上为几个原子间距宽的长管道。

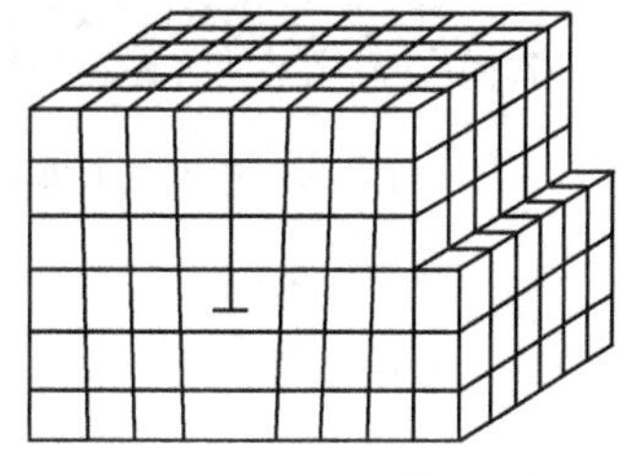

图 2-17　刃形位错示意图

2. 螺形位错

在金属晶体中，由于多种原因，也可能出现一种原子呈螺旋线形错排的线缺陷，这种缺陷称之为螺形位错。螺形位错在空间实际上为一个螺旋状的晶格畸变管道，宽度仅为几个原子间距，长则可穿透晶体。

(三) 面缺陷

面缺陷的特点是在一个方向上的尺寸很小，而在另外两个方向上的尺寸很大，故也称二维缺陷。金属晶体中的面缺陷主要有两种。

1. 晶界

实际金属为多晶体，是由大量外形不规则的小晶体即晶粒组成。每个晶粒基本上都可视为单晶体，一般尺寸为 $10^{-3} \sim 10^{-2}$cm，但也有大至几个或十几个毫米的。所有晶粒的结构完全相同，但彼此之间的位向不同，位向差为几十分、几度或几十度。属于同一固相但位向不相同的晶粒之间的界面称为晶界，随相邻晶粒位向差的不同，晶界宽度为 5 ~ 10 个原子间距。晶界在空间呈网状；晶界上原子的排列虽然不是非晶体式的混乱排列，但规则性较差。总的来说原子排列的特点是：采取相邻两晶粒的折中位置，使晶格由一个晶粒的位向，通过晶界的协调，逐步过渡为相邻晶粒的位向（如图 2-18 所示）。

晶界上一般积累有较多的位错。位错的分布有时候是规则的。晶界也是杂质原子聚集的地方。杂质原子的存在加剧了晶界结构的不规则性，并使其结构复杂化。

2. 亚晶界

晶粒不是理想的晶体，而是由许多位向相差很小的亚晶粒组成的。晶粒内的亚晶粒又叫晶块。尺寸比晶粒小 2 ~ 3 个数量级，通常为 $10^{-6} \sim 10^{-4}$cm。亚晶粒的结构若不考虑点缺陷，可以认为是理想的。亚晶粒之间的位向差只有几秒、几分，最多达 1 ~ 2 度。亚晶粒之间的边界叫亚晶界，是位错规则排列的结构，如图 2-19 所示。

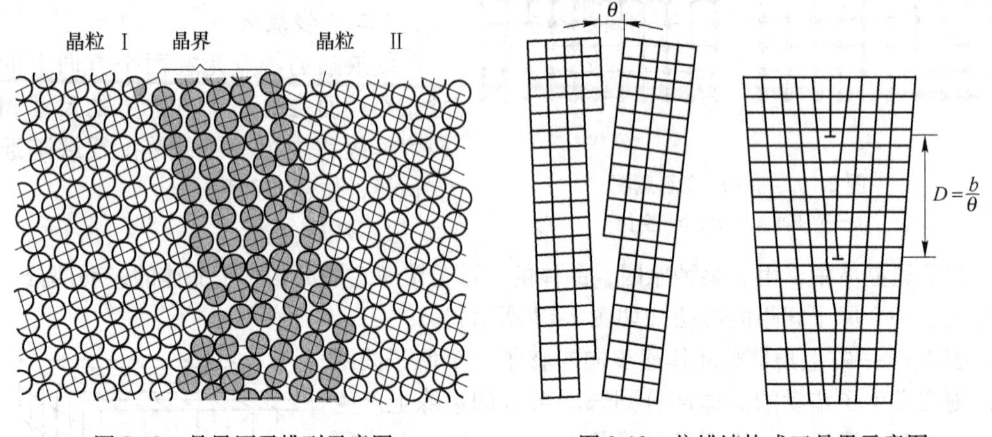

图 2-18 晶界原子排列示意图

图 2-19 位错墙构成亚晶界示意图

第三节 金属的结晶

一切物质从液态到固态的转变过程都称为凝固，凝固后形成晶体结构，称为结晶。金属在固态下通常都是晶体，所以金属自液态冷却转变为固态的过程，称为金属的结晶。

液态金属与固态金属的主要区别在于：液态金属无一定形状，易流动，原子间的距离大，但在一定温度条件下，在液态金属中存在与固态金属的“远程排列”不同的“近程排列”。

一、金属结晶的条件

（一）热力学条件

纯金属的结晶，一般是在常压和恒温条件下进行的。根据热力学第二定律：在等温等压条件下，过程自动进行的方向是体系自由能降低的方向，这个过程一直进行到自由能具有最低值为止。即：

$$\frac{\mathrm{d}G}{\mathrm{d}T} = -S$$

式中，G 为体系自由能；T 是绝对温度；S 为表征系统中原子排列混乱程度的参数。

由$\frac{\mathrm{d}G}{\mathrm{d}T} = -S$ 可知，金属在聚集状态的自由能随温度的升高而降低（曲线随 T 升高而下降）。而液态金属中原子排列的规则性比固态金属中的差（$S_{液} > S_{固}$），所以液态金属的 G-T 曲线比固态金属的 G-T 曲线斜率大（如图 2-20 所示），两曲线必然要相交。交点对应的温度为 T_m，此时 $G_\alpha = G_l$，即液固并存（类似于冰水共存）而处于动平衡状态。从图中可知，当 $T > T_m$ 时，$G_l < G_\alpha$，金属处于液态最稳定状态；$T < T_m$ 时，$G_l > G_\alpha$，金属处于固态最稳定状态。可见，T_m 即为理论结晶温度，又叫熔点。

由上可知，液态金属要结晶，就必须冷却到 T_m 以下。我们把液态金属实际冷却到结晶温度以下的过程称为过冷。那么,究竟要冷却到 T_m 以下多少才能真正开始结晶呢？我们把冷却到 T_m 以下某一温度 T 金属开始结晶时的 $T_m - T = \Delta T$ 称为过冷度,如图 2-20 所示。ΔT 对应于体系自由能差 $\Delta G = G_\alpha - G_l < 0$,这就是液态金属结晶的动力(热力学条件)。

（二）过冷度和冷却曲线

过冷度可以由冷却曲线测定。如图 2-21 所示，是用热分析方法测出的液态纯金属的冷却曲线。由图中可知，液态金属从高温开始冷却时，由于周围环境的吸热，温度均匀下降，状态保持不变。当温度下降到 T 后，金属开始结晶，放出结晶潜热，补充了金属向周围环境散出的热量，因而冷却曲线上出现水平“平台”，即纯金属是在恒温下结晶的。持续一段时间之后，结晶完毕，然后固态金属的温度又继续均匀下降，直至室温。曲线上平台所对应的温度就是实际结晶温度，实际结晶温度与理论结晶温度的差，就称为过冷度。

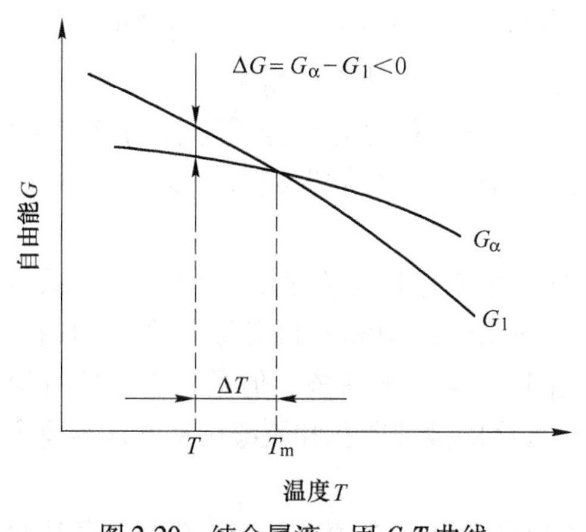

图 2-20　纯金属液、固 G-T 曲线

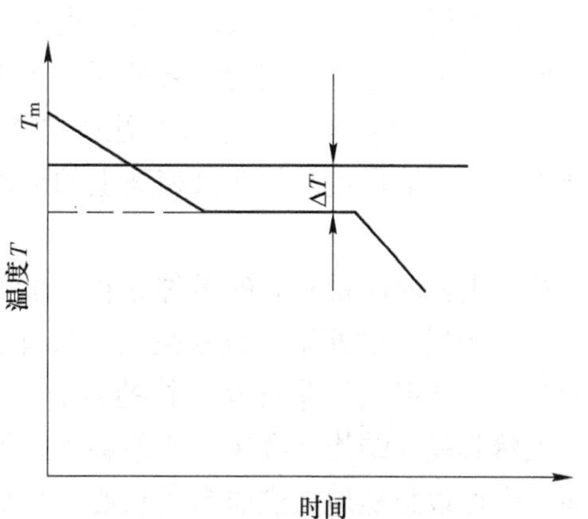

图 2-21　液态纯金属的冷却曲线

过冷度的大小与金属的本身的性质和液态金属的冷却速度有关。冷却速度愈大，则金属的实际结晶温度愈低，因而过冷度就愈大，液态金属以极其缓慢的速度冷却时，金属将在近于理论结晶温度时结晶，这时的过冷度接近零。金属的晶体结构比较简单，并且总含有杂质，所以实际金属的过冷能力不大，过冷度通常只有几度，一般不超过10～30℃。

二、金属的结晶过程

（一）金属的结晶过程

金属一般是由许多不同方位的晶粒构成的，因此可以想象，金属结晶时不断在液体中生成一些微小的晶体，并以它们为核心逐渐生长，这种作为结晶核心的微小晶体称为晶核。结晶就是不断形成晶核且晶核不断长大的过程。如图2-22所示。结晶完毕，结果生成一种多晶体结构的金属固体。就每一个晶体的结晶过程来说，它在时间上可划分为先生核和后长大两个阶段；但就整个金属来说，生核和长大是同时进行的。

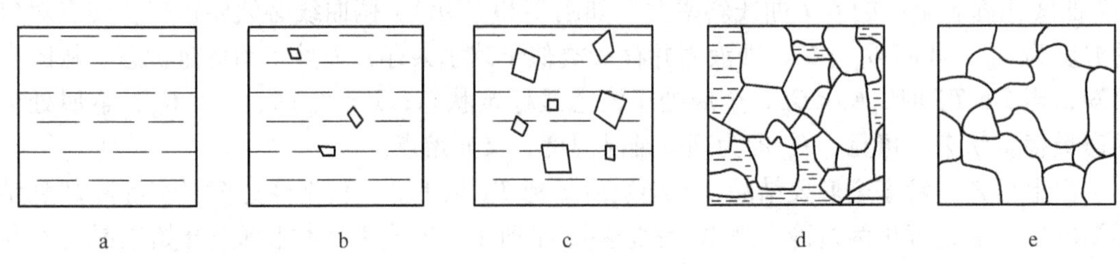

图2-22 金属结晶过程

a—液态；b—生核；c—长大；d—相遇；e—结晶毕

1. 生核

生核有两种方式，一种是自发生核，另一种是非自发生核。

（1）自发生核。在液态下，金属中存在有大量尺寸不同的短程有序的原子集团。在高于结晶温度时，它们是不稳定的，但当温度降低到结晶温度以下，并且过冷度达到一定的大小之后，液体结晶的条件具备了，液体中那些超过一定大小（大于临界晶核尺寸）的短程有序原子集团开始变得稳定，不再消失，而成为结晶核心。这种从液体结构内部自发长出的结晶核心称之为自发晶核。

温度愈低，过冷度愈大时，金属由液态向固态转变的动力愈大。但是过冷度过大或温度过低时，造成生成晶核所需要的原子的扩散受阻，生核的速率反而减小。

（2）非自发生核。实际金属往往是不纯净的，内部总含有这样或那样的外来杂质。杂质的存在常能促进晶核在其表面上的形成。这种依附于杂质而生成的晶核称之为非自发晶核。

按照生核时能量有利的条件分析，能起非自发生核作用的杂质，必须符合“结构相似，尺寸相当”的原则。也就是说，只有当杂质的晶体结构和晶格参数与金属的相似和相当时，它才能成为非自发生核的核心，容易在其上生长出晶核。但是，有一些难熔杂质，虽然其晶体结构与金属的相差甚远，但由于表面的微细凹孔和裂缝中有时能残留未熔金属，也可以强烈地促进非自发核心的生成。

自发生核和非自发生核是同时存在的，在实际金属和合金中，非自发生核往往比自发生核更重要，起优先的、主导的作用。

2. 生长

结晶时，晶核生成以后，接着是晶核的长大。晶核的长大实质上就是原子由液体向固体表面的转移。这种转移比较复杂，主要的机制有两种。

（1）二维晶核式长大机制。若已形成的晶核的表面平整光滑，按照能量条件分析，原子单个从液体转移并固定在晶核表面是比较困难的，容易被热流冲落。同自发生核相类似，只有在一定的过冷度，且比自发生核的过冷度小得多的情况下，晶核表面附近的液体的原子连接成一定大小（临界尺寸）的单原子面后，才能成片地、稳定地固定在晶核的表面上。并且也只有从这个时候开始，原子才能很快地往二维晶核的侧面连接，排满整个表面。依靠这种二维晶核的层层铺贴及扩展，使晶核逐渐长大。

同生核速率与过冷度的关系类似，随着过冷度的增大，能稳定固定到晶核表面上去的二维晶核的尺寸将变小，晶核的长大速度增大。但是，若金属的结晶潜热较大时，由于结晶潜热的放出，晶核的长大速度随过冷度的增大会增长得比较平缓。当温度降到很低（过冷度很大）时，也由于原子的扩散移动困难，晶核的长大速度很快减小。

（2）单原子扩散式长大机制。实际上由于种种原因，从液体中生成的晶核的表面往往是不平整不光滑的，常常存在有小台阶或其他缺陷，例如，出现螺型位错的露头点等。这些地方在能量上最有利于原子的固定，单个原子可以直接连接上去。由于原子往台阶上固定的同时能不断地造成新的台阶，所以原子能单个地、很快地向晶体表面上转移，使晶体迅速长大。

3. 长大

晶体的长大方式对晶体的形状和构造以及晶体的许多特性有很大的影响，是结晶过程的一个非常重要的问题。由于结晶条件的不同，晶体长大的方式主要有两种：一种是平面长大方式；另一种是树枝状长大方式。

（1）平面长大方式是在过冷度较小的情况下，较纯金属晶体主要是以表面向前平行推移的方式长大，即进行所谓平面式的长大。

（2）树枝状长大方式。当过冷度较大，特别是存在有杂质时，金属晶体往往以树枝状的形式长大。

（二）晶粒大小

实际金属结晶以后，获得由大量晶粒组成的多晶体。对于纯金属，决定其性能的主要结构因素是晶粒大小。在一般情况下，晶粒越小，则金属的强度、塑性和韧性越好。所以，工程上细化晶粒，是提高金属力学性能的最重要途径之一。为了获得细晶粒结构，生产上可以采用以下两种措施。

1. 提高金属的过冷度

晶粒的大小取决于生核速率 N 和长大速度 G 的相对关系（比值），而 N 和 G 的值以及它们的比值又取决于过冷度，所以晶粒大小往往可通过调整过冷度来控制。实践表明，金属结晶时的过冷能力大，往往只能处于过冷度关系曲线的上升部分。在这样的范围内，随过冷度的增大，N 和 G 值增大，但前者的增大更快，因而比值 N/G 也增大，从而使晶粒细化。增大过冷度的主要办法是提高液体金属的冷却速度。在铸造生产中，为了提高铸件的冷却速度，可以用金属型代替砂型；增大金属型的厚度；降低金属型的预热温度；减

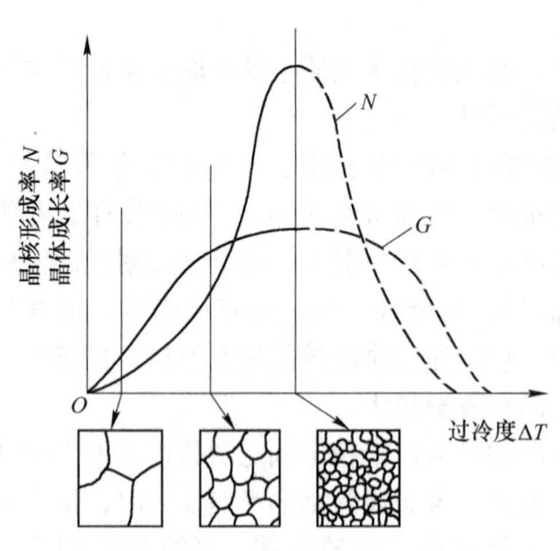

图 2-23 过冷度对晶粒大小的影响

少涂料层的厚度，等等。增大过冷度的另一种办法是提高液体金属的过冷能力，为此，在浇注时可以提高金属的熔化温度，减少非自发核心也可采用较低的浇注温度，减慢铸型温度升高的速度，以获得较大的过冷度。进行慢速浇注时，一方面使铸型温度不致升高太快；另一方面由于凝固速度慢，晶核生成得多，或者新晶核因被冲碎而增多，结果都能获得较细的晶粒。图 2-23 所示为过冷度对晶粒大小的影响示意图。

2. 进行变质处理

金属的体积较大时，要获得大的过冷度是比较困难的。对于形状复杂的铸件，常常还不允许过多地提高冷却速度。生产上为了得到细晶粒铸件，多采用变质处理的方法。变质处理就是在液体金属中加入孕育剂或变质剂，以细化晶粒和改善组织。变质剂的作用在于增加晶核的数量或阻碍晶核的长大。有一类物质，它们或它们生成的化合物，符合作非自发晶核的条件，当其作为变质剂加入液体金属中时，可以大大增加晶核的数目。例如，在铝合金液体中加入钛、锆；在钢水中加入钛、钒、铝等，都可使晶粒细化。在铁水中加入硅铁、硅钙合金时，能使组织中的石墨变细。还有一类物质，虽不能提供结晶核心，但能有效阻止晶粒的长大。有的则能附着在晶体的结晶前沿，强烈地阻碍晶粒长大。例如，在铝硅合金中加入钠盐，钠能富集在硅的表面，降低硅的长大速度，阻碍粗大的硅晶体的形成，使合金的组织得以细化。

第四节 金属的同素异构转变

大多数金属结晶终了后，在继续冷却的过程中，其晶体结构就不再发生变化。但有些金属如铁、钴、钛等，在固态下因所处温度不同而具有不同的晶格形式。金属在固态下随温度的改变由一种晶格变为另一种晶格的变化，称为同素异构转变或同素异晶转变。由同素异构转变得到的不同晶格类型的晶体称为同素异构体或同素异晶体。同一金属的同素异晶体按其稳定存在的温度，由低温到高温依次用希腊字母 α、β、γ、δ 等表示。

图 2-24 所示为纯铁的冷却曲线。可见，纯铁液在 1538℃时结晶为具有体心立方晶格的 δ-Fe；其冷却到 1394℃时，发生同素异构转变，δ-Fe 转变为面心立方晶格的 γ-Fe；冷却到 912℃时，再次发生同素异构转变，γ-Fe 转变为体心立方晶格的 α-Fe；直至室温，晶格类型不再发生变化。

同素异构转变是纯铁的一个重要特性，是钢铁能够进行热处理的理论依据。金属的同素异构转变过程与金属液的结晶过程很相似，实质上它是一个重结晶的过程，因此，同素异构转变同样遵循结晶的一般规律：转变时需要过冷；有潜热产生；转变过程也是在恒温下通过晶核的形成和长大来完成的。但由于同素异构转变是在固态下发生的，原子扩散比较困难，导致同素异构转变需要较大的过冷度。另外，由于同素异构转变前后晶格类型不

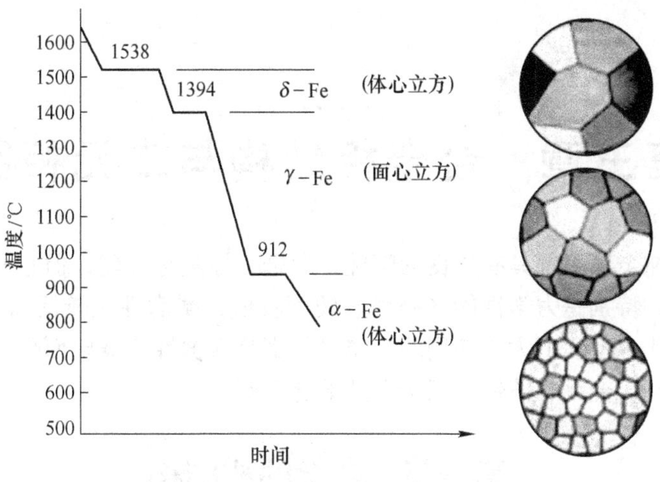

图 2-24 纯铁的冷却曲线

同，原子排列的疏密程度发生改变，将引起晶体体积发生变化，故同素异构转变往往会产生较大的内应力。

从纯铁的冷却曲线上可以看出，在770℃时也出现了一个平台。实验证明，该温度下为磁性转变，转变时晶格类型没有发生改变，因此它不属于同素异构转变。

习题与思考题

1. 何谓晶体、非晶体？
2. 何谓晶格和晶胞？
3. 试用晶面、晶向的知识说明晶体具有各向异性的原因。
4. 金属晶格的常见类型有哪些？
5. 试画出三种常见金属晶格的晶胞图。
6. 为什么单晶体具有各向异性，而多晶体一般情况下不显示出各向异性？
7. 何谓金属的结晶？
8. 立方晶系的晶向指数和晶面指数如何确定？
9. 六方晶系的晶面指数与晶向指数如何确定？
10. 什么是单晶体、多晶体？
11. 金属晶体中结构缺陷有哪几种，它们对金属的力学性能有什么影响？
12. 什么是过冷现象和过冷度？过冷度与冷却速度有什么关系？
13. 纯金属的结晶是由哪些基本过程组成的？
14. 何谓晶粒和晶界？
15. 晶粒大小对金属的力学性能有什么影响？
16. 为什么要细化晶粒？
17. 晶粒大小对金属的力学性能有什么影响？
18. 细化晶粒常用的方法有哪些？
19. 何谓金属的同素异构转变？
20. 说出纯铁同素异构转变的温度及在不同温度范围内的晶体结构。

第三章　合金相结构与二元相图

一般来说，纯金属大都具有优良的塑性、导电、导热等性能，但它们制取困难，价格较贵，种类有限，特别是力学性能（强度、硬度较低，耐磨性比较低），难以满足多种高性能的要求，因此，工程上大量使用的金属材料都是根据性能需要而配制的各种不同成分的合金，如碳钢、合金钢、铸铁、铝合金及铜合金等。

第一节　合金的相结构

一、合金的概念

（1）合金。合金是指由两种或两种以上的金属元素或金属与非金属元素组成的具有金属特性的物质。如黄铜是铜和锌的组成合金；碳钢是铁和碳组成的合金；硬铝是铝、铜组成的合金等。合金不仅具有纯金属的基本特性，同时还具备了比纯金属更好的力学性能和特殊的物理、化学性能。另外，由于组成合金的各元素比例可以在很大范围内调节，从而使合金的性能随之发生一系列变化，满足了工业生产中各类机械零件的不同性能要求。

（2）组元。组成合金的基本的物质称为组元。组元大多数是元素，如铁碳合金中的铁元素和碳元素是组元；铜锌合金中的铜元素和锌元素也是组元。有时稳定的化合物也可作为组元，如 Fe_3C 等。

（3）相。相是指在金属组织中的化学成分、晶体结构和物理性能相同的组分。其中包括固溶体、金属化合物及纯物质（如石墨）。

（4）组织。组织泛指用金相观察方法看到的由形态、尺寸不同和分布方式不同的一种或多种相构成的总体。将金属试样的磨面经适当处理后用肉眼或借助放大镜观察的组织，称为宏观组织；将用适当方法（如浸蚀）处理后的金属试样的磨面复型或制成的薄膜置于光学显微镜或电子显微镜下观察到的组织，称为显微组织。只由一种相组成的组织称为单相组织；由几种相组成的组织称为多相组织。金属材料的组织不同，其性能也就不同。

二、合金的相结构

根据合金中各组元之间的相互作用，合金中的晶体结构可分为固溶体、金属化合物及机械混合物三种类型。

（一）固溶体

合金在固态下一种组元的晶格内溶解了另一种原子而形成的晶体相，称为固溶体。根据溶质原子在溶剂晶格中所占位置的不同，可将固溶体分为置换固溶体和间隙固溶体（见图 3-1）。

1. 置换固溶体

溶质原子代替一部分溶剂原子，占据溶剂晶格的部分结点位置时，所形成的晶体相，称为置换固溶体。

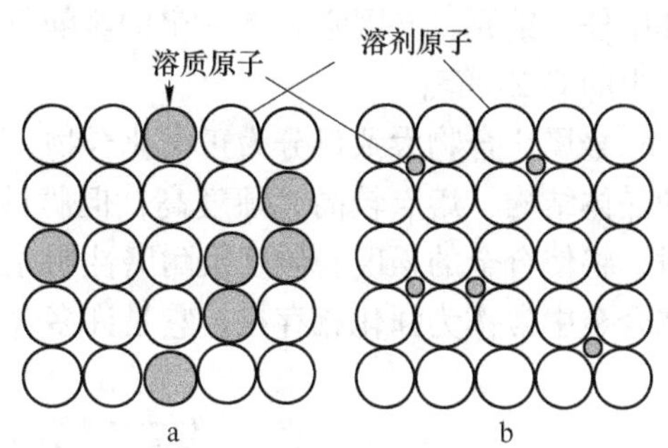

图 3-1 固溶体的类型
a—置换固溶体；b—间隙固溶体

按溶质溶解度的不同，置换固溶体又可分为有限固溶体和无限固溶体。

（1）无限固溶体：溶质原子与溶剂原子能以任何比例相互溶解所形成的固溶体。例如铜镍合金、铜原子和镍原子可按任意比例相互溶解。

（2）有限固溶体：溶质在溶剂中的溶解度是有限的固溶体。如铜锌合金当 $w(\mathrm{Zn}) > 40\%$ 时为有限固溶体（组织除了 α 固溶体外，还有铜与锌形成的金属化合物）。

溶解度的大小主要取决于组元间的晶格类型、原子半径和温度等。实验证明，大多数合金都只能有限固溶，且溶解度随温度的降低而减少。

形成无限固溶体的条件：只有符合各组元的晶格类型相同，原子半径相差不大等条件才可。

2. 间隙固溶体

溶质原子在溶剂晶格中不占据溶剂晶格的结点位置，而是嵌入溶剂晶格的各结点之间的间隙内，这时形成的晶体相，称为间隙固溶体。

间隙固溶体形成的条件：是溶质原子半径与溶剂的原子半径的比值 $r \leqslant 0.59$。因此，形成间隙固溶体的溶质元素通常是原子半径小的非金属元素，如碳、氮、氢、硼、氧等。

3. 固溶体的性能

形成固溶体时，虽然保持着溶剂的晶格类型，但由于溶质原子的溶入，将会使固溶体的晶格常数发生变化而形成晶格畸变（见图 3-2），增加了变形抗力，因而导致材料强度、硬度提高。这种通过溶入溶质元素，使固溶体强度和硬度提高的现象称为固溶强化。

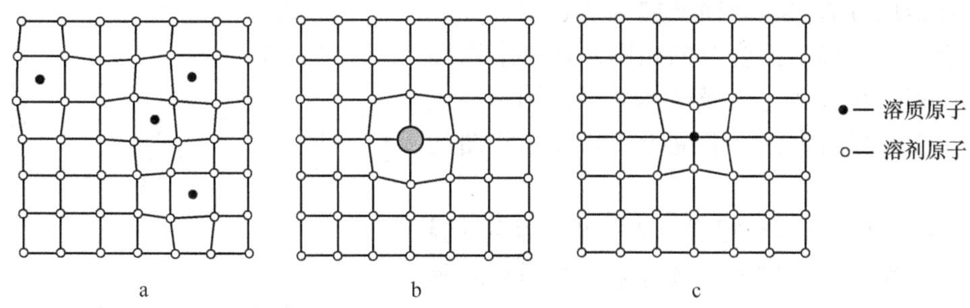

图 3-2 形成固溶体时产生的晶格畸变
a—间隙固溶体；b—置换固溶体（大溶质原子）；c—固溶体（小溶质原子）

对于钢铁材料来说，固溶强化是其强化途径的一种；而对于非铁金属材料来说，固溶强化是重要的强化手段。

（二）金属化合物

金属化合物是合金组元间发生相互作用而生成的一种新相，其晶格类型和性能不同于其中任一组元，又因它具有一定的金属性质，故称为金属化合物。如碳钢中的 Fe_3C、黄铜中的 CuZn 等。

金属化合物大致可分为正常化合物、电子化合物及间隙化合物。金属化合物具有复杂的晶体结构，熔点较高，硬度高，但脆性大。当它呈细小颗粒均匀分布在固溶体基体上时，将使合金的强度、硬度及耐磨性明显提高，这一现象称为弥散强化。因此金属化合物在合金中常作为强化相存在。它是许多合金钢、非铁金属和硬质合金的重要组成相。

第二节 二元合金相图

纯金属的结晶由于无成分因素的影响，结晶后形成单相组织。而合金在结晶后，由于存在两种以上组元的相互作用，形成的是多相组织。如果给定合金的成分，在一定温度下究竟会形成什么合金相与组织呢？利用合金相图就能回答这一问题。

合金相图是用图解的方法表示合金系中合金状态、温度和成分之间的关系。利用相图可以知道各种成分的合金在不同温度下有哪些相，各相的相对含量、成分以及温度变化时可能发生的变化。掌握相图的分析和使用方法，有助于了解合金的组织状态和预测合金的性能，也可按要求来研究新的合金。在生产中，合金相图可作为制订铸造、锻造、焊接及热处理工艺的重要依据。

一、二元相图的表示方法

纯金属可以用一条表示温度的纵坐标，把其在不同温度下的组织状态表示出来。图 3-3 为纯铜的冷却曲线及相图，其中纵坐标表示温度，1 点位为纯铜冷却曲线上的结晶温度（1083℃）在温度坐标上的投影，即纯铜的相变温度（称为相变点）。1 点以上表示纯铜处于液相；1 点以下表示纯铜为固相。所以纯金属的相图，只要用一条温度纵坐标轴就能表示。

二元合金组成相的变化不仅与温度有关，而且还与合金成分有关。必须增加一个表示合金成分的横坐标。所以二元合金的相图，是一个以温度为纵坐标、合金成分为横坐标的平面图形。现以 Cu-Ni 合金相图为例，来说明二元合金相图的表示方法。

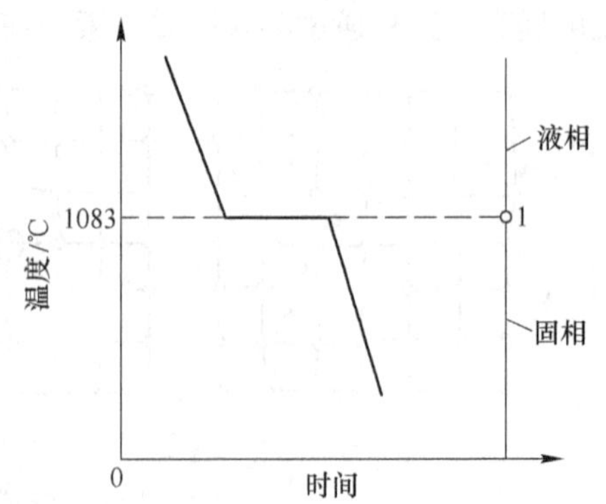

图 3-3 纯铜的冷却曲线及相图

图 3-4 是 Cu-Ni 合金相图。图中纵坐标表示温度，横坐标表示合金成分。横坐标从左到右表示合金成分的变化。即 w(Ni) 由 0% 向 100% 逐渐增大；而 w(Cu) 相应地由 100% 向 0% 逐渐减小。横坐标上任何一点都代表一种成分的合金。例如，C 点代表 w(Ni)(40%)＋w(Cu)(60%) 的合金；D 点代表 w(Ni)(60%)＋w(Cu)(40%) 的合金；通过成分坐标上的任一点作的垂线称为合金线，合金线上不同点表示成分合金在某一温度下的相组成。因此，相图上任意一点都代表某一成分的合金在某一温度时的相组成（或显微组织）。例如，M 表示 w(Ni)(30%)＋w(Cu)(70%) 的合金在 950℃时，其

组织为单相 α 固溶体。

二、二元合金相图的建立

合金相图都是用实验方法测定的。以 Cu-Ni 二元合金系为例，说明应用热分析法测定其相变点及绘制相图的方法。

（1）配制一系列成分不同的 Cu-Ni 合金：1）w(Cu)(100%)；2）w(Ni)(20%)+w(Cu)(80%)；3）w(Ni)(40%)+w(Cu)(60%)；4）w(Ni)(60%)+w(Cu)(40%)；5）w(Ni)(80%)+w(Cu)(20%)；6）w(Ni)(100%)。

（2）用热分析法测出所配制的各合金的冷却曲线，如图 3-5 所示。

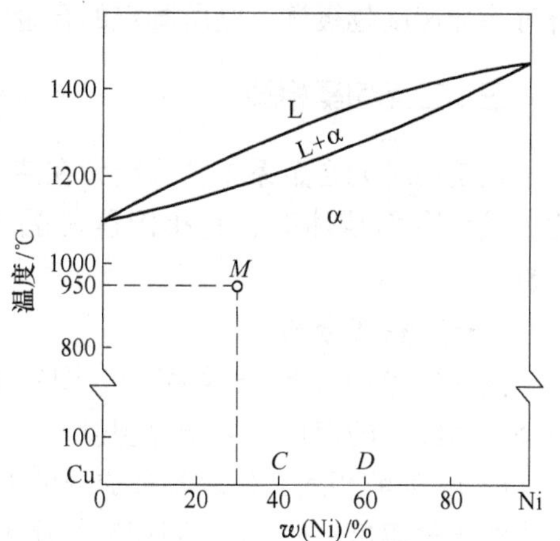

图 3-4 Cu-Ni 合金相图

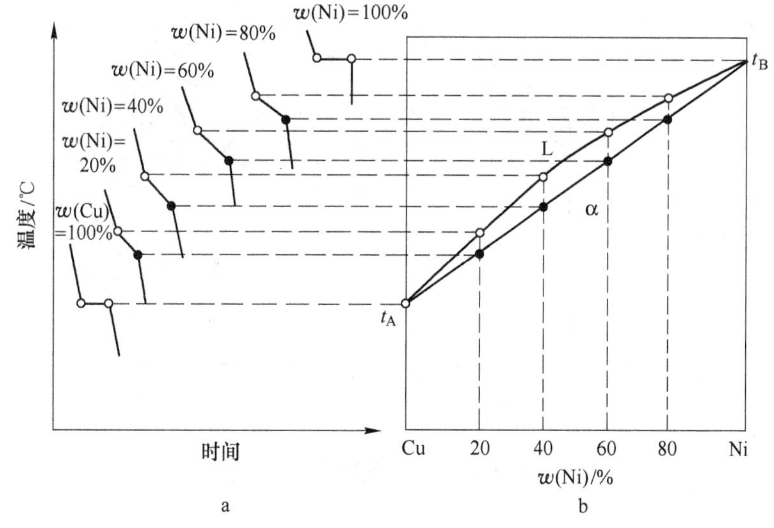

图 3-5 用热分析法测定 Cu-Ni 合金相图

（3）找出图 3-5 中各冷却曲线上的相变点。由 Cu-Ni 合金系的冷却曲线可知，纯铜及纯镍的冷却曲线都有一个平台，这说明纯金属的结晶都是在恒温下进行的，故只有一个相变点。其他四个合金的冷却曲线均不出现平台，但有两个转折点，即有两个相变点。这表明四个合金都是在一个温度范围内结晶的。温度较高的相变点表示开始结晶温度，称为上相变点，在图上用“○”表示；温度较低的相变点表示结晶终了温度，称为下相变点，在图上用“●”表示。

（4）将各个合金的相变点分别标注在温度-成分坐标图中相应的合金线上。

（5）连接各相同意义的相变点，所得的线称为相界线。这样就获得了 Cu-Ni 合金相图，如图 3-5b 所示。图中各开始结晶温度连成的相界线 $t_A Lt_B$ 称为液相线；各结晶终了温度连成的相界线 $t_A \alpha t_B$ 称为固相线。

由上述测定相图的方法可知，如配制的合金数目越多，所用的金属的纯度越高，热分析时冷却速度越缓慢，则所测定的合金相图就越精确。

三、二元匀晶相图

凡是在二元合金系中，两组元在液态和固态下以任何比例均可相互溶解，即在固态下能形成无限固溶体时，其相图属匀晶相图。以 Cu-Ni 合金相图为例，对匀晶相图进行分析。

（一）相图分析

图 3-6a 为 Cu-Ni 合金相图。图中 $t_A = 1083℃$ 为纯铜的熔点（或结晶温度）；$t_B = 1455℃$ 为纯镍的熔点（或结晶温度）。

$t_A L t_B$ 为液相线，代表各种成分的 Cu-Ni 合金在冷却过程中开始结晶或在加热过程中熔化终了的温度；$t_A \alpha t_B$ 为固相线，代表各种成分的 Cu-Ni 合金在冷却过程中结晶终了或加热过程开始熔化的温度。图 3-6b 为 $w(\text{Ni}) = 40\%$（$w(\text{Cu}) = 60\%$）的合金冷却曲线。

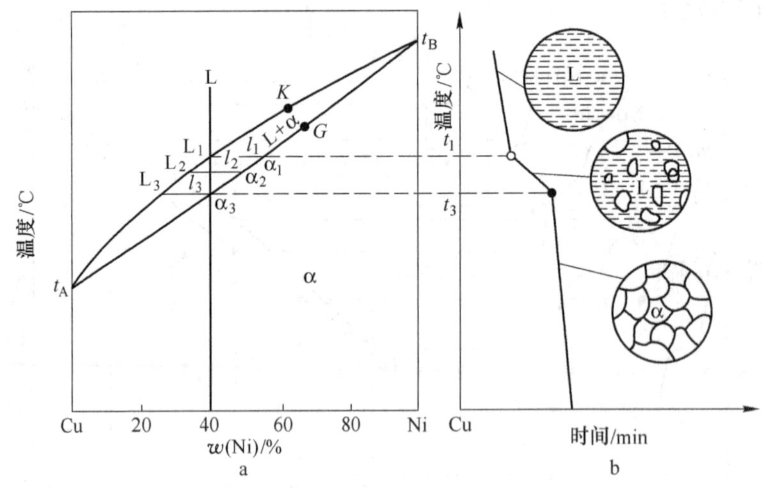

图 3-6 Cu-Ni 合金相图结晶过程分析

液相线与固相线把整个相图分为三个不同相区。在液相线以上是单相的液相区，合金处于液体状态，以“L”表示；固相线以下为合金处于固体状态的固相区，该区域内是 Cu 与 Ni 组成的单相无限固溶体，以“α”表示；在液相线与固相线之间是液相 + 固相的两相共存区（即结晶区），以“L + α”表示。

（二）杠杆定律

从上面相图分析可以看出，因为单相区只存有一相，故相的成分就是合金成分，相的质量就是合金的质量。而在两相区内，由于合金正处在结晶过程中，随着结晶过程的进行，合金中各相的成分和相的相对量都在不断地发生变化。杠杆定律就是确定两相区内两个组成相（平衡相）以及相的成分和相的相对量的重要法则。

（1）两平衡相及其成分的确定。如图 3-7 所示，若要确定成分为 $w(\text{Ni}) = x\%$ 的 Cu-Ni 合金，在 t 温度下是由哪两个相组成以及各相的成分时，可通过该合金线上相当于 t 温度的 c 点作水平线 acb，水平线两端接触的两个单相区 L 和 α，就是该合金在 t 温度时共存的两个相。水平线两端与液相线及固相线的交点 a、b 在成分坐标上的投影，分别表示 t 温度下液相和固相的成分,即液相 L 的成分为 $w(\mathrm{Ni}) = x_1\%$，固相 α 的成分为 $w(\mathrm{Ni}) = x_2\%$。

(2) 两平衡相相对量的确定。设图 3-7 所示的 $w(\mathrm{Ni}) = x\%$ 的合金的总质量为 m，在 t 温度时，合金中液相质量为 m_L，固相质量为 m_α。通过计算，可求得此时合金中液相与固相的质量比和水平线 acb 被合金线分成两线段的长度成反比，即：

$$\frac{m_L}{m_\alpha} = \frac{bc}{ac} \tag{3-1}$$

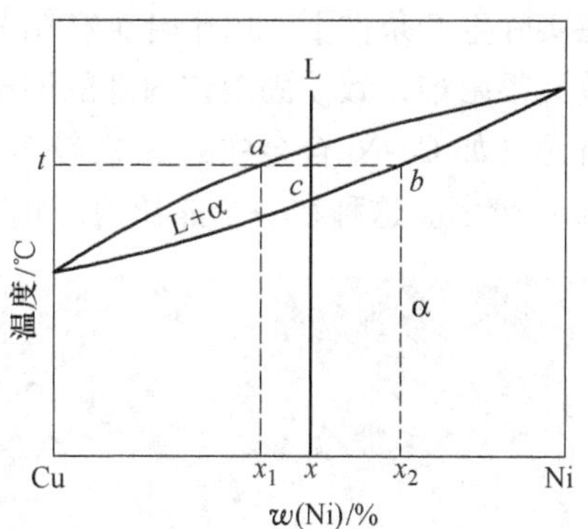

图 3-7　杠杆定律的应用

由式 (3-1) 还可以求出合金中液、固两相的相对量（相的质量分数）的表达式

液相　$$w(\mathrm{L}) = \frac{m_L}{m} = \frac{bc}{ab} \times 100\% \tag{3-2}$$

固相　$$w(\alpha) = \frac{m_\alpha}{m} = \frac{ac}{ab} \times 100\% \tag{3-3}$$

由于式 (3-1) 与力学中的杠杆定律相似，其中杠杆的支点为合金的原始成分（合金线)，杠杆两端表示该温度下两相的成分，杠杆的全场表示合金的质量，两相的质量与杠杆臂长成反比，故称为杠杆定律。

(三) 合金的结晶过程分析

现以 $w(\mathrm{Ni}) = 40\%$ 的 Cu-Ni 合金为例来分析其结晶过程，如图 3-6 所示。当合金自高温液态缓慢冷却到与液相线相交的 t_1 温度时，液相中开始结晶析出 α 固溶体，根据杠杆定律可知，此时液相与固相的成分分别为 L_1 点和 α_1 点在成分坐标上的投影。因为是刚开始结晶，故 $L_1\alpha_1$ 线段基本上代表液相的量。当继续缓慢冷却到 t_2 温度，并通过原子充分扩散而达到平衡状态时，液、固两相的成分应分别为 L_2 点和 α_2 点在成分坐标上的投影。同时，代表液相量的线段缩短，而代表固相量的线段增长。当缓慢冷却到与固相线相交的 t_3 温度时，合金结晶终了。这时整个 $L_3\alpha_3$ 线段都代表固相的量，固相的成分为 α_3 点在成分坐标上的投影。故最终获得与原合金成分相同 ($w(\mathrm{Ni}) = 40\%$) 的单相 α 固溶体。固溶体的显微组织与纯金属类似，是由多面体的晶粒所组成，如图 3-8 所示。

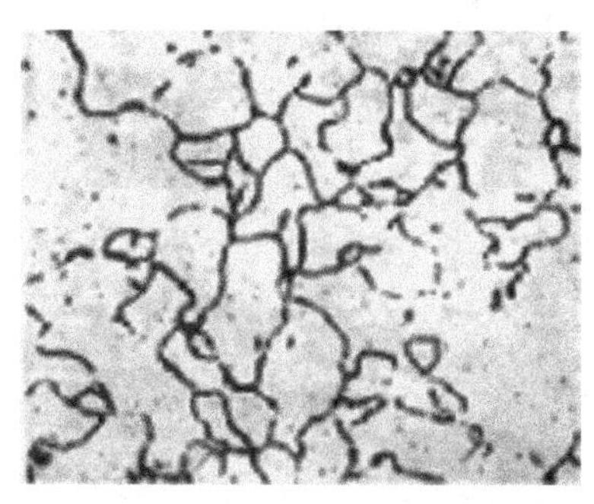

图 3-8　Cu-Ni 合金固溶体的显微组织

其他成分的 Cu-Ni 合金的结晶过程均与上述合金类似。

由上述分析可见，固溶体合金的结晶过程与纯金属的不同点是，合金在一定温度范围内结晶，随着温度降低，固相的量不断增多，液相的量不断减少，同时固相的成分不断沿固相线变化，液相的成分不断沿液相线变化。

(四) 枝晶偏析

固溶体合金在结晶过程中，只有在极其缓慢冷却、使原子能进行充分扩散的条件下，固相的成分才能沿着固相线均匀变化，最终获得与原合金成分相同的均匀 α 固溶体。但在实际生产条件下，由于合金在结晶过程中，冷却速度一般都比较快，而且固态下原子扩散又很困难，致使固溶体内部的原子扩散来不及充分进行，结果先结晶的固溶体含高熔点组元（如 Cu-Ni 合金中的 Ni）较多，后结晶的固溶体含低熔点组元（如 Cu-Ni 合金中的 Cu）较多。这种在一个晶粒内部化学成分不均匀的现象称为晶内偏析。

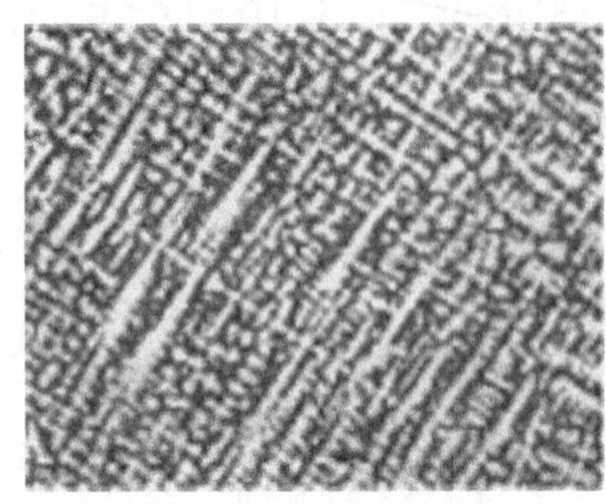

图 3-9 铸态 Cu-Ni 合金枝晶偏析的显微组织

因为固溶体的结晶一般是按树枝状方式长大的，这就使先结晶的枝干成分和后结晶的枝间成分不同，由于这种晶内偏析呈树枝分布，故又称为枝晶偏析。图 3-9 就是 Cu-Ni 合金的枝晶偏析的显微组织。由图中可见，α 固溶体呈树枝状，先结晶的枝干中，因含 Ni 量高，不易浸蚀，故呈白色，而后结晶的枝间因含 Cu 量高，易被浸蚀而呈黑色。

枝晶偏析会降低合金的力学性能和加工工艺性能。因此，在生产上常把有枝晶偏析的合金加热到高温，并经长时间的保温，使原子充分扩散，以达到成分均匀的目的，这种热处理的方法称为均匀化退火。Cu-Ni 合金经均匀化退火后，可获得成分均匀的 α 固溶体，如图 3-8 所示。

四、二元共晶相图

凡二元合金系中两组元在液态下能完全互溶，在固态下可形成两种不同固相，并发生共晶转变的相图属于二元共晶相图。所谓共晶转变，是指一定成分的液相，在一定温度下同时结晶出两种不相同的固相的转变。如 Pb-Sn、Pb-Sb、Ag-Cu、Al-Si 等，下面我们以 Pb-Sn 合金为例进行介绍（见图 3-10）。

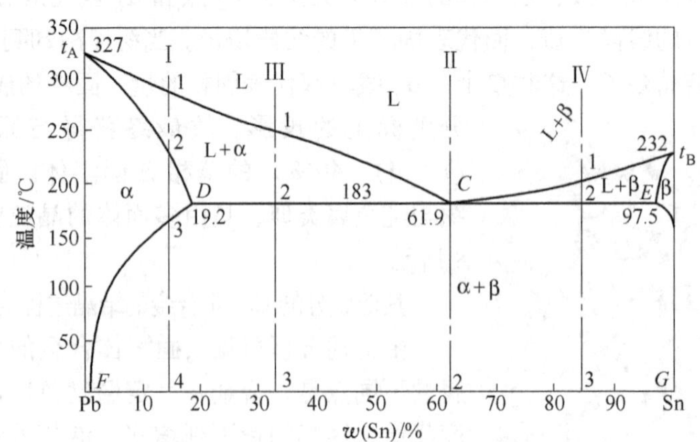

图 3-10 Pb-Sn 合金相图及典型合金成分垂线

（一）Pb-Sn 合金相图分析

（1）点：

1）A、B 点：分别表示纯铅和纯锡的熔点和凝点。

2）D、E 点：分别为 α 固溶体（锡在铅中）和 β 固溶体（铅在锡中）的最大溶解度点。

3）C 点：共晶点，该点成分的合金在恒温 T_C 时发生共晶转变：$L_C \xrightleftharpoons{T_C} \alpha_D + \beta_E$ 是具有一定成分的液相，在恒温 T_E 同时转变为两个具有不同成分和结构的固相。

4）F、G 点：分别是室温时锡在铅中 α 和铅在锡中 β 的溶解度。

（2）线：

1）ACB 线：是液相线，在冷却时是 AC 线 $L \rightarrow \alpha$，BC 线 $L \rightarrow \beta$ 的开始线。

2）$ADCEB$ 线：是固相线，在冷却时是 AC 线 $L \rightarrow \alpha$，BC 线 $L \rightarrow \beta$，DCE 共晶线的终止线。

成分在 $D \sim E$ 之间的合金在 T_C 恒温时都发生共晶转变：$L_C \xrightleftharpoons{T_C} \alpha_D + \beta_E$，生成由两个固溶体组成的机械混合物，称为共晶体或共晶组织。

3）DF 线：是锡在铅中（α 固溶体）的溶解度曲线，冷却时 $\alpha \xrightarrow{析出} \beta_{Ⅱ}$。

4）EG 线：是铅在锡中（β 固溶体）的溶解度曲线，冷却时 $\beta \xrightarrow{析出} \alpha_{Ⅱ}$。

（3）相区：

1）单相区：有 3 个，在液相线 ACB 以上为单相液相区，用 L 表示，在 ADF 线以左为 α 固溶体区。在 EBG 线以右为 β 固溶体区。

2）两相区：有 3 个，在 $ADCA$ 区为 L + α 相区，在 $BCEB$ 区为 L + β 相区，在 $FDCEGF$ 区为 α + β 相区。

三相线：DCE 线为 L + α + β 三相共存线。

（二）二元共晶系合金的结晶过程

1. 含 Sn 量小于 D 点成分合金的结晶过程（以合金Ⅰ为例）

由图 3-11 可见，该合金液体冷却时，在 2 点以前为匀晶转变，结晶出单相固溶体，这种从液相中结晶出来的固相称为一次相或初生相。匀晶转变完成后，在 2、3 点之间，为单相 α 固溶体，合金组织不发生变化。温度降到 3 点以下，α 固溶体被 Sn 过饱和，由于晶格不稳，便出现第二相——β 相，显然，这是一种固态相变。由已有固相析出（相变过程也称为析出）的新固相称为二次相或次生相。形成二次相的过程称为二次析出。二次 β 呈细粒状，记为 $\beta_{Ⅱ}$。随温度下降，α 相的成分沿 DF 线变化，$\beta_{Ⅱ}$ 的成分沿 EG 线变化，$\beta_{Ⅱ}$ 的相对质量增加。合金Ⅰ在室温时，α 与 $\beta_{Ⅱ}$ 的相对质量，可用杠杆定律计算：

$$w(\alpha) = \frac{4G}{FG} \times 100\%$$

$$w(\beta_{Ⅱ}) = \frac{F4}{FG} \times 100\%$$

合金Ⅰ的室温组织为 $\alpha + \beta_{Ⅱ}$。如图 3-12 所示，图中黑色基体为 α 固溶体，白色颗粒为 $\beta_{Ⅱ}$ 固溶体。图 3-11 为其冷却曲线和组织转变示意图。

$$L \rightarrow \alpha + L \rightarrow \alpha \rightarrow \alpha + \beta_{Ⅱ}$$

2. 共晶合金的结晶过程（合金Ⅱ）

该合金液体冷却到 E 点（即共晶点）时，同时被 Pb 和 Sn 饱和，并发生共晶反应：$L_C \rightarrow \alpha_D + \beta_E$，析出成分为 D 的 α 和成分为 E 的 β。反应终了时，获得 α + β 的共晶组织。从成分均匀的液相同时结晶出两个成分差异很大的固相，必然要有元素的扩散。假设首先

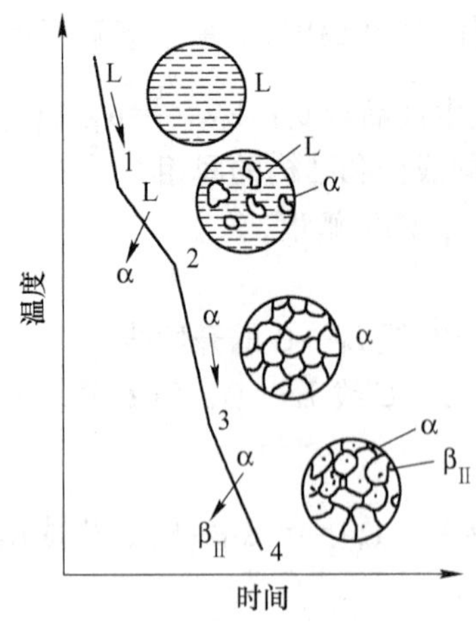

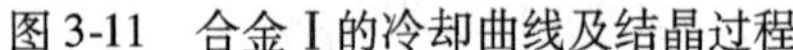

图 3-11 合金 I 的冷却曲线及结晶过程

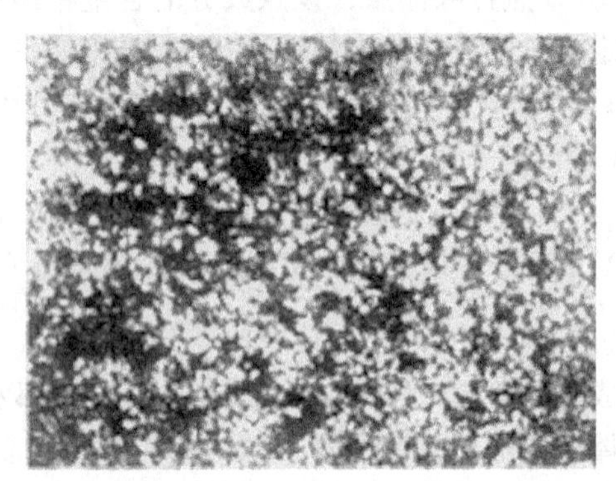

图 3-12 $w(\mathrm{Sn})<19.2\%$ 的 Sn-Pb 组织（200×）

析出富铅的 α 相晶核，随着它的长大，必然导致其周围液体贫铅而富锡，从而有利于 β 相的形核，而 β 相的长大又促进了 α 相的形核。就这样，两相相间形核，互相促进，因而共晶组织较细，呈片、针、棒或点球等形状。共晶组织中的相称为共晶相，如共晶 α、共晶 β。根据杠杆定律，可求出共晶反应刚结束时两相的相对质量分数。

共晶转变结束后，随温度继续下降，α 和 β 的成分分别沿 *DF* 和 *EG* 线变化，即从共晶 α 中析出 β_{II}，从共晶 β 中析出 α_{II}，由于共晶组织细，β_{II} 与共晶 β 结合，α_{II} 与共晶 α 结合，使得二次相不易分辨，因而最终的室温组织仍为（α+β）的共晶体，如图 3-12 所示。这时获得的（$\alpha_D+\beta_E$）的细密机械混合物，就是共晶组织或共晶体。共晶体中 α_D 与 β_E 的相对质量可用杠杆定律：

$$w(\alpha_D)=\frac{CE}{DE}\times 100\%$$

$$w(\beta_E)=(1-\alpha_D)\times 100\%$$

共晶合金的冷却曲线和组织转变过程如图 3-13 所示。图 3-14 中黑色的 α 固溶体与白色的 β 固溶体呈交替分布。

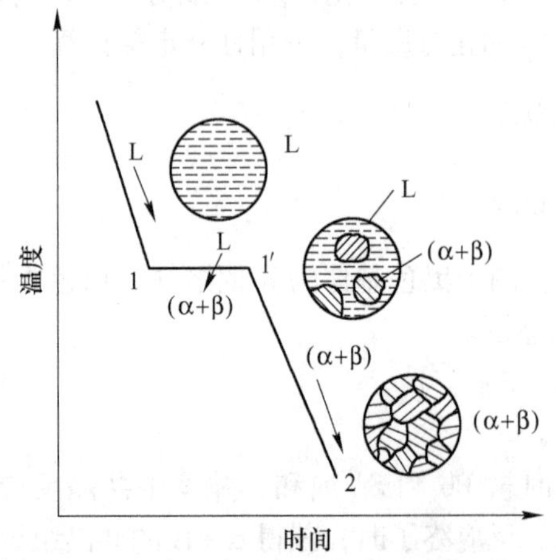

图 3-13 合金 II 的冷却曲线及结晶过程

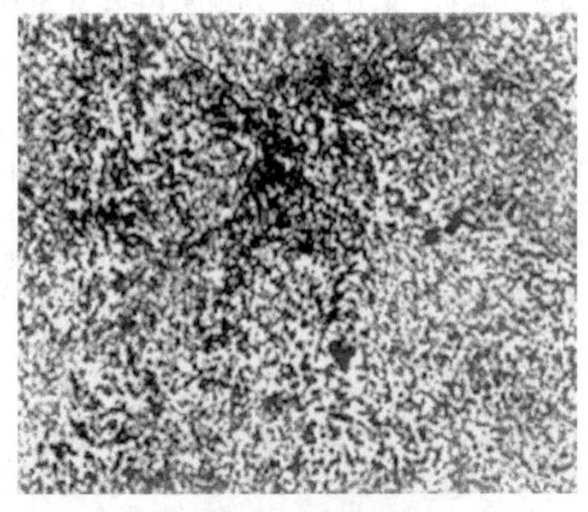

图 3-14 Pb-Sn 共晶合金的室温组织（100×）

3. 亚共晶合金的结晶过程（以合金Ⅲ为例）

该合金的液体在2点以前发生匀晶转变，结晶出一次α相。在1点到2点的冷却过程中，一次的成分沿 AD 线变化到 D 点，液相的成分沿 AC 线变化到 C 点，刚冷却到2点时两相的相对质量分数为（用 L+α 两相区的下沿）：

$$Q_L = \frac{D2}{DC} \times 100\% , Q_\alpha = \frac{2C}{DC} \times 100\%$$

在2点，具有 E 点成分的剩余液体（其相对质量为 Q_L）发生共晶反应 $L_C \rightarrow \alpha_D + \beta_E$，转变为共晶组织，共晶体的质量与转变前的液相质量相等，因而 $Q_C = Q_L = \frac{2E}{DC} \times 100\%$。共晶反应刚结束时，α、β两相的相对质量分数为：

$$Q_\alpha = \frac{2E}{DE} \times 100\% , Q_\beta = \frac{2D}{DE} \times 100\%$$

共晶反应结束后，随着温度下降，将从一次α和共晶α中析出 β_{II}，从共晶β中析出 α_{II}。与共晶合金一样，共晶组织中的二次相不作为独立组织看待。但由于一次α粗大，其所析出的 β_{II} 分布于一次α上，不能忽略。因此，亚共晶合金的室温组织为 $\alpha + (\alpha + \beta) + \beta_{II}$。图3-15为亚共晶合金的冷却曲线及组织转变示意图。图3-16为Pb-Sn亚共晶合金的显微组织，图中黑色树枝状为初晶α固溶体，黑白相间分布的为（α+β）共晶体，初晶α内的白色小颗粒为 β_{II} 固溶体。

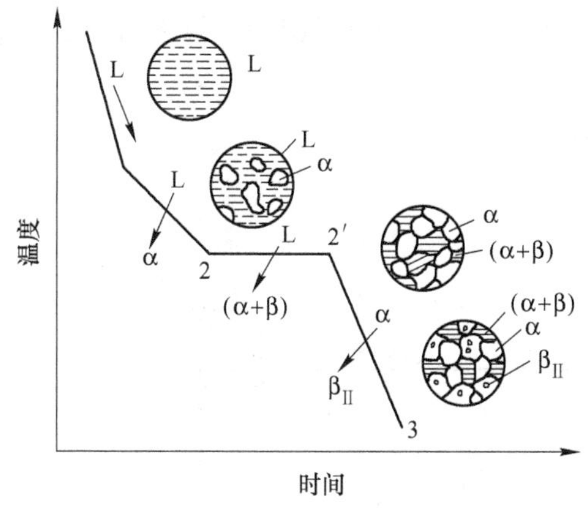

图3-15 合金Ⅲ的冷却曲线及结晶过程

图3-16 Pb-Sn亚共晶合金的室温组织（100×）

4. 过共晶合金的结晶过程（以合金Ⅳ为例）

过共晶合金的结晶过程与亚共晶合金相似，不同的是一次相为β，二次相为 α_{II}。其室温组织为 $\beta + \alpha_{II} + (\alpha + \beta)$，图3-17为过共晶合金的结晶过程。图3-18为Pb-Sn亚共晶合金的显微组织，图中黑色树枝状为初晶β固溶体，黑白相间分布的为（α+β）共晶体，初晶β内的白色小颗粒为 α_{II} 固溶体。

（三）合金的相组分与组织组分

综合上述几种典型合金的结晶过程，可以看出Pb-Sn合金结晶所得的组织中仅出现α、β两相。因此α、β相称为合金的相组分（相组成物）。图3-10中各相区就是以合金

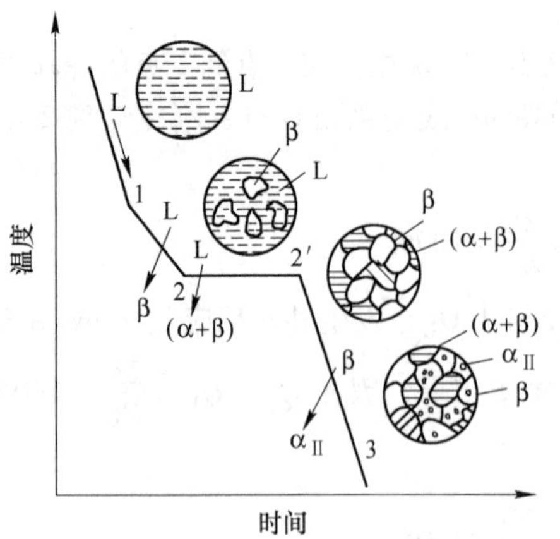

图 3-17　合金Ⅳ的冷却曲线及结晶过程

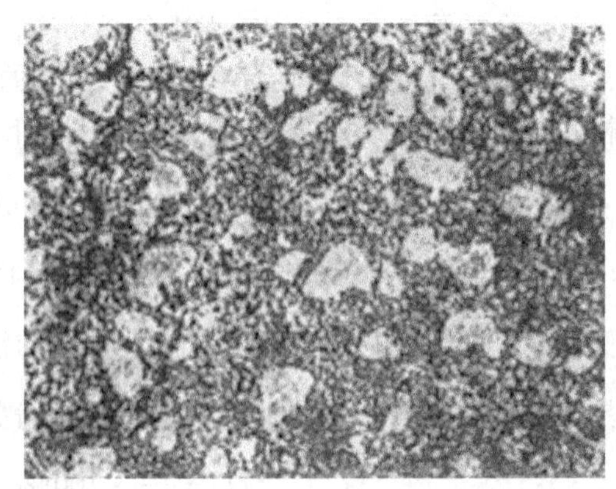

图 3-18　Pb-Sn 过共晶合金的室温组织（100×）

的相组分填写的。

由于不同合金的形成条件不同，各种相将以不同的数量、形状、大小互相组合，因而在显微镜下可观察到不同的组织。若把合金结晶后组织直接填写在相图中（见图 3-19），即获得用组织组分（组织组成物）填写的 Pb-Sn 合金相图。图中 α、$\alpha_{Ⅱ}$、$\beta_{Ⅱ}$、β 及共晶体（α + β）各具有一定的组织特征，并在显微镜下可以明显区分，故它们都是该合金的组织组分。在进行金相分析时，主要用组织组分来表示合金的显微组织，故常将合金的组织组分填写于相图中。

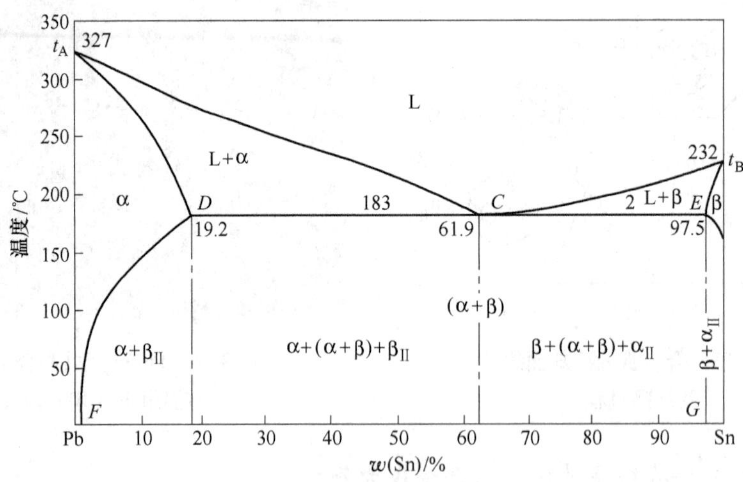

图 3-19　以组织组成物填写的 Pb-Sn 合金相图

合金中相组分和组织组分的相对量，均可利用杠杆定律来计算。现以图 3-10 中合金Ⅲ在 183℃（共晶转变结束后）时为例，计算其相组分和组织组分的相对量。

相组分为 α 和 β，其相对量为：

$$w(\alpha_D) = \frac{2E}{DE} \times 100\%$$

$$w(\beta_E) = \frac{D2}{DE} \times 100\% \quad 或 \quad w(\beta_E) = [1 - w(\alpha_D)] \times 100\%$$

组织组分为初晶 α_D 和共晶体（$\alpha_D + \beta_E$），其相对量为：

$$w(\alpha_D) = \frac{2C}{DC} \times 100\%$$

$$w(\alpha_D + \beta_E) = \frac{D2}{DC} \times 100\% \quad 或 \quad w(\alpha_D + \beta_E) = [1 - w(\alpha_D)] \times 100\%$$

五、合金性能与相图的关系

合金的性能一般都取决于合金的化学成分与组织，但某些工艺性能（如铸造性能）还与合金刀结晶特点相关。而合金的化学成分与组织间的关系，以及合金的结晶特点都能体现在合金相图中，因此合金相图与合金性能间必然存在着一定的联系。掌握了相图与性能的联系规律，就可以大致判断不同成分合金的性能特点，并可以作为选用和配制合金的依据。

（一）形成单相固溶体的合金

形成单相固溶体的合金相图是匀晶相图。已知溶质溶入溶剂后，要产生晶格畸变，从而引起合金的固溶强化，并使合金中自由电子的运动阻力增加，故固溶体合金的强度和电阻都高于溶剂的纯金属。而且随着溶质溶入量的增加，由于晶格畸变增大，致使固溶体合金的强度、硬度和电阻与合金成分间呈曲线关系变化，如图 3-20 所示。固溶强化是提高合金强度的主要途径之一，在金属材料生产中获得广泛应用。例如，低碳钢中加入合金元素硅、锰等，就是利用固溶强化提高钢的强度。另外，由于固溶体合金的电阻较高，电阻温度系数较小，因而常用作电阻合金材料。

固溶体合金的铸造性能与相图的关系，如图 3-21 所示。由图可见，合金相图中的液相线与固相线之间的垂直距离与水平距离越大，合金的铸造性能越差。这是因为液相线与固相线的水平距离越大，则结晶出的固相与剩余液相的成分差别越大，产生的偏析越严重；液相线与固相线之间的垂直距离越大，则结晶时液、固两相共存的时间越长，形成树枝状晶体的倾向就越大，这种细长易断的树枝状晶体阻碍液体在铸型内流动，致使合金的流动性变差；当流动性差时，由于枝晶相互交错形成的许多封闭微区不易得到外界液体的补充，故易产生分散缩孔，使铸件组织疏松，性能变坏。

由于固溶体合金的塑性较好，故具有较好的压力加工性能。但切削加工时不易断屑和排屑，使工件表面粗糙度增加，故切削加工性能较差。

（二）形成两相混合物的合金

共晶相图中，结晶后形成两相组织的合金称为两相混合物合金。由图 3-22 可见，形成两相混合物合金的力学性能与物理性能是处在两相性能之间，并与合金成分呈直线关系。应当指出，合金性能还与两相的细密程度有关，尤其是对组织敏感的合金性能（如强度、硬度等），其影响更为明显。例如，共晶合金由于形成了细密共晶体，故其力学性能将偏离直线关系而出现峰值，如图 3-20 所示。

两相混合物合金的铸造性能与相图间的关系，如图 3-23 所示。由图所见，合金的铸造性能也取决于合金结晶区间的大小，因此，就铸造性能来说，共晶合金最好，因为它在

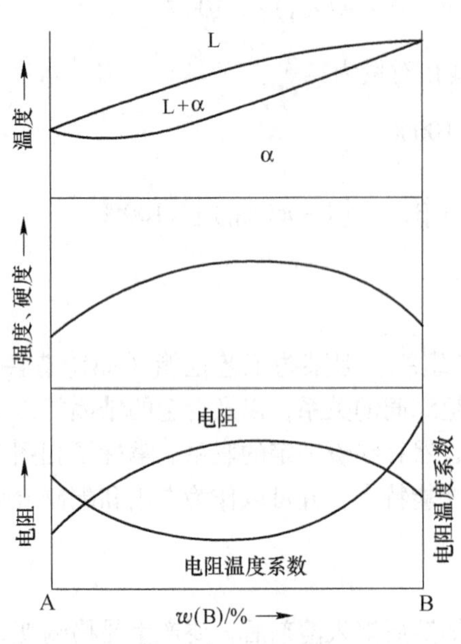

图 3-20 固溶体合金的强度、硬度和电阻与相图的关系

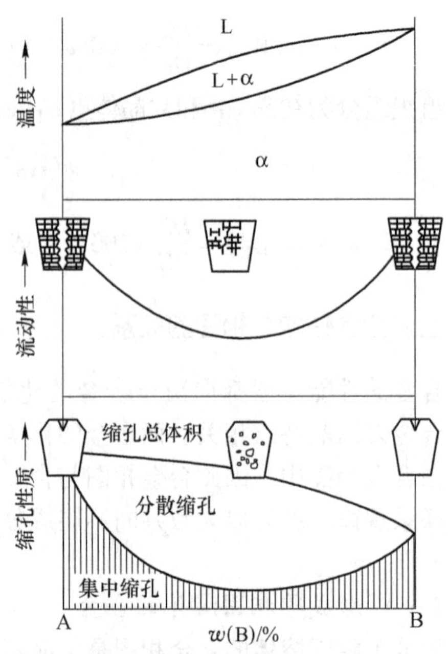

图 3-21 固溶体合金的铸造性能与相图的关系

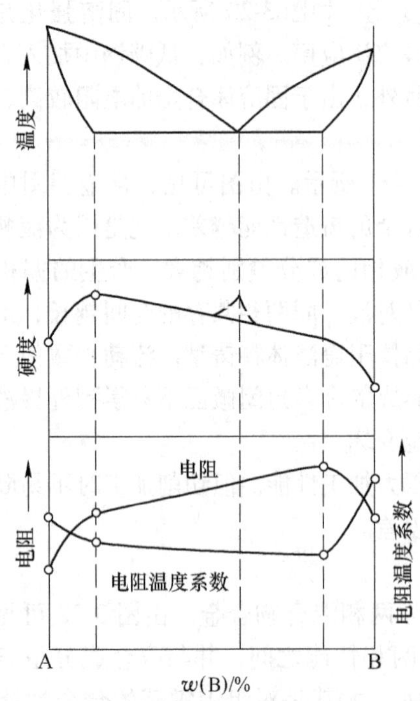

图 3-22 两相混合物合金硬度和电阻与相图的关系

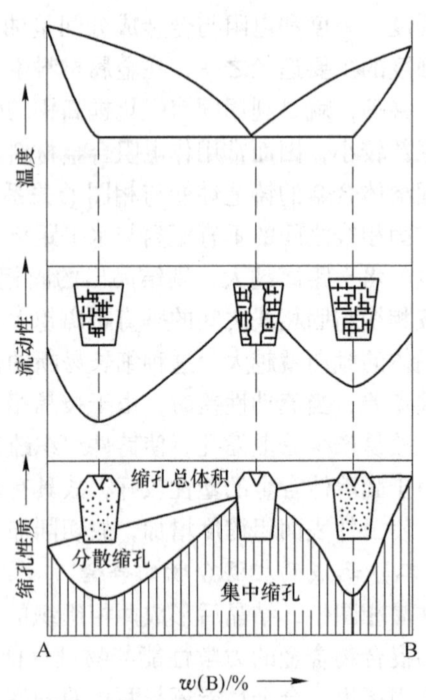

图 3-23 两相混合物合金的铸造性能与相图间的关系

恒温下进行结晶，同时熔点又最低，具有较好的流动性，在结晶时易形成集中缩孔，铸件的致密性好。故在其他条件许可的情况下，铸造用金属材料应尽可能选用共晶成分附近的

合金。

两相混合物合金的压力加工性能与合金组织中硬脆的化合物相含量有关，一般都比固溶体合金要差。但只要组织中硬脆相含量不多，其可加工性就比固溶体合金要好。

习题与思考题

1. 解释下列名词：

   合金，组元，相，相图；固溶体，金属间化合物；枝晶偏析；固溶强化，弥散强化。

2. 指出下列名词的主要区别：

   （1）置换固溶体与间隙固溶体；

   （2）相组成物与组织组成物。

3. 为什么铸件的加工余量过大，会使加工后的铸件强度降低？

4. 为什么铸造合金常选用接近共晶成分的合金？为什么要进行压力加工的合金常选用单相固溶体成分的合金？

5. 试分析比较纯金属、固溶体、共晶体三者在结晶过程和显微组织上的异同之处。

6. 有形状、尺寸相同的两个 Cu-Ni 合金铸件，一个含 90% Ni，另一个含 50% Ni，铸后自然冷却，问哪个铸件的偏析较严重？

7. 一个二元共晶转变如下

   $$L(w(B)=75\%)\rightarrow\alpha(w(B)=15\%)+\beta(w(B)=95\%)$$

   （1）求 $w(B)=50\%$ 的合金结晶刚结束时的各组织组分和各相组分的相对量。

   （2）若显微组织中初晶 β 与共晶（α + β）各占 50%，求该合金的成分。

8. 已知 A(熔点 600℃）与 B(500℃）在液态无限互溶；在固态 300℃时 A 溶于 B 的最大溶解度为 30%，室温时为 10%，但 B 不溶于 A；在 300℃时，含 40% B 的液态合金发生共晶反应。现要求：

   （1）作出 A-B 合金相图；

   （2）分析 20% A，45% A，80% A 等合金的结晶过程，并确定室温下的组织组成物和相组成物的相对量。

第四章 铁碳合金相图

钢铁是现代工业中应用最广泛的金属材料，其基本组元是铁和碳两个元素，故统称为铁碳合金。普通碳钢和铸铁均属铁碳合金范畴，合金钢和合金铸铁实际上是有意加入合金元素的铁碳合金。为了熟悉钢铁材料的组织与性能，以便在生产中合理使用，首先必须研究铁碳合金相图。

第一节 铁碳合金的基本相

铁碳合金：以 Fe、C 为主要合金元素，S、P、Si、Mn 为次要合金元素，由于成分不同，形成不同固溶体、金属化合物或混合物，对外表现出不同的性能。

一、铁素体（F 或 α）

铁素体是碳在 α-Fe 中的间隙固溶体，用符号“F”（或 α）表示，体心立方晶格；虽然 BCC 的间隙总体积较大，但单个间隙体积较小，所以它的溶碳量很小，最多只有 0.0218%（727℃时），室温时几乎为 0，因此铁素体的性能与纯铁相似，硬度低而塑性高，并有铁磁性。

铁素体的力学性能特点是塑性、韧性好，而强度、硬度低。$A=30\%\sim50\%$，$A_k=128\sim160\text{J}$，$R_m=180\sim280\text{MPa}$，50～80HBS。

铁素体的显微组织与纯铁相同，用4%硝酸酒精溶液浸蚀后，在显微镜下呈现明亮的多边形等轴晶粒，在亚共析钢中铁素体呈白色块状分布，但当含碳量接近共析成分时，铁素体因量少而呈断续的网状分布在珠光体的周围。

二、奥氏体（A 或 γ）

碳溶于 γ-Fe 形成的间隙固溶体称为奥氏体，以符号 A 表示。由于 γ-Fe 是面心立方晶格，它的致密度虽然高于体心立方晶格的 α-Fe，但由于其晶格间隙的直径要比 α-Fe 大，故溶碳能力也较大，在 1148℃时溶碳量最大（$w(\text{C})=2.11\%$），随着温度下降，溶碳量逐渐减小，在 727℃时的溶碳量为 $w(\text{C})=0.77\%$。

在一般情况下，奥氏体是一种高温组织，稳定存在的温度范围为 727～1394℃，故奥氏体的硬度低，塑性较高，通常在对钢铁材料进行热变形加工，如锻造、热轧等时，都应将其加热成奥氏体状态，所谓“趁热打铁”正是这个意思。$R_m=400\text{MPa}$，170～220HBS，$A=40\%\sim50\%$。

另外奥氏体还有一个重要的性能，就是它具有顺磁性，可用于要求不受磁场干扰的零件或部件。

奥氏体的组织与铁素体相似，但晶界较为平直，且常有孪晶存在。

三、渗碳体（Fe_3C）

渗碳体是铁和碳形成的具有复杂结构的金属化合物，用化学分子式 Fe_3C 表示。

它的碳质量分数 $w(C)=6.69\%$；熔点为1227℃；不发生同素异构转变；但有磁性转变，它在230℃以下具有弱铁磁性，而在230℃以上则失去铁磁性；硬度高（950～1050HV），脆性大，塑性几乎为零，是脆硬相。它的显微组织：

（1）一次渗碳体：由金属液中结晶出来，温度<1227℃，呈板条状。

（2）二次渗碳体：由A中析出，温度<1148℃，呈网状。

（3）共晶渗碳体：金属液发生共晶反应的产物，呈白色基体。

渗碳体在适当条件下（高温停留或缓慢冷却），可分解为铁和石墨。

$$Fe_3C \longrightarrow 3Fe + C(\text{石墨})$$

（1）白口铸铁：碳以渗碳体的形式存在，切口为白亮色，作为炼钢原料。

（2）灰口铸铁：碳以石墨的形式存在，切口为灰暗色，作为铸件原料。

在铁碳合金中一共有三个相，即铁素体、奥氏体和渗碳体。但奥氏体一般仅存在于高温下，所以室温下所有的铁碳合金中只有两个相，就是铁素体和渗碳体。由于铁素体中的含碳量非常少，所以可以认为铁碳合金中的碳绝大部分存在于渗碳体中。这一点是十分重要的。

第二节 $Fe-Fe_3C$ 合金相图分析

由于纯铁具有同素异构性，并且α-Fe与γ-Fe的溶碳能力各不相同，为了便于研究和分析，可将 $Fe-Fe_3C$ 合金相图进行简化，简化后的 $Fe-Fe_3C$ 合金相图如图4-1所示，其相图中特性点的含义如表4-1所示。

一、$Fe-Fe_3C$ 相图中各主要特性点

A 点为纯铁的熔点，*D* 点为渗碳体的熔点，*E* 点为1148℃时碳在γ-Fe中最大溶解度（$w(C)=2.11\%$）。钢和铁即以 *E* 点为分界，凡 $w(C)<2.11\%$ 的铁碳合金称为钢，$w(C)>2.11\%$ 的铁碳合金称为生铁。

C 点为共晶点。这点上的液态合金将发生共晶转变，液相在恒温下，同时结晶析出奥氏体和渗碳体所组成的细密的混合物（共晶体）。其表达式为：

$$L_C \xrightarrow{1148℃} (A_E + Fe_3C) \tag{4-1}$$

共晶转变后获得的共晶体（$A+Fe_3C$）称为莱氏体，用符号Ld表示。

G 点为α-Fe→γ-Fe的同素异构转变温度；*P* 点为在727℃时碳在α-Fe中最大溶解度（$w(C)=0.0218\%$）。

S 点为共析点。这点上的奥氏体将在恒温下同时析出铁素体和渗碳体的细密混合物。这种由一定成分的固相，在一定温度下，同时析出成分不同的两种固相的转变，称为共析转变。其表达式为：

$$A_s \xrightarrow{727℃} (F_p + Fe_3C) \tag{4-2}$$

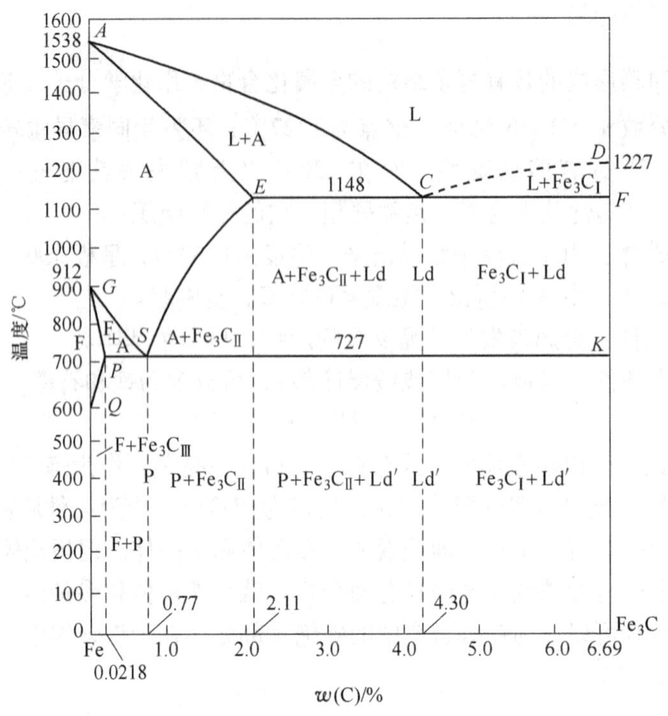

图 4-1 简化后的 Fe-Fe_3C 合金相图

表 4-1 Fe-Fe_3C 相图中的特性点

特性点	温度/℃	w(C)/%	含 义
A	1538	0	纯铁的熔点
C	1148	4.3	共晶点
D	约 1227	6.69	渗碳体的熔点
E	1148	2.11	碳在奥氏体（或 γ-Fe）中的最大溶解度
F	1148	6.69	渗碳体的成分
G	912	0	α-Fe→γ-Fe 同素异构转变点
K	727	6.69	渗碳体的成分
P	727	0.0218	碳在铁素体（或 α-Fe）中的最大溶解度
S	727	0.77	共析点
Q	600	约 0.0057	碳在铁素体（或 α-Fe）中的溶解度

共析转变后所获得的细密混合物（F + Fe_3C）称为珠光体，用符号 P 表示。珠光体的性能介于两组成相性能之间，其数值约为 R_m = 750 ~ 900MPa，180 ~ 280HBW，A = 20% ~ 25%，A_k = 24 ~ 32J。

应当指出，共析转变和共晶转变很相似，它们都是在恒温下，由一相转变成两相混合物，所不同的是共晶转变是从液相发生转变，而共析转变则是从固相发生转变。共析转变产生物称为共析体，由于原子在固态下扩散较困难，因此共析体比共晶体更细密。

二、Fe-Fe_3C 相图中主要特性线

AC 线和 *CD* 线为液相线，液态合金冷却到 *AC* 线温度时，开始结晶出奥氏体；液态合金冷却到 *CD* 线温度时，开始结晶析出渗碳体。*AE* 线和 *ECF* 线为固相线。*AE* 线为奥氏体结晶终了线，*ECF* 线是共晶线，含碳量 2.11% ~6.69% 的液态合金冷却到共晶线温度（1148℃）时，将发生共晶转变而生成莱氏体。

ES 线为碳在奥氏体中的固溶线，可见碳在奥氏体中的最大溶解度是 *E* 点，随着温度下降，溶解度减小，到 727℃时，奥氏体中溶碳量仅为 $w(\mathrm{C})=0.77\%$。因此，凡是 $w(\mathrm{C})>0.77\%$ 的铁碳合金，由 1148℃冷却到 727℃的过程中，过剩的碳将以渗碳体形式从奥氏体中析出。为了与自液态合金中直接结晶出的一次渗碳体（Fe_3C_{I}）区别，通常将奥氏体中析出的渗碳体称为二次渗碳体（Fe_3C_{II}）。

GS 线为冷却时由奥氏体转变成铁素体的开始线，或者说，为加热时铁素体转变成奥氏体的终了线；*GP* 线为冷却时奥氏体转变成铁素体的终了线，或者说为加热时铁素体转变成奥氏体的开始线。

PSK 线称为共析线。含碳量 0.0218% ~2.11% 的铁碳合金冷却到共析温度（727℃）时，将发生共析转变而生成珠光体。因此，在 1148℃至 727℃间的莱氏体，是由奥氏体与渗碳体组成的混合物，称为莱氏体，用符号 Ld 表示。在 727℃以下的莱氏体则是珠光体与渗碳体组成的混合物，称为变态莱氏体，用 Ld′表示。由于变态莱氏体中含有大量渗碳体，故它是一种硬脆组织，其硬度值约为 560HBW，伸长率 $A\approx0\%$。

PQ 线为碳在铁素体中的固溶线，碳在铁素体中的最大溶解度是 *P* 点，随着温度下降，溶解度逐渐减小，室温时，铁素体中溶碳量几乎为零。因此，由 727℃冷却到室温的过程中，铁素体中过剩的碳将以渗碳体的形式析出，称为三次渗碳体（Fe_3C_{III}）。

Fe-Fe_3C 相图中特性线的含义如表 4-2 所示。

表 4-2 Fe-Fe_3C 相图中的特性线

特性线	含 义
AC	铁碳合金的液相线，液态合金开始结晶出奥氏体
CD	铁碳合金的液相线，液态合金开始结晶出渗碳体
AE	铁碳合金的固相线，即奥氏体的结晶终了线
ECF	铁碳合金的固相线，即 $L_C \xrightarrow{1148℃} (A_E + Fe_3C)$ 共晶转变线
GS	又称 A_3 线，奥氏体转变为铁素体的开始线
GP	奥氏体转变为铁素体的终了线
ES	又称 A_{cm}线，碳在奥氏体（或 γ-Fe）中固溶线
PQ	碳在铁素体（或 α-Fe）中固溶线
PSK	又称 A_1 线，$A_s \xrightarrow{727℃} (F_p + Fe_3C)$ 共析转变线

三、Fe-Fe_3C 相图中的相区

（1）单相区有 F、A、L 和 Fe_3C 四个单相区。

（2）两相区有 L + A、L + Fe_3C、A + Fe_3C、A + F 和 F + Fe_3C 五个两相区。

（3）每个两相区都与相应的两个单相区相邻：两条三相共存线，即共晶线 *ECF*，L、A 和 Fe_3C 三相共存，共析线 *PSK*，A、F 和 Fe_3C 三相共存。

第三节　典型铁碳合金的结晶过程分析

一、铁碳合金分类

根据铁碳合金的含碳量及组织的不同，可将铁碳合金分为工业纯铁、钢及白口铸铁三类。

（1）工业纯铁（熟铁）。成分为 *P* 点左面（$w(C) < 0.0218\%$）的铁碳合金，其室温组织为铁素体，机械工业中应用较少。

（2）钢。成分为 *P* 点与 *E* 点之间（$w(C) = 0.0218\% \sim 2.11\%$）的铁碳合金，其特点是高温固态组织为塑性很好的奥氏体，因而可进行热压力加工。根据相图中 *S* 点，钢又可以分为以下三大类：

1）共析钢。成分为 *S* 点（$w(C) = 0.77\%$）的合金，室温组织为珠光体。

2）亚共析钢。成分为 *S* 点左面（$0.0218\% < w(C) < 0.77\%$）的合金，室温组织是珠光体 + 铁素体。

3）过共析钢。成分为 *S* 点右面（$0.77\% < w(C) < 2.11\%$）的合金，室温组织是珠光体 + 二次渗碳体。

（3）白口铸铁（生铁）。成分为 *E* 点右面（$2.11\% < w(C) < 6.69\%$）的铁碳合金，其特点是液态结晶时都有共晶转变，因而与钢相比有较好的铸造性能。但高温组织中硬脆的渗碳体量很多，故不能进行热压力加工。根据相图中 *C* 点，白口铸铁又可以分为以下三大类：

1）共晶白口铸铁。$w(C) = 4.3\%$ 的合金，室温组织为变态莱氏体。

2）亚共晶白口铸铁。$2.11\% < w(C) < 4.3\%$ 的合金，室温组织为变态莱氏体 + 珠光体 + 二次渗碳体。

3）过共晶白口铸铁。$4.3\% < w(C) < 6.69\%$ 的合金，室温组织为变态莱氏体 + 一次渗碳体。

二、典型铁碳合金的结晶过程分析

（一）共析钢的结晶过程分析

图 4-2 中合金 Ⅰ 为 $w(C) = 0.77\%$ 的共析钢。共析钢在 1 点以上时为液态合金；当液态合金冷却到与液相线 *AC* 相交于 1 点温度时，从液相中开始结晶析出奥氏体；在 1 点和 2 点之间，随着温度的下降，奥氏体量不断地增加，其成分沿着 *AE* 线改变，而剩余液相逐渐减少，其成分沿着 *AC* 线改变；冷却到 2 点时，液相全部结晶成与原合金成分相同的奥氏体；在 2 点到 3 点温度范围内，合金的组织不变；冷却到 3 点温度，即 727℃时，发生共析转变，$A_s \xrightarrow{727℃} (F_p + Fe_3C)$，形成珠光体；从 3 点继续冷却到室温，珠光体不发生

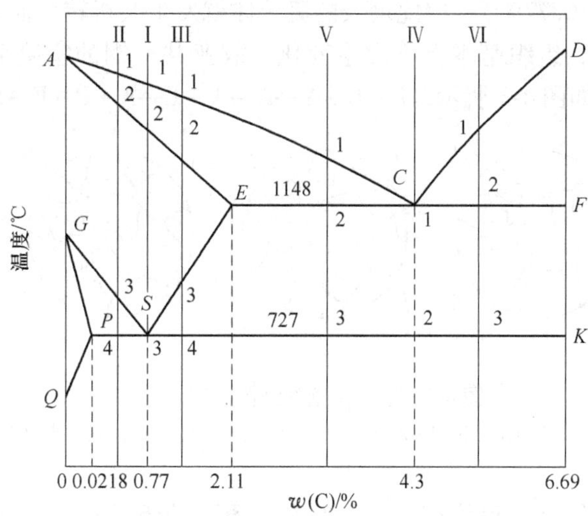

图 4-2　典型铁碳合金的结晶过程分析

转变。从铁素体中析出的微量 $Fe_3C_{Ⅲ}$ 与渗碳体同相，因量少故可忽略不计。因此共析钢缓冷到室温的平衡组织为层片状的珠光体。

共析钢的结晶过程如图 4-3 所示，L→L + A→A→A + P→P。其显微组织如图 4-4 所示。

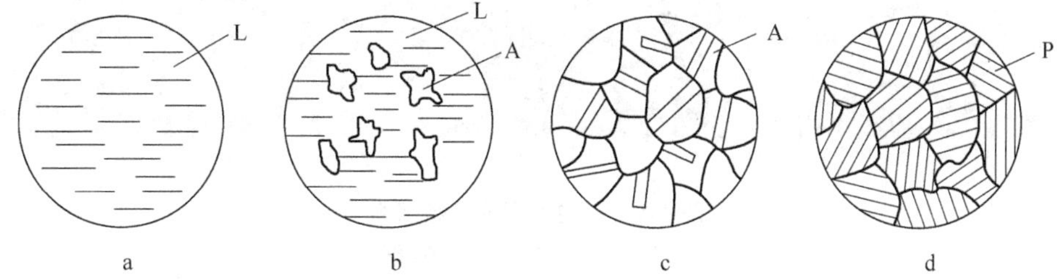

图 4-3　共析钢结晶过程示意图

a—1 点以上；b—1 ~2 点；c—2 ~3 点；d—3 点（S）以下

（二）亚共析钢的结晶过程分析

图 4-2 中合金Ⅱ为 w(C) <0.77% 的亚共析钢。亚共析钢在 1 点到 3 点温度间的冷却结晶过程与共析钢相似；当合金冷却到与 GS 线相交于 3 点温度时，奥氏体开始转变成铁素体，称为先共析铁素体；在 3 点与 4 点之间，随着温度下降，铁素体量不断地增加，其成分沿着 GP 线改变，而奥氏体量逐渐减少，其成分沿着 GS 线改变；当合金冷却到与共析线 PSK 线相交的 4 点温度时，铁素体中的 w(C) =0.0218%，而剩余奥氏体正好

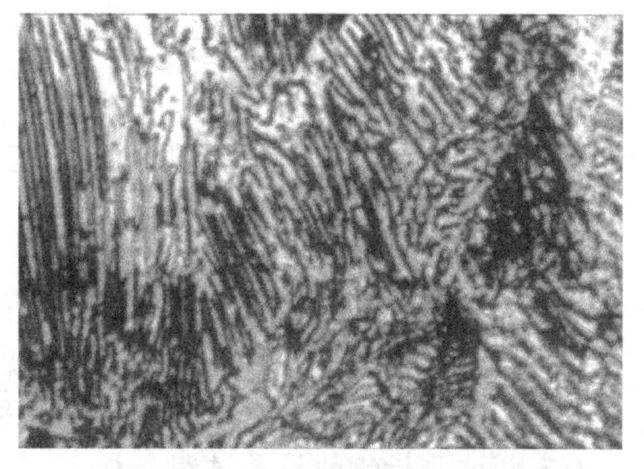

图 4-4　共析钢平衡状态显微组织

为共析成分（$w(C)=0.77\%$），因此剩余的奥氏体就发生共析转变而形成了珠光体。4 点以下继续冷却至室温，组织基本上不发生变化。故亚共析钢的室温平衡组织为铁素体 F 和珠光体 P。其结晶如图 4-5 所示，L→L + A→A→A + F→A + P + F→P + F。

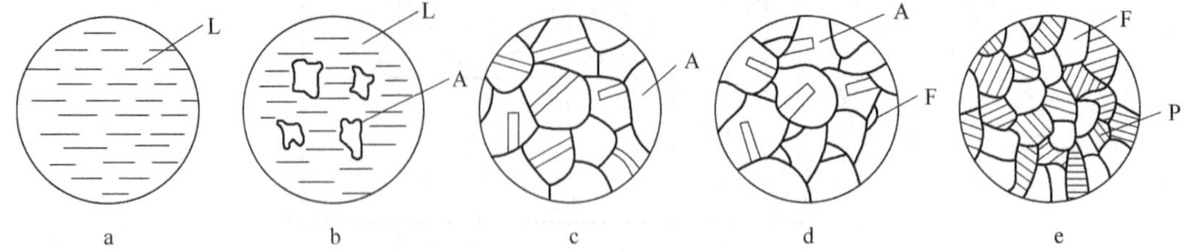

图 4-5 亚共析钢的结晶过程示意图

a—1 点以上；b—1 ~2 点；c—2 ~3 点；d—3 ~4 点；e—4 点以下

所有亚共析钢的结晶过程均相似，它们在室温下的组织都是由铁素体和珠光体组成的。其差别仅在于二者的相对量有所不同，凡距共析成分越近的亚共析钢组织中所含的珠光体量越多，反之，铁素体量越多。其显微组织如图 4-6 所示，其中白亮部分为铁素体，黑色部分为珠光体。

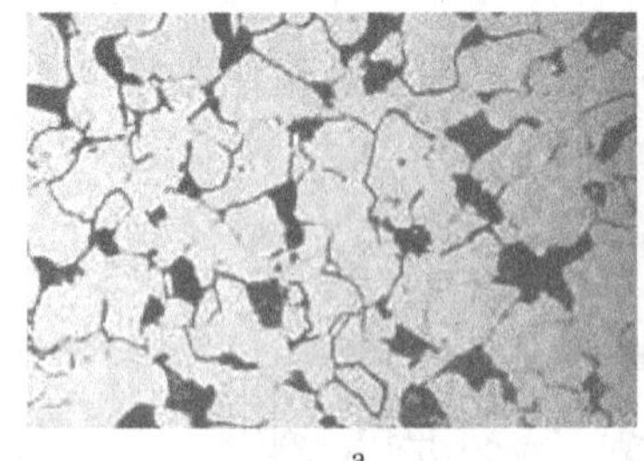
a

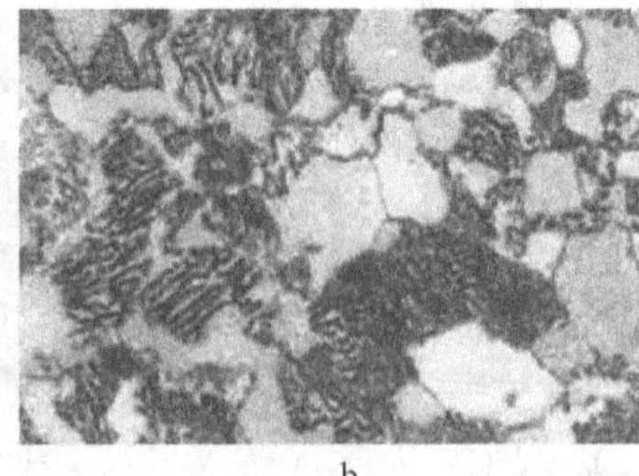
b

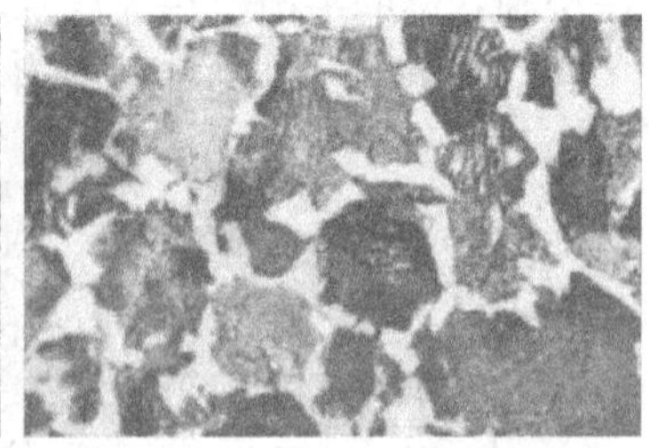
c

图 4-6 亚共析钢的显微组织

a—20 钢；b—45 钢；c—65 钢

【例 4-1】 确定碳含量 $w(C)=0.4\%$ 的亚共析钢在室温下的相组分和组织组分的相对量。

解： 室温下的相组分为 $F+Fe_3C$ 两相，则两相的相对量为：

$$F=\frac{6.69-0.4}{6.69-0}\times 100\% =94\%$$

$$Fe_3C=\frac{0.4-0}{6.69-0}\times 100\% =6\%$$

室温下的组织组分为 F + P，其相对量为：

$$F=\frac{0.77-0.4}{0.77-0.0218}\times 100\% =49.45\%$$

$$P=\frac{0.4-0.0218}{0.77-0.0218}\times 100\% =50.55\%$$

（三）过共析钢的结晶过程分析

图 4-2 中合金Ⅲ为 $0.77\% < w(C) < 2.11\%$ 的过共析钢。过共析钢在 1 点到 3 点温度

间的冷却结晶过程也与共析钢相似；当合金冷却到与 *ES* 线相交于 3 点温度时，由于奥氏体中碳达到过饱和而开始从奥氏体中析出二次渗碳体 Fe_3C_{II}，二次渗碳体沿着奥氏体晶界析出而呈网状分布，如图 4-8 所示，这种二次渗碳体称之为先析渗碳体；在 3 点到 4 点之间，随着温度的降低，析出的二次渗碳体量不断增加，剩余奥氏体中溶碳量沿 *ES* 线变化而逐渐减少；继续冷却到与共析线 *PSK* 相交于 4 点温度时，剩余奥氏体含量正好为共析成分，因此就发生共析转变而形成珠光体；4 点以后，温度继续下降到室温时，合金组织基本不变。故过共析钢室温平衡组织为珠光体 P 和二次渗碳体 Fe_3C_{II}。其结晶过程如图 4-7 所示，$L \rightarrow L + A \rightarrow A \rightarrow A + Fe_3C_{II} \rightarrow A + P + Fe_3C_{II} \rightarrow P + Fe_3C_{II}$。

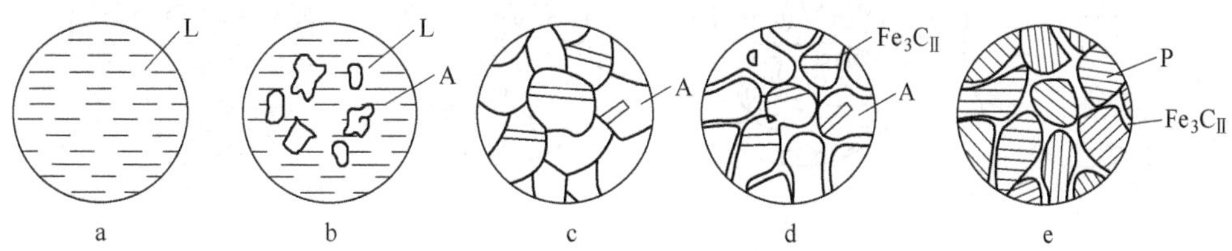

图 4-7　过共析钢的结晶过程示意图

a—1 点以上；b—1 ~ 2 点；c—2 ~ 3 点；d—3 ~ 4 点；e—4 点以下

图 4-8 为 T12 的显微组织，其中黑色基体组织为片状珠光体，白色网状条纹为二次渗碳体。

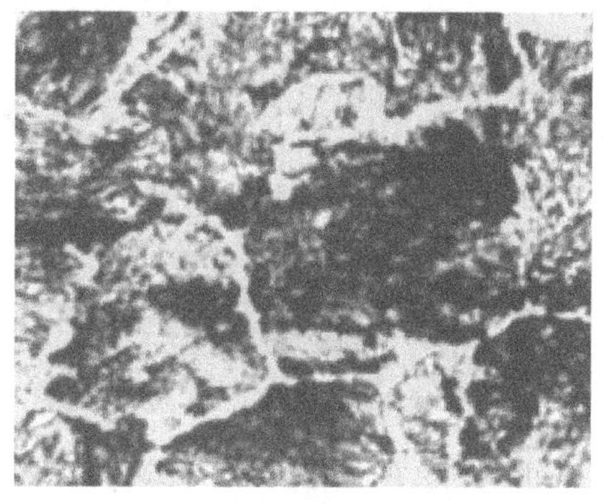

图 4-8　T12 过共析钢的显微组织

【例 4-2】 确定 T12 钢在室温下的相组分和组织组分的相对量。

解： 室温下的相组分为 $F + Fe_3C$ 两相，则两相的相对量为：

$$F = \frac{6.69 - 1.2}{6.69 - 0} \times 100\% = 82.06\%$$

$$Fe_3C = \frac{1.2 - 0}{6.69 - 0} \times 100\% = 17.94\%$$

室温下的组织组分为 $P + Fe_3C_{II}$，其相对量为：

$$P = \frac{6.69 - 1.2}{6.69 - 0.77} \times 100\% = 92.74\%$$

$$Fe_3C_{II} = \frac{1.2 - 0.77}{6.69 - 0.77} \times 100\% = 7.26\%$$

（四）共晶白口铸铁的结晶过程分析

图 4-2 中合金Ⅳ具有 *C* 点成分（$w(C) = 4.3\%$），称共晶白口铸铁。共晶白口铸铁在 1 点以上时为液态合金；当液态合金冷却到与液相线 *ACD* 相交于 1 点温度（共晶温度 1148℃）时，将发生共晶转变，即 $L_C \xrightarrow{1148℃} (A_E + Fe_3C)$，形成莱氏体 Ld，这种由共晶转变而结晶析出的奥氏体与渗碳体，分别称为共晶奥氏体 A 与共晶渗碳体 Fe_3C；在 1 点与 2 点之间，随着温度的下降，碳在奥氏体中的溶解度沿着 *ES* 线变化而不断降低，故从奥氏体中不断析出二次渗碳体 Fe_3C_{II}；当温度下降到与共析线 *PSK* 相交于 2 点的温度时，

奥氏体的碳的质量分数正好是共析成分（0.77%），因此奥氏体发生共析转变而形成珠光体，而二次渗碳体不变；从2点继续冷却到室温，组织基本不变。故共晶白口铸铁室温平衡组织为珠光体P、共晶渗碳体Fe_3C和二次渗碳体Fe_3C_{II}，称之为低温莱氏体，用符号Ld′表示。共晶白口铸铁结晶过程如图4-9所示，L→L + Ld→Ld(A + Fe_3C共晶)→Ld(A + Fe_3C共晶 + Fe_3C_{II})→Ld′(P + Fe_3C_{II} + Fe_3C)。

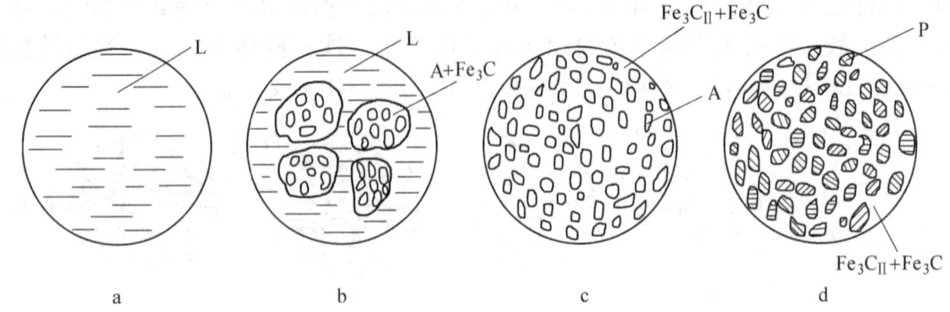

图4-9 共晶白口铸铁的结晶过程示意图

a—1点以上；b—1点时；c—1～2点；d—2点以下

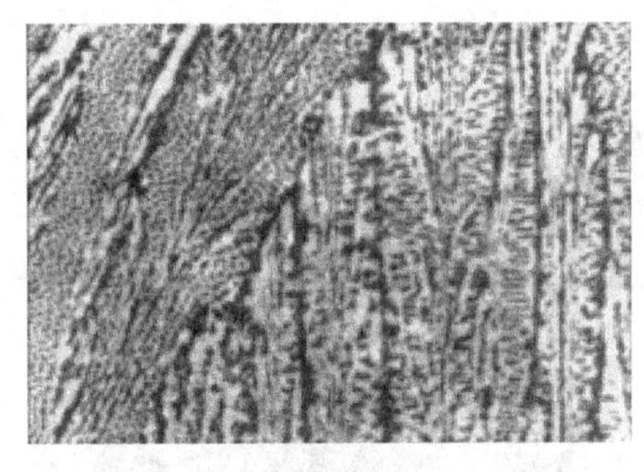

图4-10 共晶白口铸铁的显微组织

图4-10所示为共晶白口铸铁的显微组织。图中黑色部分为珠光体，白色部分为渗碳体。二次渗碳体与共晶渗碳体混在一起，光学显微镜下难以分辨。

（五）亚共晶白口铸铁的结晶过程分析

图4-2中合金V为2.11% < w(C) < 4.3%的亚共晶白口铸铁。亚共晶白口铸铁在1点以上时为液态合金；当液态合金冷却到与液相线AC相交于1点温度时，液相中开始结晶析出初晶奥氏体；在1点与2点之间，随着温度下降，奥氏体量不断增加，其成分沿固相线AE线变化，而剩余液相量逐渐减少，其成分沿液相线AC线变化；当冷却到与共晶线ECF相交于2点温度（1148℃）时，初晶奥氏体的成分变为2.11%，液相碳的质量分数正好是共晶成分（4.3%），因此剩余液相发生共晶转变而形成莱氏体Ld，而初晶奥氏体不变；在2点到3点间冷却时，初晶奥氏体与共晶奥氏体中，均不断析出二次渗碳体Fe_3C_{II}，并在3点的温度（727℃）时，这两种奥氏体的成分正好是共析成分（0.77%），所以发生共析转变而形成珠光体；从3点继续冷却到室温，组织基本不变。故亚共晶白口铸铁室温平衡组织为珠光体P、二次渗碳体Fe_3C_{II}和低温莱氏体Ld′，其结晶过程如图4-11所示。L→L + A→Ld(A + Fe_3C) + A→Ld + A + Fe_3C_{II}→Ld′ + P + Fe_3C_{II}。

所有亚共晶白口铸铁的结晶过程均相似，只是合金成分越接近共晶成分，室温组织中低温莱氏体的量越多；反之，由初晶奥氏体转变成的珠光体的量越多，图4-12所示为亚共晶白口铸铁的显微组织。图中呈黑色块状或树枝状分布的是由初晶奥氏体转变成的珠光体，基体是低温莱氏体。白亮色的二次渗碳体分布在块状或树枝状珠光体周围。

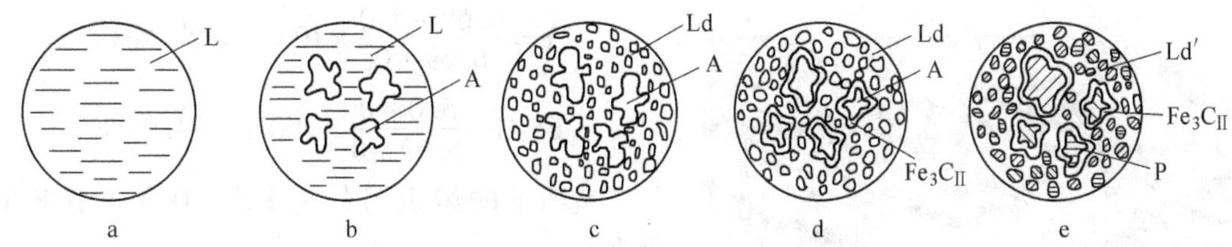

图 4-11　亚共晶白口铸铁的结晶过程示意图

a—1 点以上；b—1 ~ 2 点；c—2 点；d—2 ~ 3 点；e—3 点以下

（六）过共晶白口铸铁的结晶过程分析

图 4-2 中合金Ⅵ为 $4.3\% < w(C) < 6.9\%$ 的过共晶白口铸铁。过共晶白口铸铁在 1 点以上时为液态合金；当液态合金冷却到与液相线 *CD* 线相交于 1 点的温度时，液态合金中开始结晶析出一次渗碳体 Fe_3C_I；在 1 点与 2 点之间，随着温度的下降，一次渗碳体量不断增加，剩余液相量逐渐减少，其成分沿 *CD* 线改变；当温度冷却到与共晶线 *ECF* 相交于 2 点温度（1148℃）时，液相的成分正好是共晶成分，因此剩余的液相发生共晶转变而形成莱氏体；在 2 点与 3 点之间冷却，奥氏体中同样要析出二次渗碳体 Fe_3C_{II}，并在 3 点的温度（727℃）时，奥氏体发生共析转变而形成珠光体。故过共晶白口铸铁在室温平衡组织为一次渗碳体 Fe_3C_I 和低温莱氏体 Ld′。其结晶过程如图 4-13 所示。$L \to L + Fe_3C_I \to L + Ld(A + Fe_3C) + Fe_3C_I \to Ld + Fe_3C_I \to Ld' + Fe_3C_I$。

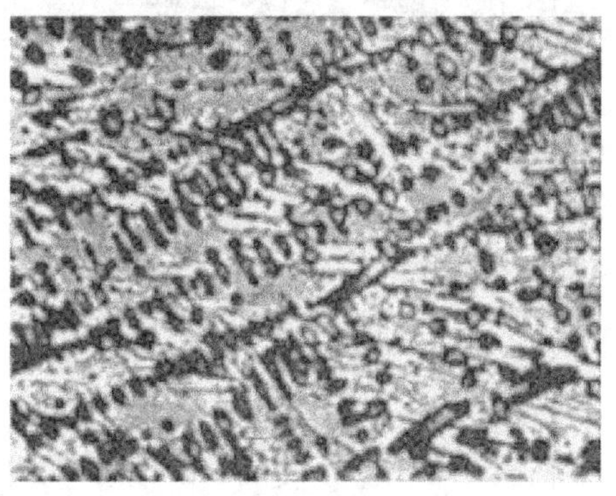

图 4-12　亚共晶白口铸铁的显微组织

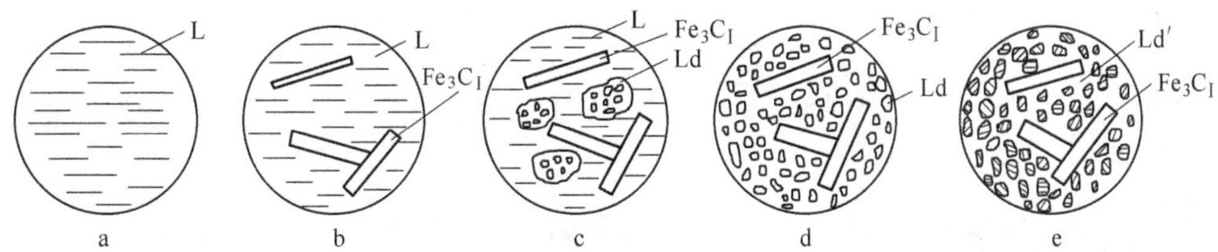

图 4-13　过共晶白口铸铁的结晶过程示意图

a—1 点以上；b—1 ~ 2 点；c—2 点；d—2 ~ 3 点；e—3 点以下

所有过共晶白口铸铁的结晶过程均相似，只是合金成分越接近共晶成分，室温组织中的低温莱氏体量越多；反之，一次渗碳体量越多。

图 4-14 所示为过共晶白口铸铁的显微组织。图中白色条块状为一次渗碳体，基体为低温莱氏体。

【例 4-3】 确定 $w(C) = 5.0\%$ 的过共晶白口铸铁在室温下的相组分和组织组分的相对量。

解： 室温下的相组分为 $F + Fe_3C$ 两相，则两相的相对量为：

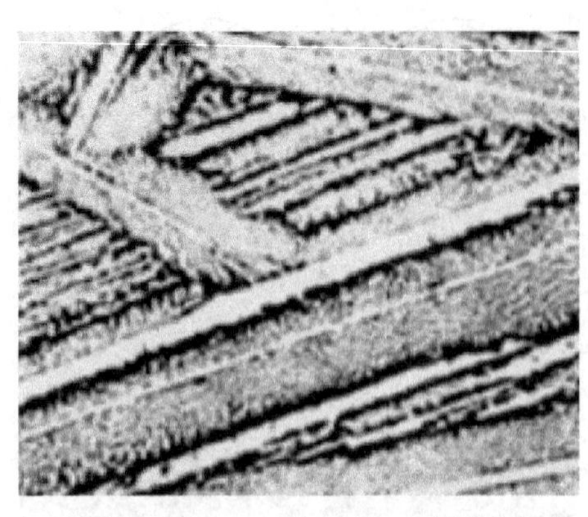

图 4-14 过共晶白口铸铁的显微组织

$$F=\frac{6.69-5.0}{6.69-0}\times 100\%=25.26\%$$

$$Fe_3C=\frac{5.0-0}{6.69-0}\times 100\%=74.74\%$$

室温下的组织组分为 Ld′ + Fe_3C，其相对量为：

$$Ld'=\frac{6.69-5.0}{6.69-4.3}\times 100\%=70.71\%$$

$$Fe_3C=\frac{5.0-4.3}{6.69-4.3}\times 100\%=29.29\%$$

若将上述各类铁碳合金结晶过程中的组织变化填入相图中，则得到按组织组分填写的 Fe-Fe_3C 相图，如图 4-15 所示。

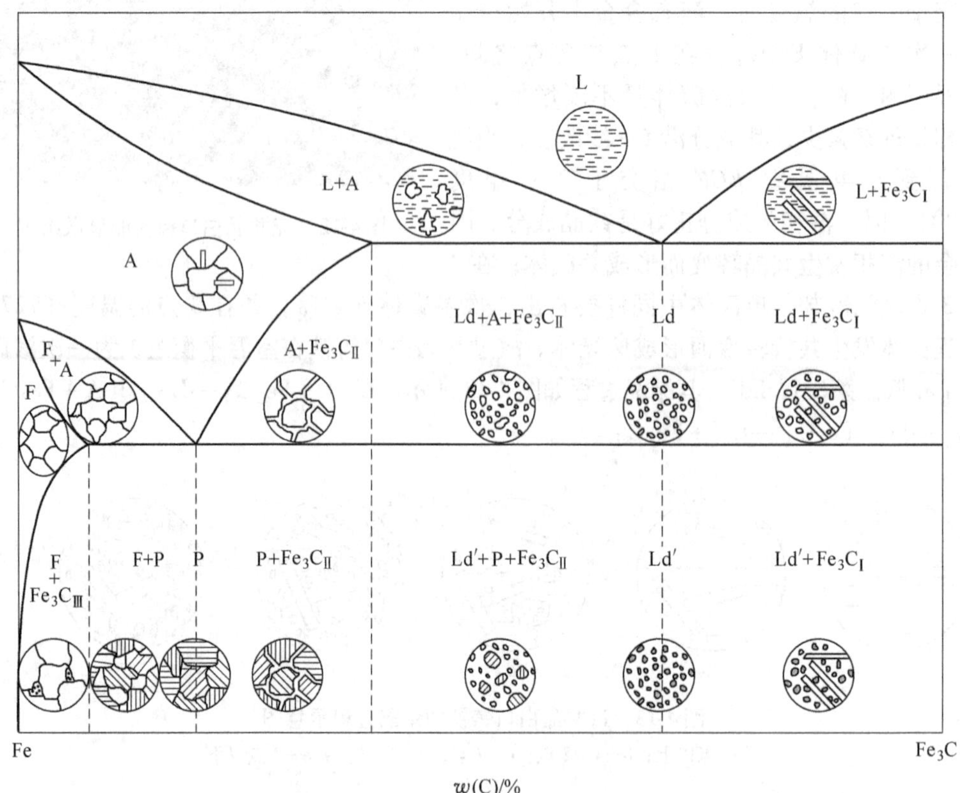

图 4-15 按组织组分填写的 Fe-Fe_3C 相图

第四节 铁碳合金的成分、组织和性能的关系

在一定的温度下，合金的成分决定了组织，而组织决定了合金的性能。铁碳合金的室温组织都是由铁素体和渗碳体两相组成的。但是其碳的质量分数不同，组织中两个相的相对数量、分布及形态也不同，不同成分的铁碳合金具有不同的组织和性能。

一、含碳量与平衡组织的关系

（一）相的变化规律

铁碳相图在共析温度以下为 F 与 Fe_3C 的两相区，所有铁碳合金皆由此两相组成。室温时，碳的质量分数低于 0.0218% 的合金全部为铁素体（忽略三次渗碳体）；随着碳的质量分数的增加，铁素体的含量呈直线关系减少；当碳的质量分数为 6.69% 时铁素体降为零。与此同时，渗碳体的含量则由零直线增加至 100%。

碳的质量分数的变化不仅引起铁素体和渗碳体相对量的变化，而且由于引起不同性质的结晶过程，使其出现不同的组织形态，发生不同的相互结合，因此造成不同的组织变化。

（二）组织的变化

1. 组成物的变化

随着碳的质量分数的增加，组织变化顺序依次为：

$$F \rightarrow F + P \rightarrow P \rightarrow P + Fe_3C_{II} \rightarrow P + Fe_3C_{II} + Ld' \rightarrow Ld' \rightarrow Ld' + Fe_3C_{I}$$

组织中各种组织组成物的相对数量由图中相应垂直高度来表示。

2. 组织形态的变化

同一种组织组成物或组成相，由于生成条件的不同，虽然本质相同，但形态可有很大差别，对性能的作用也大不一样。

（1）铁素体。固溶体转变生成的单相铁素体为块状（等轴晶粒状）；共析体中的铁素体则由于同渗碳体相互制约，主要呈交替片状。

（2）渗碳体。它的形态最复杂，钢铁组织的复杂化主要是由它造成的。

1）一次渗碳体是从液体中直接析出，呈长条状；

2）二次渗碳体是从奥氏体中析出的，沿晶界呈网状；

3）三次渗碳体是从铁素体中析出的，沿晶界呈小片或粒状；

4）共晶渗碳体是同奥氏体相关形成的，在莱氏体中为连续的基体；

5）共析渗碳体是同铁素体交互形成的，呈交替片状。

可见，铁碳合金中这些组织的不同形态，决定其性能变化的复杂性。

从以上变化可以看出，铁碳合金室温组织随碳的质量分数的增加，铁素体的相对量减少，而渗碳体的相对量增加。具体来说，对钢部分而言，随着碳的质量分数的增加，亚共析钢中的铁素体量减少，过共析钢中的二次渗碳体量增加；对铸铁部分而言，随着碳的质量分数的增加，亚共晶白口铸铁中的珠光体和二次渗碳体量减少，过共晶白口铸铁中一次渗碳体和共晶渗碳体量增加。运用杠杆定律可以求得含碳量与铁碳合金缓冷后的组织组分及相组分间的定量关系，其关系可归纳总结于如图 4-16 所示。

应当指出，铁碳合金中碳的质量分数增高时，不仅组织中渗碳体的相对量增加，而且渗碳体的大小、形态和分布也随之发生变化。渗碳体由层状分布在铁素体基体内（如珠光体），进而改变呈网状分布在晶界上（如二次渗碳体），最后形成莱氏体时，渗碳体又作为基体出现。这就是说不同成分的铁碳合金具有不同的组织，这也正是决定它们具有不同性能的原因。

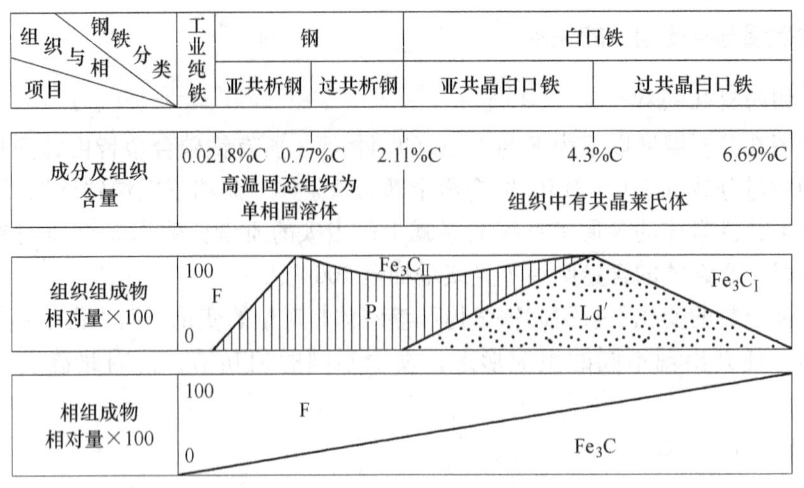

图 4-16 铁碳合金中含碳量与组织组分及相组分间的关系

二、含碳量与对铁碳合金力学性能的影响

（一）硬度

硬度是一个与碳的质量分数有关的性能指标，与组织组成物或组成相的形态不十分敏感的性能指标，它的大小主要决定于组成相的硬度和相对数量。所以随着碳的质量分数的增加，硬度高的渗碳体增多，硬度低的铁素体减少，因此合金的硬度呈直线增高，由完全为铁素体组织的 80HBS 增大到完全为渗碳体的约 800HBW。

（二）强度

强度是一种对组织组成物的形态很敏感的性能。

在工业纯铁中，随着碳的质量分数的增加，固溶强化或微量 Fe_3C_{III} 的强化作用使强度提高。

在亚共析钢中，组织为 F + P 的混合物，F 的强度低，P 的强度较高，随 P 的增加，强度提高。且强度与组织的细密度有关，组织越细密，则强度越高，所以在亚共析钢中，随着碳的质量分数的增加，强度提高；组织越细，强度越高。

过共析钢中，铁素体消失，而硬脆的二次渗碳体出现，合金强度增加变缓。在碳的质量分数到约 0.90% 时，由于沿晶界形成的二次渗碳体网趋于完整，强度开始迅速下降，碳的质量分数为 2.11% 时组织中出现莱氏体，强度降低到很低的值，如果继续增加碳的质量分数，由于基体变为连片的渗碳体，强度将变化不大，但值很低，接近渗碳体的强度（约 20 ~ 30MPa）。

（三）塑性

铁碳合金中的渗碳体是极脆的组成相或组织组成物，没有塑性，不能为合金的塑性做出贡献，合金的塑性完全由铁素体来提供。所以，碳的质量分数增加，铁素体减少时，合金的塑性不断降低，当基体变为渗碳体后，塑性就降低到接近于零值。

（四）韧性

铁碳合金的冲击韧性对组织及其形态最敏感。碳的质量分数增加时，脆性的渗碳体增多，不利的形态愈严重，韧性下降很快，下降的趋势比塑性更急剧。

在铁碳合金中，渗碳体一般可以认为是一种强化相。当它与铁素体构成层状珠光体时，可提高合金的强度和硬度，故合金中珠光体的量越多时，其强度、硬度越高，而塑性、韧性却相应降低。但过共析钢中，渗碳体明显地以网状分布在晶界上，特别在白口铸铁中渗碳体作为基体时，将使铁碳合金的塑性和韧性大大下降，这就是高碳钢和白口铸铁脆性高的主要原因。图 4-17 所示为碳的质量分数对碳钢力学性能的影响。由图可见，当钢中碳的质量分数小于 0.90% 时，随着钢中碳的质量分数的增加，钢的强度、硬度呈直线上升趋势，而塑性、韧性不断下降；当钢中碳的质量分数大于 0.90% 时，因渗碳体以完整的网状存在，不仅使钢的塑性、韧性进一步降低，而且强度也明显下降。为了保证工业上使用的钢具有足够的强度，并具有一定的塑性和韧性，钢中的碳的质量分数一般不超过 1.3% ~1.4% 。

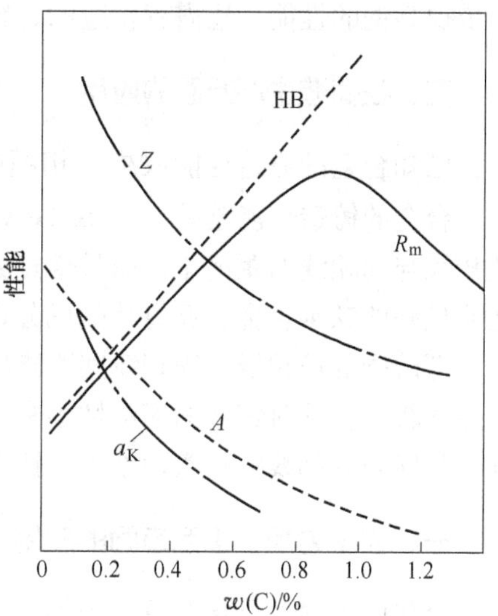

图 4-17　碳含量对碳钢力学性能的影响

碳的质量分数大于 2.11% 的白口铸铁，由于组织中存在大量的渗碳体，则特别硬而脆，难以切削加工，因此在一般机械制造工业中很少使用。

第五节　Fe-Fe$_3$C 相图的应用

Fe-Fe$_3$C 相图在生产中具有巨大的实际意义，主要应用在钢铁材料的选用和加工工艺的制订两方面。

一、在选材方面的应用

Fe-Fe$_3$C 相图表明的成分-组织-性能的规律，为钢铁材料的选用提供了根据。

机械零件需要强度、塑性及韧性都较好的材料，应选用碳含量适中的中碳钢。

工具要用硬度高和耐磨性好的材料，则选碳含量高的钢种。

纯铁的强度低，不宜用做结构材料，但由于其磁导率高，矫顽力低，可作软磁材料使用，例如做电磁铁的铁芯等。

白口铸铁硬度高、脆性大，不能用于切削加工，也不能锻造，但其耐磨性好，铸造性能优良，适用于作要求耐磨、不受冲击、形状复杂的铸件，例如拔丝模、冷轧辊、货车轮、犁铧、球磨机的磨球等。若需要塑性、韧性高的材料应选用低碳钢（w(C) =0.1% ~0.25%）；需要强度、塑性及韧性都较好的材料应选用中碳的亚共析钢（w(C) =0.25% ~0.6%）；需要硬度高、耐磨性好的材料应选用高碳钢（w(C) =0.6% ~1.3%）。一般低碳钢和中碳钢主要用来制造机器零件或建筑结构，高碳钢多用来制造各种工具、模具。而对于形状复杂的箱体、机器底座等可选用熔点低、流动性好的铸铁来制造。当然，为了进一步提高钢的性能，还需有相应的、合理的工艺与之配合。

二、在铸造生产方面的应用

已知合金的铸造性能取决于相图中液相线与固相线的水平距离和垂直距离。距离越大，合金的铸造性能越差。由 Fe-Fe_3C 相图可见，共晶成分（w(C) =4.3%）铸铁，不仅液相线与固相线的距离小，而且熔点亦最低，故流动性好，分散缩孔少，偏析小，是铸造性能良好的铁碳合金。偏离共晶成分远的铸铁，其铸造性能则变差。

低碳钢的液相线与固相线间距离较小，则有较好的铸造性能，但其熔点较高，钢液的过热度较小，这对钢液的流动性不利。随着钢中含碳量的增加，虽然其熔点随之降低，但其液相线与固相线的距离却增大，铸造性能变差。故钢的铸造性能都不太好。

三、在压力加工工艺方面的应用

金属的可锻性是指金属压力加工时，能改变形状而不产生裂纹的性能。

钢加热到高温，可获得塑性良好的单相奥氏体组织，因此其可锻性良好。低碳钢的可锻性优于高碳钢。白口铸铁在低温和高温下，组织都是以硬而脆的渗碳体为基体，所以不能锻造。

金属的可加工性是指其经切削加工成工件的难易程度。它一般用切削抗力大小、加工后工件的表面粗糙度、加工时断屑与排屑的难易程度及对刃具磨损程度来衡量。

钢中含碳量不同时，其可加工性亦不同。低碳钢（w(C)≤0.25%）中有大量铁素体，硬度低，塑性好，因而切削时产生的切削热较多，容易黏刀，而且不易断屑和排屑，影响工件的表面粗糙度，故可加工性较差。高碳钢（w(C)>0.60%）中渗碳体较多，当渗碳体呈层状或网状分布时，刃具易磨损，可加工性也差。中碳钢（w(C)=0.25%～0.60%）中铁素体和渗碳体的比例适当，硬度和塑性比较适中，可加工性较好。一般认为钢的硬度在 160～230HBW 时，可加工性最好。碳钢可通过热处理来改变渗碳体的形态和分布，从而改善其可加工性。

四、在焊接工艺方面的应用

金属的焊接性是以焊接接头的可靠性和出现焊缝裂纹的倾向性为其技术判断指标。

在铁碳合金中，钢都可以进行焊接，但钢中含碳量越高，其焊接性越差，故焊接用钢主要是低碳钢、低碳合金钢。铸铁的焊接性差，故焊接主要用于铸铁件的修复和焊补。

五、在热处理方面的应用

铁碳合金相图对于制定热处理工艺有着特别重要的意义。常用的热处理工艺如退火、正火、淬火的加热温度都是根据铁碳合金相图来确定的。

必须指出，使用铁碳相图时还要考虑多种杂质或合金元素的影响。而且还应指出，相图反映的是平衡的组织状态，所以实际上钢铁在生产和加工过程中，当冷却或加热速度较快时，不能完全用相图来分析问题，必须借助其他的理论知识。

习题与思考题

1. 分析一次渗碳体、二次渗碳体、三次渗碳体、共晶渗碳体与共析渗碳体的异同之处。
2. 画出 $Fe\text{-}Fe_3C$ 相图，指出图中 *S*、*C*、*E*、*Q*、*G* 及 *GS*、*SE*、*PQ*、*PSK* 各点、线的意义，并标出各相区的相组成物和组织组成物。
3. 亚共析钢、共析钢和过共析钢的组织有何特点和异同点。
4. 分析含碳量分别为 0.20%、0.60%、0.80%、1.0% 的铁碳合金从液态缓冷至室温时的结晶过程和室温组织。
5. 根据 $Fe\text{-}Fe_3C$ 相图，计算：

（1）室温下，含碳 0.6% 的钢中珠光体和铁素体各占多少?

（2）室温下，含碳 1.2% 的钢中珠光体和二次渗碳体各占多少?

（3）铁碳合金中，二次渗碳体和三次渗碳体的最大百分含量。

6. 某工厂仓库积压了许多碳钢（退火状态），由于钢材混杂，不知道钢的化学成分，现找出其中一根，经金相分析后，发现其组织为珠光体 + 铁素体，其中铁素体占 80%，问此钢材的含碳量大约是多少?
7. 计算 $Fe\text{-}Fe_3C$ 合金含碳量为 1.4% 在 700℃ 下各个相及其组分数量和成分。
8. 根据 $Fe\text{-}Fe_3C$ 相图，说明产生下列现象的原因：

（1）含碳量为 1.0% 的钢比含碳量为 0.5% 的钢硬度高；

（2）在室温下，含碳 0.8% 的钢其强度比含碳 1.2% 的钢高；

（3）在 1100℃，含碳 0.4% 的钢能进行锻造，含碳 4.0% 的生铁不能锻造；

（4）绑扎物件一般用铁丝（镀锌低碳钢丝），而起重机吊重物却用钢丝绳（用 60 号、65 号、70 号、75 号钢等制成）；

（5）钳工锯 T8，T10，T12 等钢料时比锯 10，20 钢费力，锯条容易磨钝；

（6）钢适宜于通过压力加工成型，而铸铁适宜于通过铸造成型。

第五章　金属的塑性变形与再结晶

在工业生产中，经熔炼而得到的金属锭，如钢锭、铝合金锭或铜合金铸锭等，大多要经过轧制、冷拔、锻造、冲压等压力加工（见图 5-1），使金属产生塑性变形而制成型材或工件。金属材料经压力加工后，不仅改变了外形尺寸，而且改变了内部组织和性能。因此，研究金属的塑性变形，对于选择金属材料的加工工艺、提高生产率、改善产品质量、合理使用材料等均有重要的意义。

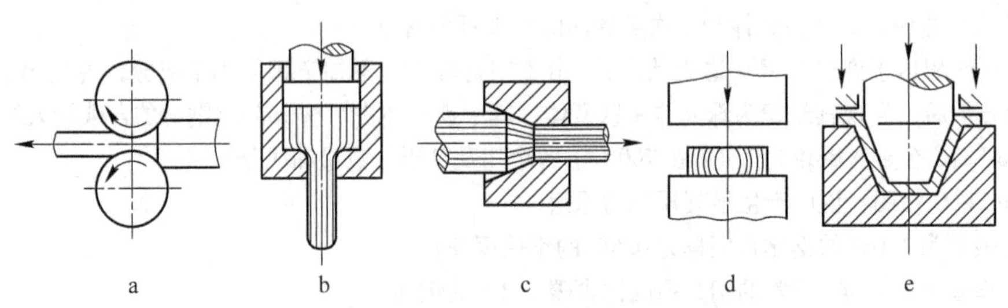

图 5-1　压力加工方法示意图

a—轧制；b—挤压；c—冷拔；d—锻造；e—冷冲压

第一节　金属的塑性变形

金属在外力（载荷）的作用下，首先发生弹性变形，载荷增加到一定值后，除了发生弹性变形外，还发生塑性变形，即弹塑性变形。继续增加载荷，塑性变形也将逐渐增大，直至金属发生断裂。即金属在外力作用下的变形可分为弹性变形、弹塑性变形和断裂三个连续的阶段。弹性变形的本质是外力克服了原子间的作用力，使原子间距发生改变。当外力消除后，原子间的作用力又使它们回到原来的平衡位置，使金属恢复到原来的形状。金属弹性变形后其组织和性能不发生变化。塑性变形后金属的组织和性能发生变化。塑性变形较弹性变形复杂得多，下面先来分析单晶体的塑性变形。

一、单晶体的塑性变形

单晶体的塑性变形主要是以滑移的方式进行的，即晶体的一部分沿着一定的晶面和晶向相对于另一部分发生滑动。由图 5-2 可见，要使某一晶面滑动，作用在该晶面上的力必须是相互平行、方向相反的切应力（垂直该晶面的正应力只能引起伸长或收缩），而且切应力必须达到一定值，滑移才能进行。当原子滑移到新的平衡位置时，晶体就产生了微量的塑性变形（见图 5-2d）。许多晶面滑移的总和，就产生了宏观的塑性变形，图 5-3 为锌单晶体滑移变形时的情况。

研究表明，滑移优先沿晶体中一定的晶面和晶向发生，晶体中能够发生滑移的晶面和

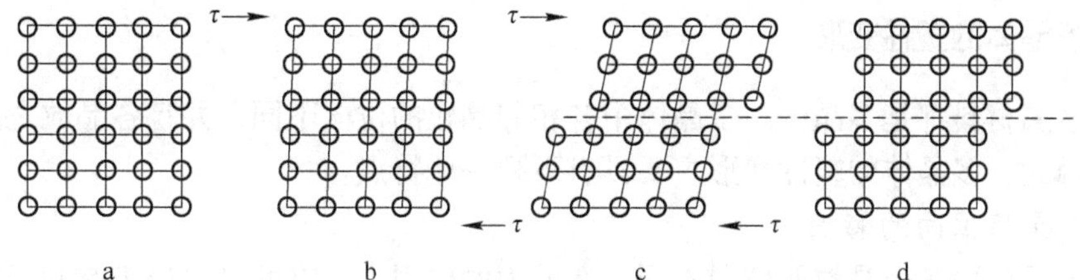

图 5-2 晶体在切应力作用力的变形

a—未变形；b—弹性变形；c—弹、塑性变形；d—塑性变形

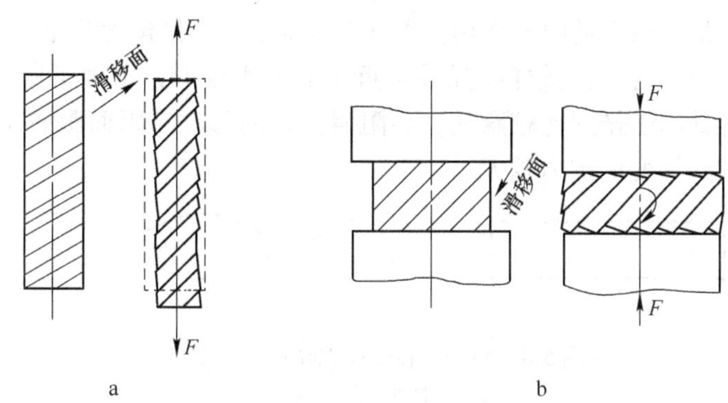

图 5-3 锌单晶体滑移变形示意图

a—拉伸；b—压缩

晶向称为滑移面和滑移方向。不同晶格类型的金属，其滑移面和滑移方向的数目是不同的，一般来说，滑移面和滑移方向越多，金属的塑性越好。

理论及实践证明，晶体滑移时，并不是整个滑移面上的全部原子一起移动，因为那么多原子同时移动，需要克服的滑移阻力十分巨大（据计算比实际大得多）。实际上滑移是借助位错的移动来实现的，如图 5-4 所示。

位错的原子面受到前后两边原子的排斥，处于不稳定的平衡位置。只需加上很小的力就能打破力的平衡，使位错前进一个原子间距。在切应力的作用下，位错继续移动到晶体表面，就形成了一个原子间距的滑移量，如图 5-5 所示。大量位错移出晶体表面，就产生了宏观的塑性变形。按上述理论求得位错的滑移阻力与实验值基本相符，证实了位错理论的正确。

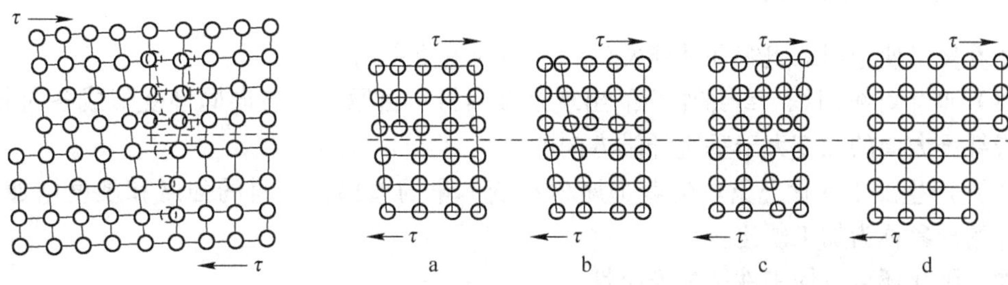

图 5-4 错位的运动　　图 5-5 通过位错运动产生滑移的示意图

二、多晶体的塑性变形

常用金属材料都是多晶体。多晶体中各相邻晶粒的位向不同，并且各晶粒之间由晶界相连接，因此，多晶体的塑性变形主要具有下列一些特点。

(一) 晶粒位向的影响

由于多晶体中各个晶粒的位向不同，在外力的作用下，有的晶粒处于有利于滑移的位置，有的晶粒处于不利于滑移的位置。当处于有利于滑移位置的晶粒要进行滑移时，必然受到周围位向不同的其他晶粒的约束，使滑移的阻力增加，从而提高了塑性变形的抗力。

(二) 晶界的作用

晶界对塑性变形有较大的阻碍作用。图 5-6 所示是一个只包含两个晶粒的试样经受拉伸时的变形情况。由图可见，试样在晶界附近不易发生变形，出现了所谓的“竹节”现象。这是因为晶界处原子排列比较紊乱，会阻碍位错的移动，因而阻碍了滑移。很显然，晶界越多，晶体的塑性变形抗力越大。

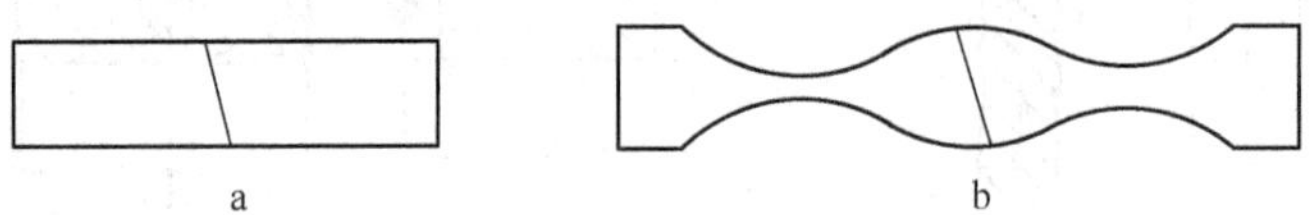

图 5-6 两个晶粒试样在拉伸时的变形

a—变形前；b—变形后

(三) 晶粒大小的影响

在一定体积的晶体内，晶粒的数目越多，晶界就越多，晶粒就越细，并且不同位向的晶粒也越多，因而塑性变形抗力也越大。细晶粒的多晶体不仅强度较高，而且塑性和韧性也较好。因为晶粒越细，在同样变形的条件下，变形量可分散在更多的晶粒内进行，使各晶粒的变形比较均匀，而不致过分集中在少数晶粒上，使其产生严重变形。另一方面，晶粒越细，晶界就越多，越曲折，有利于阻止裂纹的传播，从而在其断裂前能承受较大的塑性变形，吸收较多的功，表现出较好的塑性和韧性。由于细晶粒金属具有较好的强度、塑性和韧性，故生产中总是尽可能地细化晶粒。

第二节 冷塑性变形对金属组织和性能的影响

一、塑性变形对金属组织的影响

塑性变形使金属的组织和性能发生一系列的重要变化。

(1) 产生纤维组织。纤维组织的出现是金属材料由原来的各向同性变形成各向异性。使沿着纤维方向的强度大于垂直纤维方向的。

(2) 产生加工硬化现象。随着金属材料变形量的增加，材料的强度和硬度增加，塑性下降的现象称为加工硬化。

加工硬化还可以使零件增加安全性。

加工硬化现象的存在有利于金属塑性变形加工的变形均匀性。加工硬化在工业生产中不利的方面主要是：降低塑性。

（3）产生变形织构。当塑性变形量很大时，各晶粒位向都大体上趋于一致了，这种现象称择优取向。这种由于塑性变形引起的各个晶粒的晶格位向趋于一致的晶粒结构称为变形织构。

织构的存在会使材料产生严重的各向异性。由于各方向上的塑性、强度不同会导致非均匀变形。使筒形零件的边缘出现严重不齐的现象，称为“制耳”，见图5-7。有制耳的零件质量是不合格产品。

织构也有可利用的一面。变压器所用的硅钢片就是利用织构带来的各向异性，使变压器铁芯增加磁导率、降低磁滞损耗，从而提高变压器的效率。

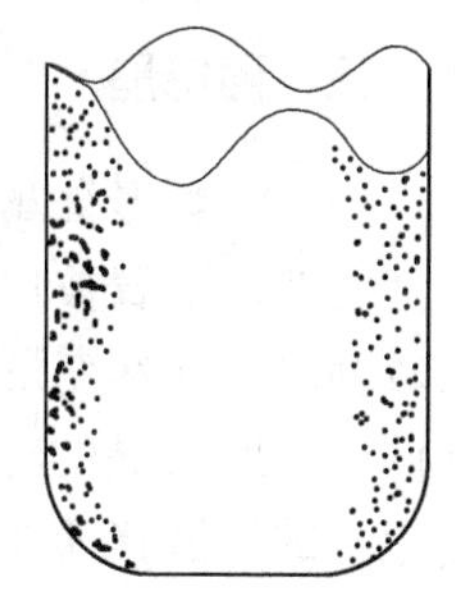

图5-7　制耳

二、塑性变形产生残余应力

残余的内应力就是指平衡于金属内部的应力，当外力去除后而仍然留下来的内应力。根据残余的内应力的作用范围分为三类。

第一类内应力是指由于金属表面与心部变形量不同而平衡于表面与心部之间的宏观内应力（通常为0.1%）。

第二类内应力是指平衡于晶粒之间的内应力或亚晶粒之间的内应力。它是由于晶粒之间的内应力或亚晶粒之间变形不均匀引起的（通常为1%～2%）。

第三类内应力是指存在于晶格畸变中的内应力。它平衡于晶格畸变处的多个原子之间（通常为90%以上）。这类内应力可维持晶格畸变，使变形金属材料的强度得到提高。

第一、二类内应力虽然占的比例不大，但是在一般情况下都会降低材料的性能，而且还会因应力松弛或重新分布而引起材料的变形，是有害的内应力。

另外，内应力的存在还会降低材料的抗腐蚀性。即所谓的应力腐蚀。主要表现在处于应力状态的金属腐蚀速度快。变形的钢丝易生锈就是此理。

第三节　冷变形金属在加热时的变化

冷变形金属材料随着宏观的变形增加其内能也增加，使组织处于不稳定状态，存在着趋于稳定的倾向。但是由于室温下原子活动能力极弱，这种不稳定状态能得以长期保存。可是若对变形金属加热、提高原子活动能力则变形材料就会以多种方式释放多余的内能，恢复到变形前的低内能的稳定状态。然而，随着加热温度的不同，恢复的程度也不同。变形金属在加热中一般经历三个过程，见图5-8。

一、回复

当加热温度较低时原子活动能力不高，只能进行短距离的运动。首先发生空位运动。空位与其他晶体缺陷，降低了点缺陷引起的晶格畸变。接着发生位错运动，使晶粒中各种位错相互作用，这不仅可能降低位错密度而且使剩余的位错也会按一定的规律排列起来，使之处于一种低能量的状态。晶体的多边化见图5-9。

在回复阶段发生的微观变化，带来的宏观效果可使变形残余应力大幅度下降，物理化学性能基本恢复。力学性能没有太大的变化，仍保留着加工硬化的效果。

在工业生产中，使变形金属保持回复阶段，已多有应用。其方法是去应力退火。

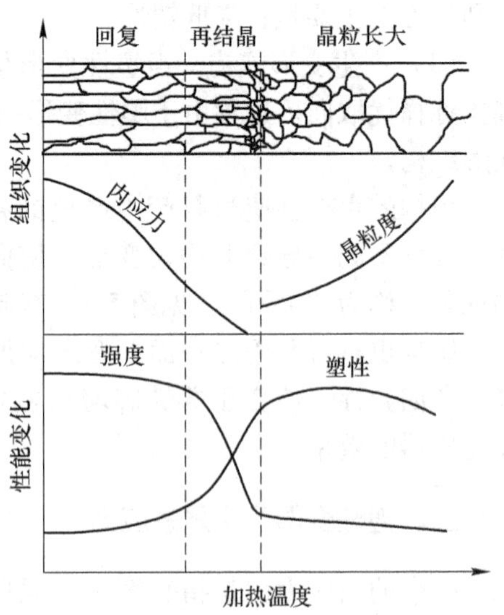

图 5-8　变形金属加热时组织与性能的变化

二、再结晶

（一）变形金属的结晶

当变形金属被加工到一定高度，原子活动能力较强时，会在变形晶粒或晶粒内的亚晶界处以不同于一般结晶的特殊成核方式产生新晶核。随着原子的扩散移动新晶核的边界面不断向变形的原晶粒中推进，使新晶核不断消耗原晶粒而长大。最终是一批新生的等轴晶粒取代了原来变形的晶粒，完成了一次新的结晶过程。这种变形金属的重新结晶称为再结晶。再结晶没发生晶格类型的变化，只是晶粒形态和大小发生变化。也可以说只有显微组织变化而没有晶格结构变化，故称为再结晶，以有别于各种相变的结晶（重结晶）。

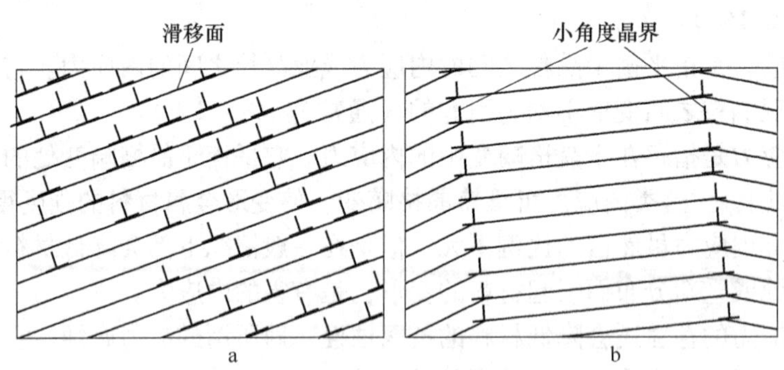

图 5-9　回复过程中晶体多边化示意图

变形金属再结晶后，显微组织由破碎拉长的晶粒变成新的细小等轴晶粒，残余内应力全部消除、加工硬化现象也全部消失。金属恢复到变形前的力学性能，物理化学等性能也恢复到变形前的水平。

（二）再结晶温度

在金属学中通常把能够发生再结晶的最低温度称为金属的再结晶温度。但是，在工程上通常把在一小时之内能够完成再结晶过程的最低温度称为再结晶温度。

发生并完成再结晶的驱动力是塑性变形给金属内部增加的内能。而这种驱动力发挥作用的热力学条件是变形金属内原子应具有的足够的迁移能力。迁移能力是靠足够的温度和时间来保证的。这个温度就是再结晶温度。它不像金属相变时那样有一个固定的温度或一个固定的温度区间。再结晶不仅随金属的化学成分而变，而且即使化学成分一定也随其他诸因素的变化而变化。

（1）变形量的影响，见图 5-10。

（2）原始晶粒温度的影响。

（3）化学成分的影响。

（4）加热速度和保温时间的影响。

（三）再结晶退火

在对金属材料进行塑性变形加工（拉深、冷拔等）时为了消除加工硬化需要进行再结晶退火。再结晶退火是指：把变形金属加热到再结晶温度以上的温度保温，使变形金属完成再结晶过程的热处理工艺。为了尽量缩短退火周期并且不使晶粒粗大，一般情况下把退火工艺温度取为最低再结晶温度以上 100～200℃。

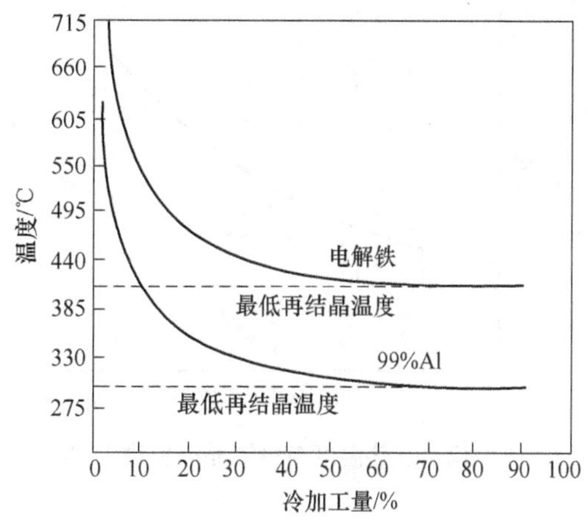

图 5-10　纯金属再结晶温度与变形量的关系

三、晶粒长大

当变形金属再结晶完成之后，若继续加热保温，则新生晶粒之间还会出现大晶粒吞并小晶粒的现象，使晶粒长大，见图 5-11。

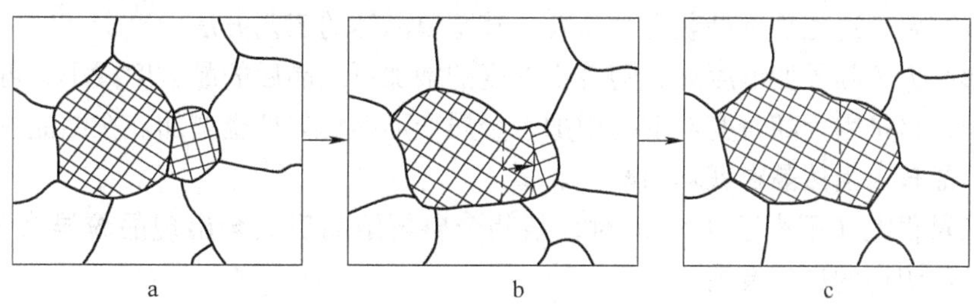

图 5-11　晶粒长大示意图

晶粒长大会减少晶体中晶界的总面积，降低界面能。因此，只要有足够原子扩散的温度和时间条件，晶粒长大是自发的、不可避免的。

晶粒长大其实质是一种晶界的位移过程。在通常情况下，这种晶粒的长大是逐步缓慢进行的，称为正常长大。但是，当某些因素（如：细小杂质粒子、变形织构等）阻碍晶粒正常长大，一旦这种阻碍失效常会出现晶粒突然长大，而且长大很多。对这种晶粒不均匀的现象称为二次结晶。对于机械工程结构材料是不希望出现二次结晶的。但是对硅钢片等电气材料常利用这个二次结晶得到粗晶来获得高的物理性能。

四、影响再结晶后晶粒度的因素

（一）加热温度的影响

对变形金属加热的温度愈高，再结晶晶粒也愈大，见图 5-12。

（二）变形度的影响

金属材料变形的程度对再结晶后的晶粒大小的影响较复杂，见图 5-13。

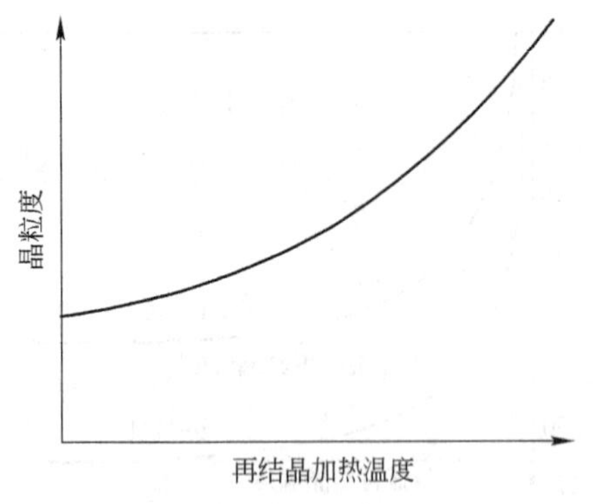

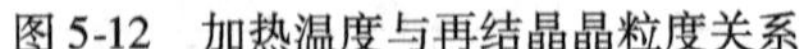

图 5-12 加热温度与再结晶晶粒度关系

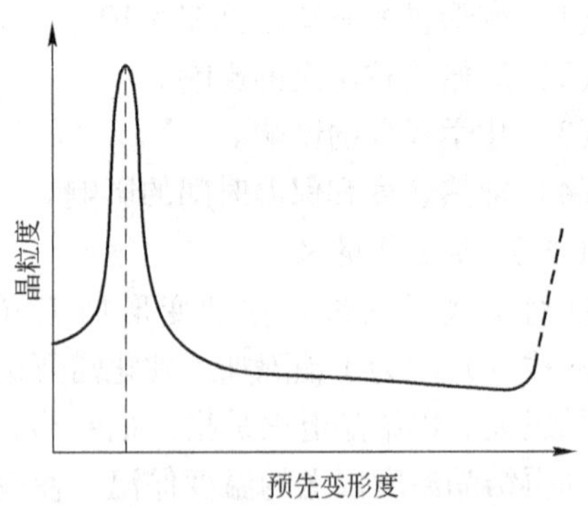

图 5-13 变形度与再结晶晶粒度关系

当变形度很小（<2%）或未变形的金属不发生再结晶。晶粒大小保持原样不变。这是因为晶格畸变能很小，再结晶驱动力不够，不能引发再结晶。

当变形度达到2%～10%时，再结晶后其晶粒会出现异常的大晶粒，称这个变形度为临界变形度。不同的金属具体的临界变形度数值有所不同。在临界变形度下金属内部的变形极不均匀，仅有少量晶粒发生变形。因而再结晶时也仅能产生少量晶核。这可能就是在临界变形度下出现异常大晶粒的原因，在金属塑性变形加工时，一般避开这个变形度，但是出于特殊需要，这也是一种获得大晶粒，甚至单晶体的工艺方法。

当变形度大于临界变形度后，随着变形度的增加再结晶后的晶粒度减小，可获得均匀的细晶组织，这是因为随着变形度的增加，金属变形的均匀性也增加。在结晶时，会均匀地产生许多晶核。当然晶粒就均匀减小。

当变形量很大（不小于90%）时，某些金属再结晶后又会出现晶粒异常长大现象。一般认为是与织构的产生有关。

将变形度和加热温度与再结晶晶粒度的关系绘制成一张三维立体图，可以更直观的了解再结晶晶粒度的问题。此图称为再结晶全图，见图 5-14。

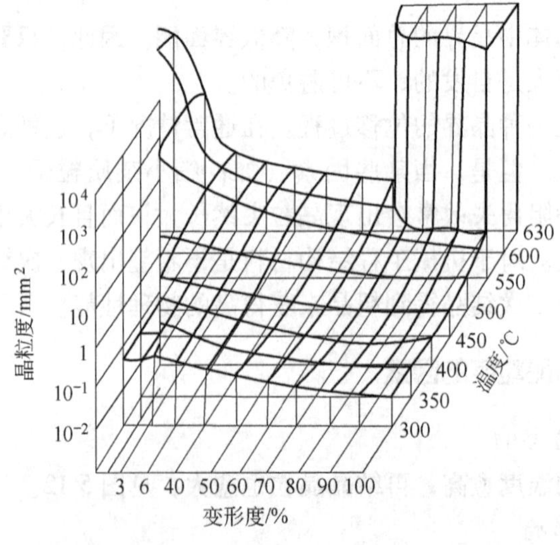

图 5-14 纯铝的再结晶全图

除了加热温度和变形度对再结晶晶粒度有影响外，金属中的杂质、合金元素、变形前的原始晶粒度、再结晶加热保温的时间等也都对再结晶晶粒度有一定影响。

第四节 金属的热变形加工

一、热变形加工与冷变形加工的区别

这两种变形加工的分界线是再结晶温度。在再结晶温度之下进行的变形加工，变形的同时没有再结晶发生，这种变形加工称为冷变形加工。在变形的同时也进行着动态的再结晶，在变形后的冷却过程中，也继续发生再结晶，这种变形加工称为热变形加工。

这两种变形加工各有所长。冷变形加工可以达到较高精度和较低的表面粗糙度，并有加工硬化的效果。但是，变形抗力大，一次变形量有限。而热变形加工与此相反。热变形加工多用于形状较复杂的零件毛坯及大件毛坯的锻造和热轧钢锭成钢材等。而冷变形加工多用于截面尺寸较小，要求表面粗糙度值低的零件和坯料。

二、金属的热变形加工对组织和性能的影响

由于热变形加工在变形的同时伴随着动态再结晶，变形停止后在冷到室温的过程中继续有再结晶发生。所以热变形加工基本没有加工硬化现象。但是，金属的组织和性能也会发生很大变化，主要表现在：

(1) 热变形加工可以焊合铸态金属中的气孔、显微裂纹等，从而提高材料的致密度和力学性能。

(2) 热变形加工可以破坏掉铸态的大枝晶和柱状晶，并发生再结晶使晶粒细化，从而提高了材料的力学性能。

(3) 热变形加工中可以使铸态金属的偏析和非金属夹杂沿着变形的方向拉长，形成所谓的“流线”，也称热变形加工的纤维组织。流线的存在使金属材料产生各向异性。沿流线方向的强度、塑性、韧性大于垂直流线的方向，见表 5-1。

表 5-1 $w(C)=0.45\%$热轧碳素钢的各向异性

方 向	R_m/MPa	R_{eL}/MPa	A/%	Z/%	a_K/J · cm^{-2}
沿轧制方向	700	461	17.5	62.8	66.8
垂直轧制方向	659	431	10.5	31.0	29.4

因此，一般情况下，以流线零件的形状分布为好。如图 5-15a 所示，图中流线分布合理，承载能力大；图 5-15b 中的流线分布不好，承载能力小。

只要热变形加工的工艺条件适当，热变形加工的工件力学性能要高于铸件。所以，受力复杂、负荷较大的重要工件一般都选用锻件，不用铸件。但是，热变形加工工艺参数不当，也会降低热变形加工工件的性能。例如，加热温度过高可能使热变形后的工件晶粒粗大、强度和塑性下降；若热变形加工停止的温度过低可能带来加工硬化、残余应力加大，甚至出现裂纹等问题。

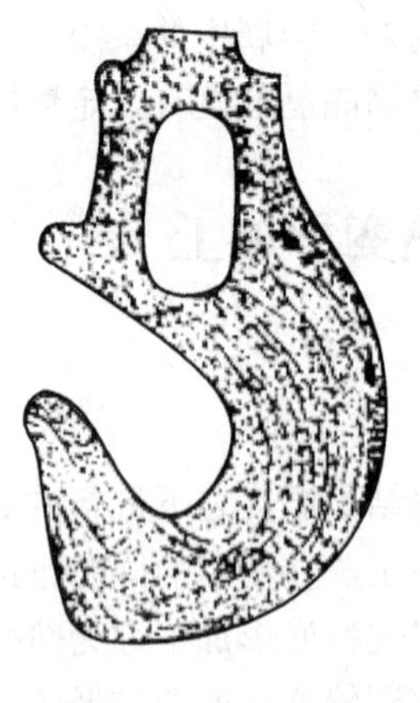
a

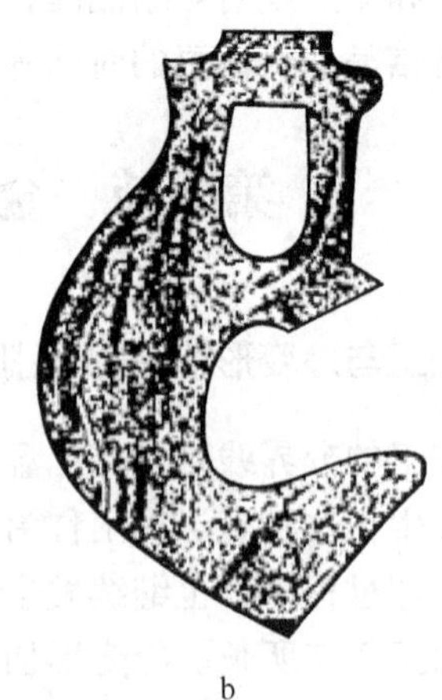
b

图 5-15 起重钩的流线

习题与思考题

1. 名词解释

加工硬化、回复、再结晶、冷变形加工、热变形加工

2. 简答题

（1）金属的塑性变形有哪几种形式，在什么条件下会发生滑移变形？

（2）为何晶粒越细，材料的强度越高、塑性韧性也越好？

（3）金属经过冷塑变形后，组织和性能发生什么变化？

（4）位错是金属变形和强化的基础，试述位错在各种强化机制中的作用。

第六章　钢的热处理

通过上一章的学习，我们已经了解到钢从液态平衡冷却到室温，其组织和性能的关系，发现其使用性能和工艺性能远远不能满足工程实际的需要。改变钢的性能的主要途径：一是合金化（加入合金元素，调整钢的化学成分）；二是进行热处理。后者是改善钢的性能的最重要的加工方法。在机械工业中，绝大部分重要零件都必须经过热处理。

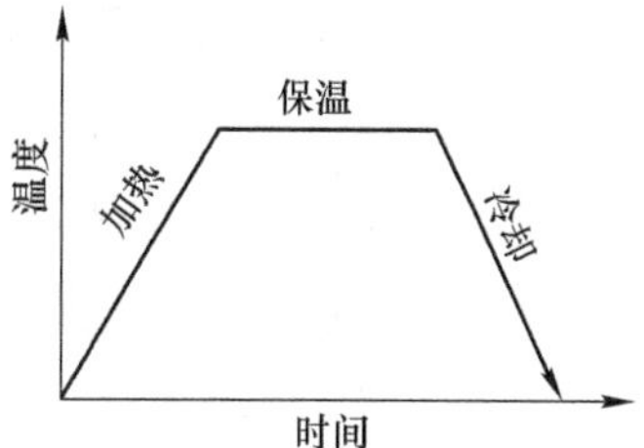

图 6-1　热处理工艺简图

如图 6-1 所示，热处理是将固态金属或合金在一定介质中加热、保温和冷却，以改变整体或表面组织，从而获得所需性能的工艺。根据所要求的性能不同，热处理的类型有多种，其工艺过程都包括加热、保温和冷却三个阶段。按其加热和冷却方式不同，大致分类如下：

- 热处理
  - 常规热处理：退火、正火、淬火、回火
  - 表面热处理
    - 表面淬火：火焰加热和感应加热法
    - 化学热处理：渗碳、渗氮、碳氮共渗等

本章主要介绍钢的热处理基本原理及常用热处理工艺和应用。

第一节　钢在加热时的组织转变

大多数热处理工艺（如淬火、正火、退火等）都要将钢加热到临界温度以上，获得全部或部分奥氏体组织，并使其成分均匀化，即进行奥氏体化。加热时形成的奥氏体的质量（成分均匀性及晶粒大小等），对冷却转变过程及组织、性能有极大的影响。因此，了解奥氏体化规律是掌握热处理工艺的基础。

一、转变温度

根据 $Fe\text{-}Fe_3C$ 相图可知，共析钢、亚共析钢和过共析钢加热时，若想得到完全的奥氏体组织，必须分别加热到 *PSK* 线（A_1）、*GS* 线（A_3）和 *ES* 线（A_{ccm}）以上。实际热处理加热和冷却时的相变是在不完全平衡的条件下进行的，即加热和冷却温度与平衡态有一偏离程度（过热度或过冷度）。通常将加热时的临界温度标为 A_{c1}、A_{c3}、A_{ccm}；冷却时标为 A_{r1}、A_{r3}、A_{rcm}，如图 6-2 所示。

二、奥氏体化

若加热温度高于相变温度，钢在加热和保温阶段（保温的目的是使钢件里外加热到同一温度），将发生室温组织向 A 的转变，称奥氏体化。奥氏体化过程也是形核与长大过

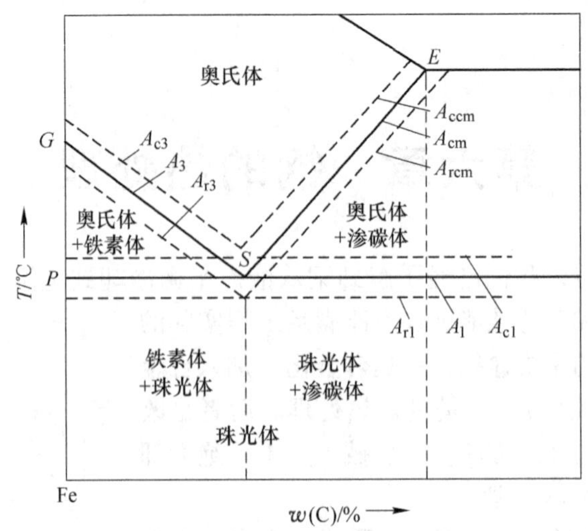

图 6-2 钢在加热和冷却时的临界温度

程，是依靠铁原子和碳原子的扩散来实现的，属于扩散型相变。下面以共析钢为例介绍其奥氏体化的过程，亚共析钢和过共析钢的奥氏体化过程与共析钢基本相同，但略有不同。亚共析钢加热到 A_{c1} 以上时还存在有自由铁素体，这部分铁素体只有继续加热到 A_{c3} 以上时才能全部转变为奥氏体；过共析钢只有在加热温度高于 A_{ccm} 时才能获得单一的奥氏体组织。

共析钢奥氏体化过程为（如图 6-3 所示）：

（1）A 晶核的形成。钢加热到 A_{c1} 以上时，P 变得不稳定，F 和 Fe_3C 的界面在成分和结构上处于最有利于转变的条件下，首先在这里形成 A 晶核。

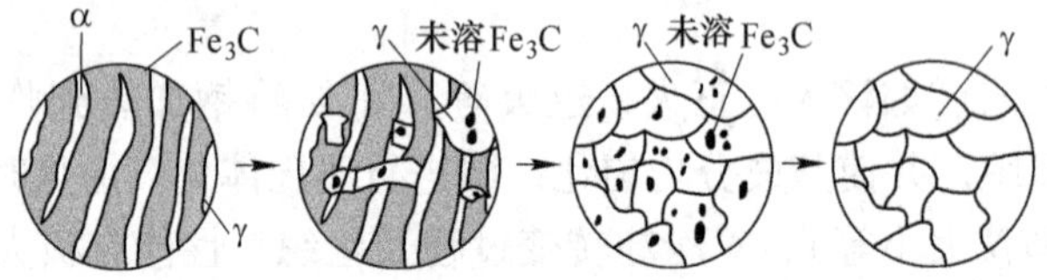

图 6-3 共析钢奥氏体化过程示意图

（2）A 晶核的长大。A 晶核形成后，随即也建立起 A-F 和 A-Fe_3C 的 C 浓度平衡，并存在一个浓度梯度。在此浓度梯度的作用下，A 内发生 C 原子由 Fe_3C 边界向 F 边界的扩散，使其同 Fe_3C 和 F 的两边界上的平衡 C 浓度遭破坏。为了维持浓度的平衡，C 渗碳体必须不断往 A 中溶解，且 F 不断转变为 A。这样，A 晶核便向两边长大了。

（3）剩余 Fe_3C 的溶解。在 A 晶核长大的过程中，由于 Fe_3C 溶解提供的 C 原子远多于同体积 F 转变为 A 的需要，所以 F 比 Fe_3C 先消失，而在 A 全部形成之后，还残存一定量的未溶解的 Fe_3C。它们只能在随后的保温过程中逐渐溶入 A 中，直至完全消失。

（4）A 成分的均匀化。Fe_3C 完全溶解后，A 中 C 浓度的分布并不均匀，原先是 Fe_3C 的地方 C 浓度较高，原先是 F 的地方 C 浓度较低，必须继续保温（保温目的之二），通过碳的扩散，使 A 成分均匀化。

三、影响奥氏体化的因素

A 的形成速度取决于加热温度和速度、钢的成分、原始组织，即一切影响碳扩散速度的因素。

（1）加热温度。随加热温度的提高，碳原子扩散速度增大；同时温度高时 *GS* 和 *ES* 线间的距离变大，A 中碳浓度梯度大，所以奥氏体化速度加快。

（2）加热速度。在实际的热处理条件下，加热速度愈快，过热度愈大。发生转变的温度愈高，转变的温度范围愈宽，完成转变所需的时间就愈短（图 6-4），因此快速加热（如高频感应加热）时，不用担心转变来不及的问题。

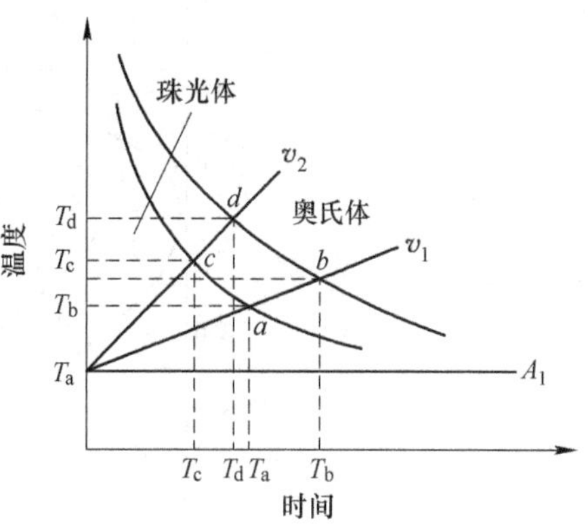

图 6-4　加热速度的影响

（3）钢中碳含量。碳含量增加时，Fe_3C 量增多，F 和 Fe_3C 的相界面增大，因而 A 的核心增多，转变速度加快。

（4）合金元素。合金元素的加入，不改变 A 形成的基本过程，但显著影响 A 的形成速度。

（5）原始组织。原始 P 中的 Fe_3C 有两种形式：片状和粒状。原始组织中 Fe_3C 为片状时 A 形成速度快，因为它的相界面积较大。并且，Fe_3C 片间距愈小，相界面愈大，同时 A 晶粒中 C 浓度梯度也大，所以长大速度更快。

第二节　钢在冷却时的转变

钢的奥氏体化不是热处理的最终目的，它是为了随后的冷却转变作组织准备。因为大多数机械构件都在室温下工作，且钢件性能最终取决于 A 冷却转变后的组织，所以研究不同冷却条件下钢中 A 组织的转变规律，具有更重要的实际意义。

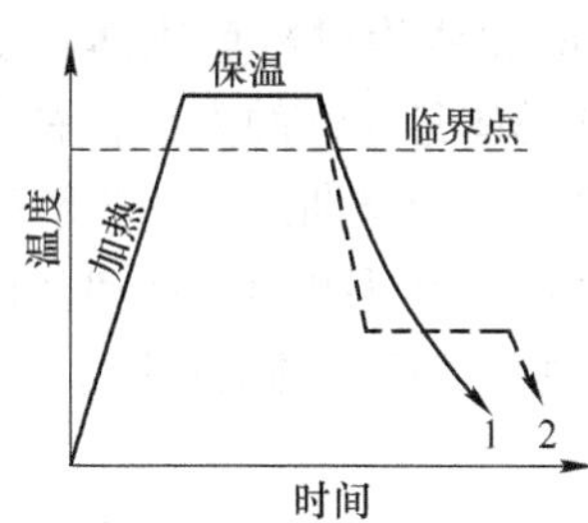

图 6-5　两种冷却方式示意图

A 在临界转变温度以上是稳定的，不会发生转变。A 冷却至临界温度以下，在热力学上处于不稳定状态，要发生转变。这种在临界点以下存在的不稳定的且将要发生转变的奥氏体，称为过冷奥氏体。过冷奥氏体的转变产物，决定于它的转变温度而转变温度又主要与冷却的方式和速度有关。在热处理中，通常有两种冷却方式即等温冷却与连续冷却，如图 6-5 所示。

连续冷却时，过冷奥氏体的转变发生在一个较宽的温度范围内，因而得到粗细不匀甚至类型不同的混合组织。虽然这种冷却方式在生产中广泛采用，但分析起来较为困难。在等温冷却情况下，可以分别研究温度和时间对过冷奥氏体转变的影响，从而有利于弄清转变过程和转变产物的组织与性能。

一、共析钢过冷奥氏体 C 曲线

将奥氏体化后的共析钢快冷至临界点以下的某一温度等温停留，并测定奥氏体转变量与时间的关系，即可得到过冷奥氏体等温转变动力学曲线。将各个温度下转变开始和终了时间标注在温度-时间坐标中，并连成曲线，即得到共析钢的过冷奥氏体等温转变曲线，如图6-6所示。这种曲线形状类似字母“C”，故称为C曲线（亦称TTT图）。它不仅可以表达不同温度下过冷奥氏体转变量与时间的关系，同时也可以指出过冷奥氏体等温转变的产物。

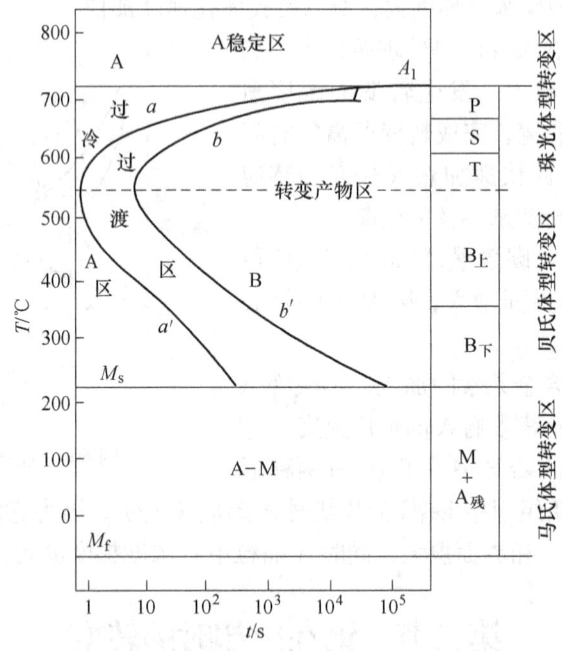

图6-6 共析钢过冷奥氏体等温冷却曲线（C曲线）

（一）C曲线上各线、区的含义

C曲线上部的水平线A_1是珠光体和奥氏体的平衡（理论转变）温度，A_1线以上为奥氏体稳定区。A_1线以下为过冷奥氏体转变区。在该区内，左边的曲线为过冷奥氏体转变开始线，该线以左为过冷奥氏体孕育区，它的长短标志着过冷奥氏体稳定性的大小，右边的曲线为冷奥氏体转变的终了线。其右部为过冷奥氏体转变产物区。两条曲线之间为转变过渡区。C曲线下面的两条水平线分别表示奥氏体向马氏体转变的开始温度M_s点和奥氏体向马氏体转变的终了温度M_f点，两条水平线之间为马氏体和过冷奥氏体的共存区。

（二）C曲线的“鼻尖”

由图6-6可见，共析钢在550℃左右孕育期最短，过冷奥氏体最不稳定，它是C曲线的“鼻尖”。在鼻尖以上，随温度下降（即过冷度增大），孕育区变短，转变加快；在鼻尖以下，随温度下降，转变所需的原子的扩散能力降低，孕育区逐渐变长，转变渐慢。

二、共析钢过冷奥氏体等温转变产物的组织形态

根据过冷奥氏体转变温度的不同，C曲线包括三个转变区。

（一）高温转变

在A_1～550℃之间，转变产物为珠光体，此温区称为珠光体的转变区。珠光体是铁素

体和渗碳体的机械混合物，渗碳体呈层状分布在铁素体的基体上。转变温度愈低，层间距愈小。按层间距珠光体组织习惯上分为珠光体（P）、索氏体（S）和屈氏体（T）。它们并无本质区别，也没有严格界限，只是形态上不同。珠光体较粗，索氏体较细，屈氏体最细，它们的大致形成温度及性能见表 6-1，见图 6-7。

表 6-1　过冷奥氏体高温转变产物的形成温度及性能

组织名称	表示符号	形成温度范围/℃	硬　度	能分辨片层的放大倍数
珠光体	P	A_1 ~650	170 ~200HB	<500 ×
索氏体	S	650 ~600	25 ~35HRC	>1000 ×
屈氏体	T	600 ~550	35 ~40HRC	>2000 ×

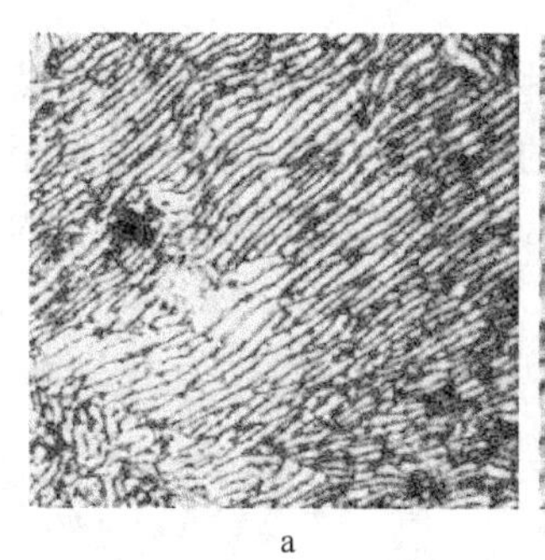
a

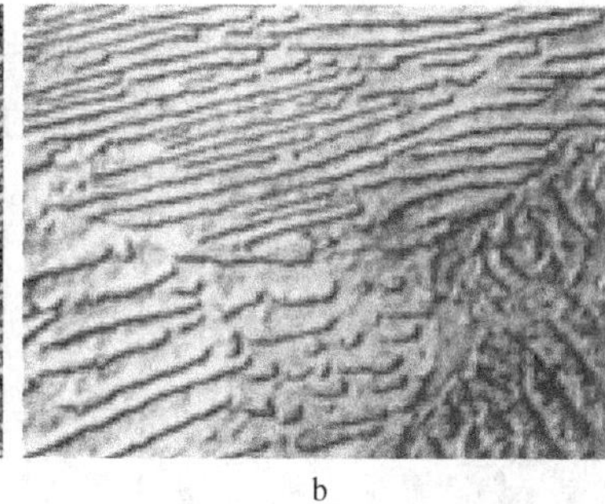
b

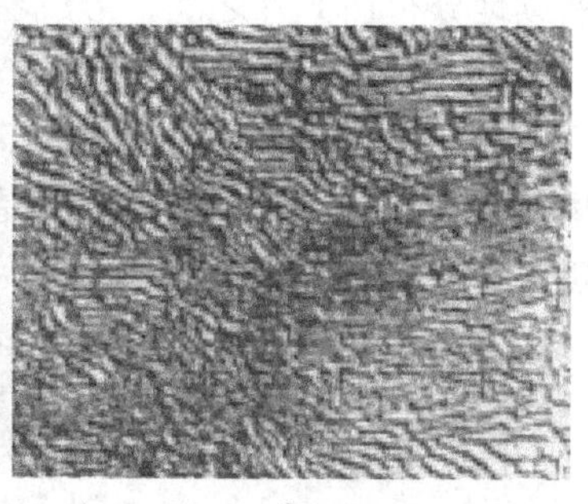
c

图 6-7　过冷奥氏体高温转变
a—珠光体；b—索氏体；c—屈氏体

（1）珠光体。粗片层状铁素体和渗碳体的混合物，片层间距大于 0.4μm，一般在 500 倍以下的光学显微镜下即可分辨。

（2）索氏体。细片状珠光体，片层较薄，间距在 0.4 ~0.2μm，一般在 800 ~1000 倍的光学显微镜下才可分辨。

（3）屈氏体。极细片状的珠光体，片层极薄，间距小于 0.2μm，只有在电子显微镜下（5000 倍）才能分辨出它们呈片状。

奥氏体向珠光体的转变是一种扩散型转变（生核、长大过程），是通过 C、Fe 的扩散和晶体结构的重构来实现的。如图 6-8 所示，首先，在奥氏体晶界或缺陷（如位错多）密集处生成渗碳体晶核，并依靠周围奥氏体不断供给碳原子而长大；在此同时，渗碳体晶核周围的奥氏体中碳含量逐渐降低，为形成铁素体创造有利的浓度条件，并最终从结构上转变为铁素体。铁素体的溶碳能力很低。在长大过程中必定将过剩的碳排移到相邻的奥氏体

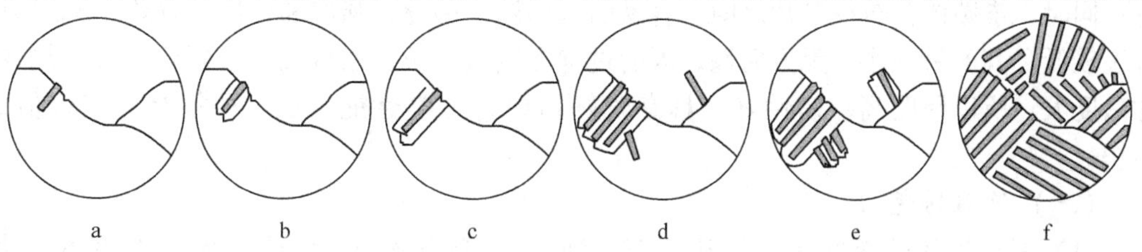

图 6-8　片状珠光体形成示意图

中，使其碳含量升高，这样又为生成新的渗碳体创造了有利条件。此过程反复进行，奥氏体就逐渐转变为渗碳体和奥氏体片层相间的珠光体组织了。

(二) 中温转变

在550℃ ~ M_s 之间，转变产物为贝氏体（B），见图6-9，此温区称B转变区。B是碳化物（Fe_3C）分布在碳过饱和的F基体上的两相混合物。A向B的转变属于半扩散型转变,铁原子不扩散而碳原子有一定的扩散能力。转变温度不同,形成的B形态也明显不同。通常将550 ~ 350℃间形成的称上贝氏体($B_上$);350℃ ~ M_s 间形成的称下贝氏体($B_下$)。

$B_上$ 的形成过程是先在A晶界上碳含量较低的地方生成F晶核，然后向晶粒内沿一定方向成排长大。在 $B_上$ 温区内，碳有一定扩散能力，F片长大时，它能扩散到周围的A中，使其富碳。当F片间的A浓度增大到足够高时，便从中析出小条状或小片状渗碳体。断续地分布在F片之间，形成羽毛状 $B_上$。

$B_下$ 的形成过程是F晶核首先在A晶界、孪晶界或晶内某些畸变较大的地方生成，然后沿A的一定晶向呈针状长大。$B_下$ 的转变温度较低、碳原子的扩散能力较小，不能长距离扩散，只能在F针内沿一定晶面以细碳化物粒子的形式析出。在光学显微镜下，$B_下$ 为黑色针状组织。

a　　　　b

图6-9　过冷奥氏体中温转变

a—上贝氏体；b—下贝氏体

(1) 上贝氏体中渗碳体呈较粗的片状，平行分布于平行排列的铁素体片层之间，它在显微镜下呈羽毛状的组织。

(2) 下贝氏体中的碳化物呈细小颗粒状或短杆状均匀分布在铁素体内，在显微镜下呈黑色针叶状的组织。

B的力学性能与其形态有关。$B_上$ 在较高温度形成，其F片较宽，塑性变形抗力较低；同时，渗碳体分布在F片之间，容易引起脆断，因此，强度和韧性都较差。$B_下$ 形成温度较低，其F针细小，无方向性，碳的过饱和度大，位错密度高，且碳化物分布均匀，弥散度大，所以硬度高，韧性好，具有较好的综合力学性能，是一种很有应用价值的组织。

(三) 低温转变

(1) 马氏体的转变过程。在 M_s ~ M_f 之间，转变产物为马氏体（M），如图6-10所示，此温区称M转变区。M转变是指钢从A体状态快速冷却，来不及发生扩散分解而产生的无扩散型转变，由于 M 转变的无扩散性，因而 M 的化学成分与母相 A 完全相同。如共析钢的 A 体碳浓度为 0.8%，它转变成的 M 的碳浓度也为 0.8%，显然，M 是碳在 α-Fe 中的过饱和间隙固溶体。M 由于没有原子的扩散，所以固溶于 A 中的碳原子被迫保留在 α 相的晶格中，造成晶格的严重畸变，成为具有一定正方度（即 c/a）的体心正方晶格，M 正方度的大小，取决于 M 中的含碳量，含碳量越高，正方度越大。

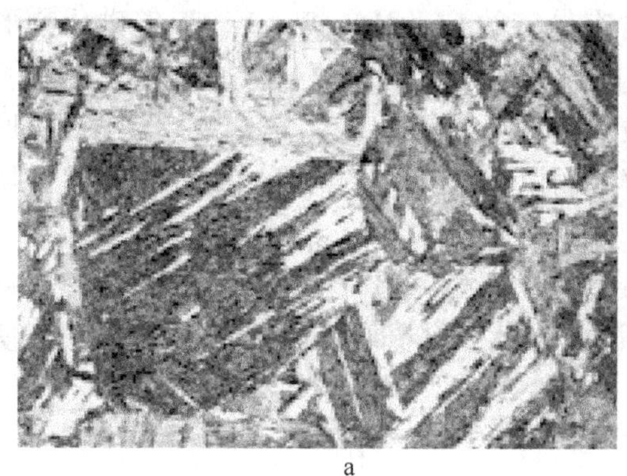

a

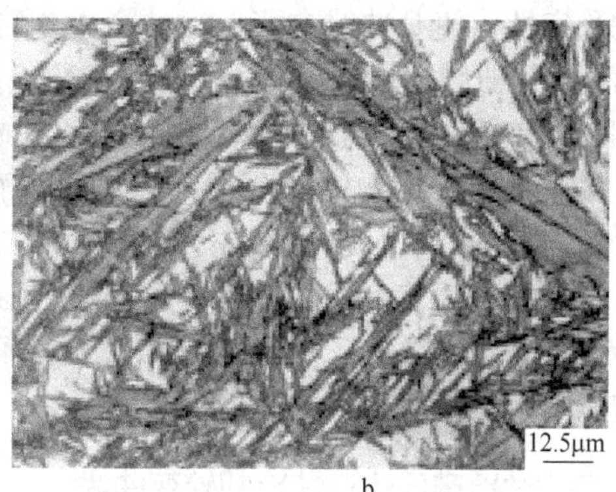

b

图 6-10　过冷奥氏体的低温转变

a—板条状马氏体；b—针状马氏体

（2）M 的形态。主要有两种，即板条状 M 和针片 M。M 的形态主要取决于 M 含碳量，含碳量低于 0.20% 时，M 几乎完全为板条状；含碳量高于 1.0% 时，M 基本为针片状；含碳量介于 0.20% ~1.0% 之间时，M 为板条状和针片状的混合组织。

板条状 M 的形状为一束一束相互平行的细条状，其立体形态呈细长的板条状。显微组织中，板条 M 成束状分布，一组尺寸大致相同并平行排列的板条构成一个板条束。

针片状 M 的立体形态呈凸透镜状，显微组织为其截面形态，常呈片状或针状。针片状 M 之间交错成一定角度。由于 M 晶粒一般不会穿越 A 晶界，最初形成的 M 针片往往贯穿整个 A 晶粒，较为粗大；后形成的 M 针片则逐渐变细、变短。

（3）M 的性能。高硬度是 M 的主要特点。M 的硬度主要受含碳量的影响，在含碳量较低时，M 硬度随含碳量的增加而迅速上升；当含碳量超过 0.6% 之后，M 硬度的变化趋于平缓。含碳量对 M 硬度的影响主要是由于过饱和碳原子与 M 中的晶体缺陷交互作用引起的固溶强化造成的。板条 M 中的位错和针片状 M 中的孪晶也是强化的重要因素，尤其是孪晶对针片状 M 的硬度和强度影响更大。

一般认为 M 的塑性和韧性都很差，实际只有针片状的 M 硬而脆，而板条的 M 则具有较好的韧性。尽可能细化 A 晶粒，以获得细小的 M 组织，这是提高 M 韧性的有效途径。

三、影响 C 曲线的因素

C 曲线的位置和形状决定于过冷奥氏体的稳定性、等温转变速度及转变产物的性质。因此，凡是影响 C 曲线位置和形状的因素都会影响过冷奥氏体的等温转变。影响 C 曲线位置和形状的主要因素是奥氏体的成分与奥氏体化条件。

（1）含碳量的影响。亚共析钢和过共析钢 C 曲线的上部各多出了一条先共析相析出线，它表示在发生 P 转变之前，亚共析钢中要先析出 F，过共析钢中要先析出渗碳体。在正常热处理条件下，亚共析钢的 C 曲线随含碳量的增加而右移，过共析钢的 C 曲线随含碳量的增加而左移。这是由于亚共析钢过冷 A 的含碳量越高，先共析 F 析出速度越慢；过共析钢含碳量越高，未溶渗碳体越多，越有利于过冷 A 分解的缘故。

（2）合金元素的影响。除 Co 以外的所有合金元素，当其溶入 A 后都能增加过冷奥氏体的稳定性，使 C 曲线右移。当过冷 A 中含有较多的 Cr、Mo、W、V、Ti 等碳化物形成元素时，C 曲线的形状还发生变化，甚至 C 曲线分离成上下两部分，形成两个“鼻子”，中间出现一个过冷 A 较为稳定的区域。当强碳化物形成元素含量较多时，若在钢中形成稳定的碳化物，在 A 化过程中不能全部溶解，而以残留碳化物的形式存在，它们会降低过冷 A 的稳定性，使 C 曲线左移。

（3）加热温度和保温时间。随着加热温度的升高和保温时间的延长，碳化物溶解愈完全，A 成分愈均匀，A 晶粒愈粗大，晶界面积愈少，都降低过冷 A 转变的形核率，使其稳定性增大。从而 C 曲线右移。

四、过冷奥氏体连续冷却转变曲线

生产中大多数情况下 A 为连续冷却转变，所以钢的连续冷却转变曲线（或 CCT 曲线）更有实际意义。为此，将钢加热到 A 状态，以不同速度冷却，测出其 A 转变开始点和终了点的温度和时间，并标在温度-时间（对数）坐标系中，分别连接开始点和终了点，即可得到连续冷却转变曲线（见图 6-11）。

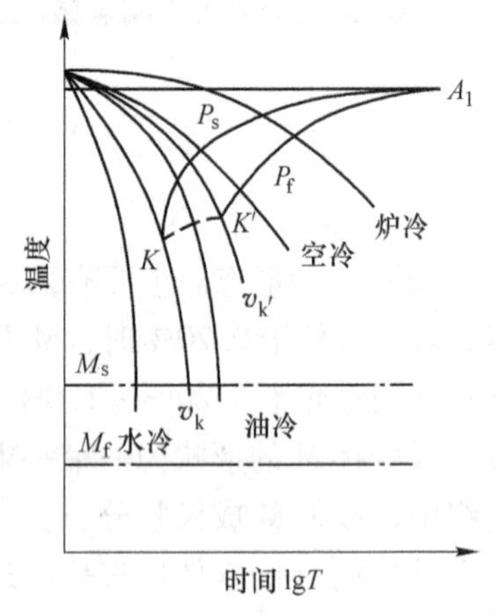

图 6-11 共析钢 CCT 曲线

图中，P_s 线为过冷 A 转变为 P 的开始线，P_f 线为转变终了线，两线之间为转变的过渡区。KK'线为转变的中止线，当冷却到达此线时，过冷 A 中止转变。

由图可知，共析钢以大于 v_k 的速度冷却时，由于遇不到 P 转变线，得到的组织为 M，这个冷却速度称为上临界冷却速度。v_k 愈小，钢愈易得到 M。冷却速度小于 $v_{k'}$时，钢将全部转变为 P。$v_{k'}$称为下临界冷却速度。$v_{k'}$愈小，退火所需的时间愈长。冷却速度处于 $v_k \sim v_{k'}$之间（例如油冷）时，在到达 KK'线之前，A 部分转变为 P，从 KK'线到 M_s 点，剩余的 A 停止转变，直到 M_s 点以下时，才开始转变为 M，过 M_f 点后 M 转变完成。

五、CCT 曲线和 C 曲线的比较与应用

如图 6-12 所示，实线为共析钢的 C 曲线，虚线为 CCT 曲线。由图可知：

（1）连续冷却转变曲线位于等温转变曲线的右下方，表明连续冷却时，A 完成 P 转变的温度要低些，时间要长一些。根据实验，等温转变的临界冷却速度大约为连续冷却转变的 1.5 倍。

（2）连续冷却转变曲线中没有 A 转变为 B 的部分，所以共析碳钢在连续冷却时得不到 B 组织，B 组织只能在等温处理时得到。

（3）过冷 A 连续冷却转变产物不可能是单一、均匀的组织。

（4）连续冷却转变曲线可直接用于制定热处理工艺规范，但由于等温转变曲线比较容易测定，也能较好地说明连续冷却时的组织转变，所以应用都很广泛，而后者应用更多些。

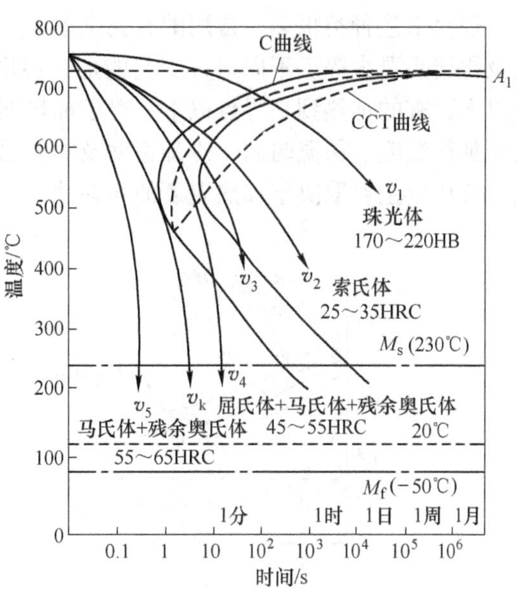

图 6-12　CCT 曲线和 C 曲线的比较

例如，图 6-12 中 v_1，v_2，v_3，v_4 和 v_5 为共析钢的五种连续冷却速度的冷却曲线。v_1 相当于在炉内冷却时的情况（退火），与 C 曲线相交在 700～650℃范围内，转变产物为 P。v_2 和 v_3 相当于两种不同速度空冷时的情况（正火），与 C 曲线相交于 650～600℃，转变产物为细 P（S 和 T）。v_4 相当于油冷时的情况（油中淬火），在达到 550℃以前与 C 曲线的转变开始线相交，并通过 M_s 线，转变产物为 T、M 和残余 A。v_5 相当于水冷时的情况（水中淬火），不与 C 曲线相交，直接通过 M_s 线冷至室温，转变产物为 M 和残余 A。

上述根据 C 曲线分析的结果，与根据 CCT 曲线分析的结果是一致的（见图 6-12 中各冷却速度曲线与 CCT 曲线的关系）。

第三节　钢的退火与正火

退火和正火是应用最为广泛的热处理工艺。在机械零件和工、模具的制造加工过程中，退火和正火往往是不可缺少的先行工序，具有承前启后的作用。机械零件及工、模具的毛坯退火或正火后，可以消除或减轻铸件、锻件及焊接件的内应力与成分、组织的不均匀性，从而改善钢件的力学性能和工艺性能，为切削加工及最终热处理（淬火）作好组织、性能准备。一些对性能要求不高的机械零件或工程构件，退火和正火亦可作为最终热处理。

一、退火

将钢加热到适当的温度，经过一定时间保温后缓慢冷却（一般为随炉冷却）的热处理工艺称为退火。

其主要目的为：

（1）调整硬度以便进行切削加工。经适当退火后，可使工件硬度调整到 170～250HBS，该硬度值具有最佳的切削加工性能。

（2）减轻钢的化学成分及组织的不均匀性（如偏析等），以提高工艺性能和使用性能。

（3）消除残余内应力（或加工硬化），可减少工件后续加工中的变形和开裂。

（4）细化晶粒，改善高碳钢中碳化物的分布和形态，为淬火作好组织准备。

退火工艺种类很多，常用的有完全退火、等温退火、球化退火、扩散退火、去应力退火及再结晶退火等。不同退火工艺的加热温度范围如图 6-13 所示，它们有的加热到临界点以上，有的加热到临界点以下。对于加热温度在临界点以上的退火工艺，其质量主要取决于加热温度、保温时间、冷却速度及等温温度等。对于加热温度在临界点以下的退火工艺，其质量主要取决于加热温度的均匀性。

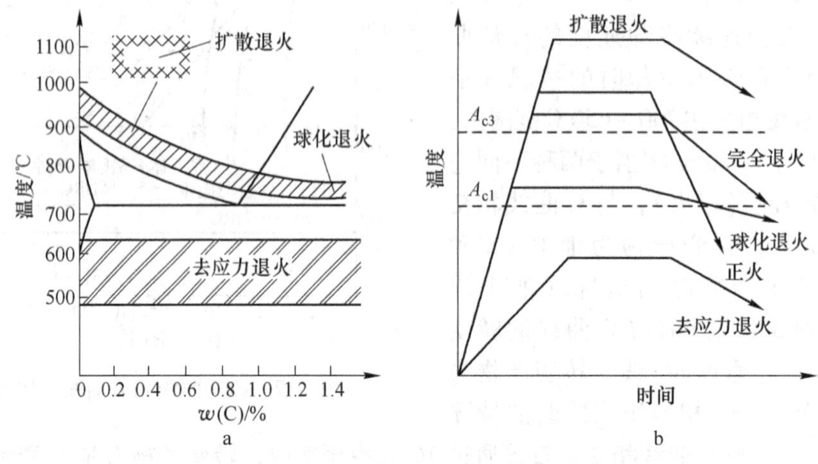

图 6-13 各种退火工艺的加热温度范围

a—加热温度范围；b—工艺曲线

（一）完全退火

完全退火（又称重结晶退火）是将亚共析钢加热到 A_{c3} 以上 30 ~ 50℃，保温一定时间后随炉缓慢冷却或埋入石灰和砂中冷却，以获得接近平衡组织的一种热处理工艺。它主要用于亚共析钢，其主要目的是细化晶粒、均匀组织、消除内应力、降低硬度和改善钢的切削加工性能。低碳钢和过共析钢不宜采用完全退火。低碳钢完全退火后硬度偏低，不利于切削加工。过共析钢完全退火，加热温度在 A_{ccm} 以上，会有网状二次渗碳体沿奥氏体晶界析出，造成钢的脆化。

（二）等温退火

等温退火是将钢件或毛坯加热到高于 A_{c3}（含碳 0.3% ~ 0.8% 亚共析钢）以上 30 ~ 50℃或 A_{c1}（含碳 0.8% ~ 1.2% 过共析钢）以上 10 ~ 20℃的温度，保温适当时间后较快地冷却到 P 区的某一温度，并等温保持，使 A 转变为 P 组织，然后缓慢冷却的热处理工艺。

完全退火所需时间很长，特别是对于某些 A 比较稳定的合金钢，往往需要几十小时，为了缩短退火时间，可采用等温退火。图 6-14 为高速钢的完全退火与等温退火的比较，可见等温退火所需时间比完全退火缩短很多。等温退火的等温温度（A_{r1} 以下某一温度）应根据要求的组织和性能由被处理钢的 C 曲线来确定。温度越高（距 A_1 越近）则 P 组织越粗大，钢的硬度越低；反之，则硬度越高。

（三）球化退火

球化退火是将钢件加热到 A_{c1} 以上 20 ~ 30℃，充分保温使未溶二次渗碳体球化，然后随炉缓慢冷却或在 A_{r1} 以下 20℃左右进行长期保温，使 P 中渗碳体球化（退火前用正火将

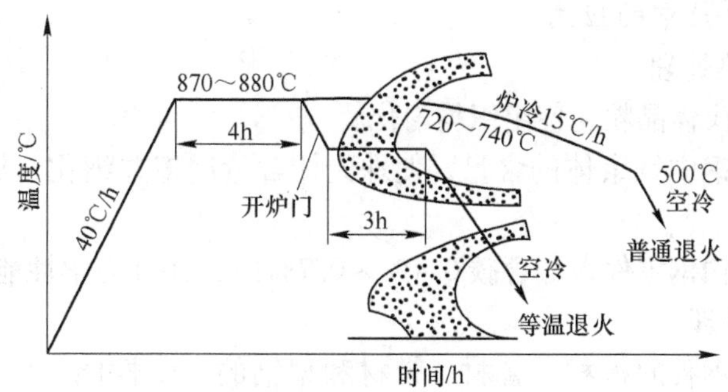

图 6-14　高速钢的完全退火与等温退火的比较

网状渗碳体破碎)，随后出炉空冷的热处理工艺。

主要用于共析钢和过共析钢，如工具钢、滚珠轴承钢等，其主要目的在于降低硬度，改善切削加工性能；并为以后的淬火作组织准备。

近年来，球化退火也应用于亚共析钢中取得较好效果，并有利于冷变形加工。

（四）扩散退火

扩散退火（或均匀化退火）是将钢锭、铸钢件或锻坯加热到略低于固相线的温度，长时间保温，然后缓慢冷却，以消除化学成分和组织不均匀现象的一种热处理工艺。扩散退火加热温度为 A_{c3} 以上 150～250℃（通常为 1100～1200℃），具体加热温度视钢种及偏析程度而定，保温时间一般为 10～15h。

扩散退火后钢的晶粒非常粗大，需要再进行完全退火或正火。由于高温扩散退火生产周期长、消耗能量大、生产成本高，所以一般不轻易采用。

（五）去应力退火

去应力退火是将钢件加热到低于 A_{c1} 的某一温度（一般为 500～650℃），保温，然后随炉冷却，从而消除冷加工以及铸造、锻造和焊接过程中引起的残余内应力而进行的热处理工艺。去应力退火能消除内应力约 50%～80%，不引起组织变化。还能降低硬度，提高尺寸的稳定性，防止工件的变形和开裂。

二、正火

将钢件加热到 A_{c3}（对于亚共析钢）和 A_{ccm}（对于过共析钢）以上 30～50℃，保温适当时间后，在自由流动的空气中均匀冷却，得到珠光体类组织（一般为 S）的热处理称为正火。

（一）正火与退火的区别

（1）正火的冷却速度较退火快，得到的珠光体组织的片层间距较小，珠光体更为细薄，目的是使钢的组织正常化，所以亦称常化处理。例如，含碳小于 0.4% 时，可用正火代替完全退火。

（2）正火和完全退火相比，能获得更高的强度和硬度。

（3）正火生产周期较短，设备利用率较高，节约能源，成本较低，因此得到了广泛的应用。

（二）正火在生产中的应用

（1）作为最终热处理：

1）可以细化奥氏体晶粒，使组织均匀化。

2）减少亚共析钢中铁素体的含量，使珠光体含量增多并细化，从而提高钢的强度、硬度和韧性。

3）对于普通结构钢零件，如含碳0.4%～0.7%时，并且力学性能要求不很高时，可以正火作为最终热处理。

4）为改善一些钢种的板材、管材、带材和型钢的力学性能，可将正火作为最终热处理。

（2）作为预先热处理：

1）截面较大的合金结构钢件，在淬火或调质处理（淬火加高温回火）前常进行正火，以消除魏氏组织和带状组织，并获得细小而均匀的组织。

2）对于过共析钢可减少二次渗碳体量，并使其不形成连续网状，为球化退火作组织准备。

3）对于大型锻件和较大截面的钢材，可先正火而为淬火作好组织准备。

（3）改善切削加工性能：低碳钢或低碳合金钢退火后硬度太低，不便于切削加工。正火可提高其硬度，改善其切削加工性能。

（4）改善和细化铸钢件的铸态组织。

（5）对某些大型、重型钢件或形状复杂、截面有急剧变化的钢件，若采用淬火的急冷将发生严重变形或开裂，在保证性能的前提下可用正火代替淬火。

第四节 钢的淬火

淬火就是把钢加热到临界温度（A_{c3}或A_{c1}）以上，保温一定时间使之奥氏体化后，再以大于临界冷却速度的冷速急剧冷却，从而获得马氏体的热处理工艺。

一、钢的淬火工艺

（一）淬火温度的选择

如图6-15所示，亚共析钢的淬火温度为$A_{c3}+(30\sim50)$℃；共析钢和过共析钢的淬火温度为$A_{c1}+(30\sim50)$℃。

亚共析钢必须加热到A_{c3}以上，否则淬火组织中会保留自由F，使其硬度降低。

过共析钢加热到A_{c1}以上时，组织中会保留少量二次渗碳体，而有利于钢的硬度和耐磨性，并且，由于降低了A中的碳含量，可以改变M的形态，从而降低M的脆性。此外，还可减少淬火后残余奥氏体的量。而且，淬火温度太高时，会形成粗大的马氏体，使力学性能恶化；同时也增大淬火应力，使变形和开裂倾向增大。

对于合金钢，由于大多数合金元素有阻碍奥氏体晶粒长大的作用，所以淬火温度可以稍微提高一些，以利于合金元素的溶解和均匀化。

（二）加热时间的确定

加热时间包括升温和保温两个阶段。通常以装炉后炉温达到淬火温度所需时间为升温阶段，并以此作为保温时间的开始；保温阶段是指钢件烧透并完成A化所需的时间。

加热时间受钢件成分、尺寸和形状、装炉量、加热炉类型、炉温和加热介质等因素的影响。可根据热处理手册中介绍的经验公式来估算，也可由实验来确定。

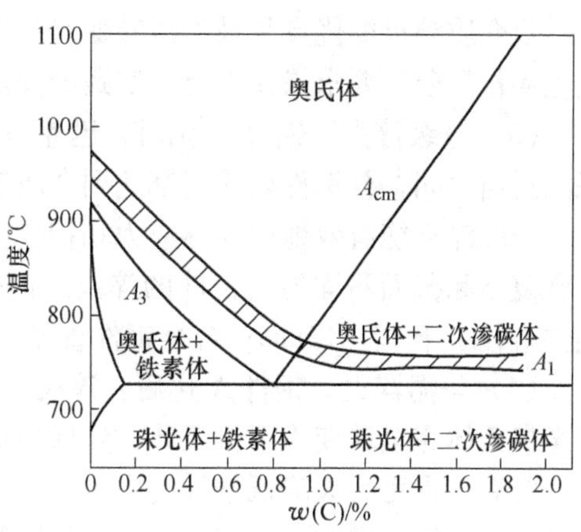

图6-15 钢的淬火温度范围

（三）淬火冷却介质

加热至奥氏体状态的钢件必须在冷速大于临界冷却速度的情况下才能得到预期的马氏体组织，即希望在C曲线鼻子附近的冷速愈大愈好。但在M_s点以下，为了减少因马氏体形成而造成的组织应力，又希望冷速尽量小一些。因此人们希望能有一种理想冷却曲线。它既能保证钢件淬上火，又不致引起太大的变形，但至今还未找到这样理想的冷却介质。

常用的冷却介质是水和油：

（1）水在650～550℃范围冷却能力较大，在300～200℃范围也较大。因此易造成零件的变形和开裂，这是它的最大缺点。提高水温能降低650～550℃范围的冷却能力，但对300～200℃的冷却能力几乎没有影响。这既不利于淬硬，也不能避免变形，所以淬火用水的温度控制在30℃以下。但水既经济又可循环使用，因此水在生产上主要用于形状简单、截面较大的碳钢零件的淬火。水中加入某些物质如NaCl，NaOH，Na_2CO_3和聚乙烯醇等，能改变其冷却能力以适应一定淬火用途的要求。

（2）淬火用油为各种矿物油（如锭子抽、变压器油等）。它的优点是在300～200℃范围冷却能力低，有利于减少钢件的变形和开裂；缺点是在650～550℃范围冷却能力也低，不利于钢件的淬硬，所以油一般作为合金钢的淬火介质。另外，油温不能太高，以免其黏度降低，流动性增大而提高冷却能力；油超过燃点易引起着火；油长期使用会老化，应注意维护。

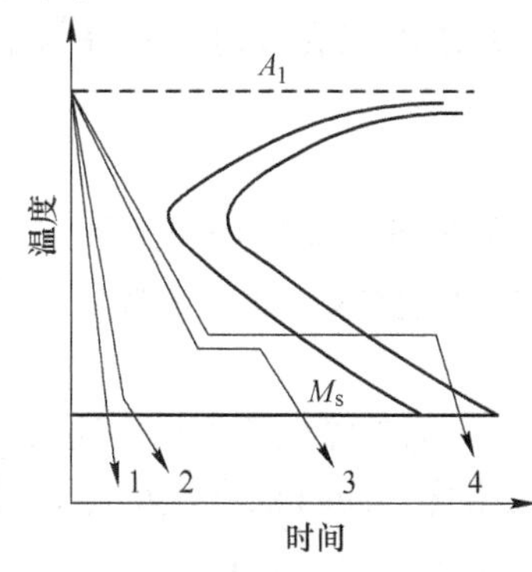

图6-16 钢的淬火方法

（四）淬火方法

常用的淬火方法有单介质淬火、双介质淬火、分级淬火和等温淬火等，见图6-16。

（1）单介质淬火法。钢件奥氏体化后，在一种介质中冷却，如图6-16曲线1所示。淬透性小的钢件在水中淬火；淬透性较大的合金钢件及尺寸很小的碳钢件（直径小于3～5mm）在油中淬火。

单介质淬火法操作简单，易实现机械化，应用较广。缺点是水淬变形开裂倾向大；油淬冷却速度小，淬透直径小，大件淬不硬。

（2）双介质淬火。钢件A化后，先在一种冷却能力较强的介质中冷却，冷却到300℃左右后，再淬入另一种冷却能力较弱的介质中冷却。例如，先水淬后油冷，先水冷后空冷，等等。这种淬火操作如图6-16曲线2所示。

双介质淬火的优点是马氏体转变时产生的内应力小，减少了变形和开裂的可能性。缺点是操作复杂，要求操作人员有实践经验。

（3）分级淬火。钢件A化后，迅速淬入稍高于M_s点的液体介质（盐浴或碱浴）中，保温适当时间，待钢件内外层都达到介质温度后出炉空冷，操作如图6-16曲线3所示。

分级淬火能有效地减少热应力和相变应力，降低工件变形和开裂的倾向，所以可用于形状复杂和截面不均匀的工件的淬火。但受熔盐冷却能力的限制，它只能处理小件（碳钢件直径小于10～12mm；合金钢件直径小于20～30mm），常用于刀具的淬火。

（4）等温淬火。钢件A化后，淬火温度稍高于M_s点的熔炉中，保温足够长的时间，直至奥氏体完全转变为下贝氏体，然后出炉空冷，操作如图6-16曲线4所示。

等温淬火可大大降低钢件的内应力，减少变形，适用于处理形状复杂和精度要求高的小件，如弹簧、螺栓、小齿轮、轴及丝锥等；也可用于高合金钢较大截面零件的淬火。其缺点是生产周期长、生产效率低。

（五）淬火时易出现的缺陷及防止措施

1. 淬火时易出现的缺陷

A 淬火后硬度不足或出现软点

产生这类缺陷的主要原因有：

（1）亚共析钢加热温度低或保温时间不充分，淬火组织中残留有F。

（2）加热时钢件表面发生氧化、脱碳，淬火后局部生成非M组织。

（3）淬火时冷速不足或冷却不均匀，未全部得到M组织。

（4）淬火介质不清洁，工件表面不干净，影响了工件的冷却速度，致使未能完全淬硬。

B 变形和开裂

这是常见的两种缺陷，是由淬火应力引起的。淬火应力包括热应力（即淬火钢件内部温度分布不均引起的内应力）和组织应力（即淬火时钢件各部转变为M时体积膨胀不均匀所引起的内应力）。淬火应力超过钢的屈服极限时，可引起钢件变形；淬火应力超过钢的强度极限时，则引起开裂。

变形不大的零件，可在淬火和回火后进行校直，变形较大或出现裂纹时，零件只能报废。

2. 减少和防止变形、开裂的主要措施

（1）正确选材和合理设计。对于形状复杂、截面变化大的零件，应选用淬透性好的钢种，以便采用油冷淬火。在零件结构设计中，必须考虑热处理的要求，如尽量减少不对称性、避免尖角，等等。

（2）淬火前进行退火或正火，以细化晶粒并使组织均匀化，减少淬火产生的内应力。

（3）淬火加热时严格控制加热温度，防止过热使A晶粒粗化，同时也可减小淬火时的热应力。

（4）采用适当的冷却方法。如采用双介质淬火、分级淬火或等温淬火等。淬火时尽可能使零件冷却均匀。厚薄不均的零件，应先将厚的部分淬入介质中。薄件、细长件和复杂件，可采用夹具或专用淬火压床进行冷却。

（5）淬火后及时回火，以消除应力，提高工件的韧性。

二、钢的淬透性与淬硬性

淬透性是钢的一个重要的热处理工艺性能，它是根据使用性能合理选择钢材和正确制定热处理工艺的重要依据。

钢的淬透性是指奥氏体化后的钢在淬火时获得马氏体的能力，其大小可用钢在一定条件下淬火获得的淬透层深度表示。淬透层越深，表明钢的淬透性越好。

一定尺寸的工件在某种冷却介质中淬火时，其淬透层的深度与工件从表面到心部各点的冷却速度有关。若工件心部的冷却速度能达到或超过钢的临界冷却速度 v_k，则工件从表面到心部均能得到马氏体组织，这表明工件已淬透。若工件心部的冷却速度达不到 v_k，仅外层冷却速度超过 v_k，则心部只能得到部分马氏体或全部非马氏体组织，这表明工件未淬透。在这种情况下，工件从表到里是由一定深度的淬透层和未淬透的心部组成。显然钢的淬透层深度与钢件尺寸及淬火介质的冷却能力有关。工件尺寸越小，淬火介质冷却能力越强，则钢的淬透层深度越大；反之，工件尺寸越大，介质冷却能力越弱，则钢的淬透层深度就越小。

在钢件未淬透时，如何判定淬透层的深度呢？按理，淬透层的深度应是钢件表层全部M区域的厚度。但是在实际测定中很难准确掌握这个标准，因为在金相组织上淬透层与未淬透区并无明显的界线，淬火组织中有少量非 M（如5% ~10% T）时，其硬度值也无明显变化。当淬火组织中非 M 达到一半时，硬度发生显著变化，显微组织观察也较为方便。因此，淬透层深度通常为淬火钢件表面至半 M 区（50% M）的距离。

钢的淬透性在本质上取决于过冷 A 的稳定性。过冷 A 越稳定，临界冷却速度越小，钢件在一定条件下淬火后得到的淬透层深度越大，则钢的淬透性越好。因此，凡是影响过冷 A 稳定性的因素，都影响钢的淬透性。过冷 A 的稳定性主要决定于钢的化学成分和 A 化温度。也就是说，钢的含碳量、合金元素及其含量以及淬火加热温度是影响淬透性的主要因素。

需要特别强调两个问题：

（1）钢的淬透性与具体工件的淬透层深度的区别。淬透性是钢的一种工艺性能，也是钢的一种属性，对于一种钢在一定的奥氏体化温度下淬火时，其淬透性是确定不变的。钢的淬透性的大小用规定条件下的淬透层深度表示。而具体工件的淬透层深度是指在实际淬火条件下得到的半马氏体区至工件表面的距离，是不确定的，它受钢的淬透性、工件尺寸及淬火介质的冷却能力等诸多因素的影响。

（2）淬透性与碎硬性的区别。淬硬性是指钢在淬火时的硬化能力，用淬火后马氏体所能达到的最高硬度表示，它主要取决于马氏体中的含碳量。淬透性和淬硬性并无必然联系，如过共析碳钢的淬硬性高，但淬透性低；而低碳合金钢的淬硬性虽然不高，但淬透性很好。

第五节　钢的回火

钢件淬火后，为了消除内应力并获得所要求的组织和性能，将其加热到 A_{c1} 以下的某一温度，保温一定时间，然后冷却到室温的热处理工艺叫做回火。

淬火钢一般不直接使用，必须进行回火。这是因为：

（1）淬火后得到的是性能很脆的马氏体组织，并存在有内应力，容易产生变形和开裂。

（2）淬火马氏体和残余奥氏体都是不稳定组织，在工作中会发生分解，导致零件尺寸的变化，而这对于精密零件是不允许的。

（3）为了获得要求的强度、硬度、塑性和韧性，以满足零件的使用要求。

一、钢的回火组织转变

共析钢淬火后得到的是不稳定的 M 和残余 A，它们有着向稳定组织转变的自发倾向。回火加热能促进这种自发的转变过程。随回火温度的提高，其可分为四个阶段：

第一阶段（200℃以下）马氏体分解。在 200℃以下加热时，M 中的碳以 ε 碳化物的形式析出，而使过饱和度减小，正方度降低。ε 碳化物是极细的并与母体保持共格联系的薄片，晶格结构为正交晶格，分子式为 $Fe_{24}C$。这时的组织为回火 M。

第二阶段（200～300℃）残余 A 分解。M 不断分解为回火 M，体积缩小，降低了对残余 A 的压力，使其在此温度区内转变为下 B。下 B 和回火 M 本质是相似的。残余 A 从 200℃开始分解；到 300℃基本完成，得到的下 B 不多，所以这个阶段的组织仍主要是回火 M。

第三阶段（250～400℃）回火 T 的形成。M 和残余 A 在 250℃以下分解形成 ε 碳化物和较低过饱和度的 α 固溶体后，继续升高温度时，因碳原子的扩散析出能力增大，过饱和固溶体很快转变成 F；同时亚稳定的 ε 碳化物也逐渐转变为稳定的渗碳体，并与母相失去共格联系，使淬火时晶格畸变所保存的内应力大大消除。此阶段到 400℃时基本完成，其形成的尚未再结晶的 F 和细粒状渗碳体的混合物叫做回火 T。

第四阶段（400℃以上）碳化物的聚集长大。回火 T 中的 α 固溶体已恢复为平衡碳浓度的 F，但此时 F 仍保留着原 M 的针状外形，并且针状晶体内位错密度很高。所以与塑性变形的金属相似，针状 F 基体在回火加热过程中。也会发生回复和再结晶的过程。开始回复的温度不易测出，但高于 400℃时，回复已很明显。随着回火温度的继续升高，逐渐发生再结晶过程，最后形成位错密度较低的等轴晶粒的 F 基体。与此同时，渗碳体粒子不断聚集长大，于约 400℃时聚集球化，600℃以上时迅速粗化。如此所形成的多边形 F 和粒状渗碳体的混合物就叫做回火 S。

二、回火的分类与应用

淬火钢回火后的组织和性能决定于回火温度。按回火温度范围的不同，可将钢的回火分为三类：

（1）低温回火（150～250℃）。低温回火得到的组织为回火马氏体。淬火钢经低温回火后仍保持高硬度（58～64HRC）和高耐磨性。其主要目的是为了降低淬火应力和脆性。各种高碳工、模具及耐磨零件通常采用低温回火。

（2）中温回火（350～500℃）。中温回火得到的组织为回火屈氏体。淬火钢经中温回火后，硬度为 35～45HRC，具有较高的弹性极限和屈服极限，并有一定的塑性和韧性。中温回火主要用于各种弹簧的处理。如 65 钢弹簧一般在 380℃左右回火。

（3）高温回火（500～650℃）。高温回火得到的组织为回火索氏体，硬度为25～35HRC。淬火钢经高温回火后，在保持较高强度的同时，又具有较好的塑性和韧性，即综合力学性能较好。人们通常将中碳钢的淬火加高温回火的热处理称为调质处理。它广泛应用于处理各种重要的结构零件，如在交变载荷下工作的连杆、螺栓、齿轮及轴类等。

三、回火脆性

回火温度升高时，钢的冲击韧性变化规律如图6-17所示。在250～400℃和450～650℃两个区间冲击韧性明显下降，这种脆化现象称为钢的回火脆性。

（1）低温回火脆性（第一类回火脆性）。在250～400℃间回火时出现的脆性叫低温回火脆性。几乎所有的钢都存在这类脆性，称为不可逆回火脆性。产生的主要原因是，在250℃以上回火时，碳化物薄片沿板条M的板条边界或针状M的孪晶带和晶界析出，破坏了M之间的连接，降低了韧性。在这样的温度下残余A的分解也增进脆性，但它不是产生低温回火脆性的主要原因。

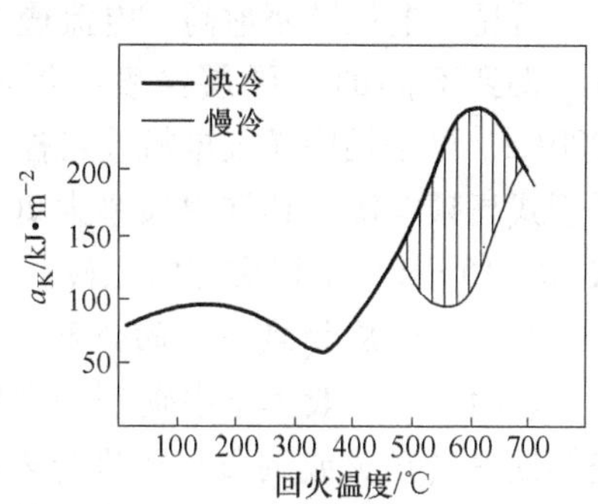

图6-17　钢的韧性与回火温度

为了防止这类脆性，一般是不在该温度范围内回火，或采用等温淬火处理。钢中加入少量硅，可使此脆化温区提高。

（2）高温回火脆性（第二类回火脆性）。在450～650℃间回火时出现的脆性称为高温回火脆性。它与加热、冷却条件有关。加热至600℃以上后，慢速冷却通过此温区时出现脆性；快速通过时不出现脆性。在脆化温度长时间保温后，即使快冷也会出现脆性。将已产生脆性的工件重新加热至600℃以上快冷时，又可消除脆性。如再次加热至600℃以上慢冷，则脆性又再次出现。所以此脆性称为可逆回火脆性。

高温回火脆性的断口为晶间断裂。一般认为，产生高温回火脆性的主要原因是Sb、Sn、P等杂质在原奥氏体晶界上偏聚。钢中Ni、Cr等合金元素促进杂质的这种偏聚，而且本身也能发生晶界偏聚，因此增大了产生回火脆性的倾向。

防止高温回火脆性的方法是：尽量减少钢中杂质元素的含量；或者加入Mo等能抑制晶界偏聚的合金元素。

第六节　钢的表面热处理

通过对钢件表面的加热、冷却而改变表层力学性能的金属热处理工艺称为表面热处理。按照加热方式，有感应加热、火焰加热、激光加热、电接触加热和电解加热等表面热处理。最常用的是前三种。

一、感应加热表面淬火

（一）感应加热的基本原理

感应线圈中通以交流电时，即在其内部和周围产生一与电流相同频率的交变磁场。若把工件置于磁场中，则在工件内部产生感应电流，并由于电阻的作用而被加热。由于交流电的集肤效应，感应电流在工件截面上的分布是不均匀的，靠近表面的电流密度最大，而中心几乎为零。电流透入工件表层的深度，主要与电流频率有关。对于碳钢，存在以下表达式关系：

$$\delta_{热} = \frac{500}{\sqrt{f}}$$

式中 $\delta_{热}$——电流透入深度，mm；

f——电流频率，Hz。

可见，电流频率愈高，电流透入深度愈小，加热层也愈薄。因此，通过频率的选定，可以得到不同的淬硬层深度。例如，要求淬硬层 2 ~ 5mm 时，适宜的频率为 2500 ~ 8000Hz，可采用中频发电机或可控硅变频器；对于淬硬层为 0.5 ~ 2mm 的工件，可采用电子管式高频电源，其常用频率为 200 ~ 300kHz；频率为 50Hz 的工频发电机，适于处理要求 10 ~ 15mm 以上淬硬层的工件。

（二）感应加热适用的钢种

表面淬火一般用于中碳钢和中碳低合金钢，如 45、40Cr、40MnB 钢等。这类钢经预先热处理（正火或调质）后进行表面淬火，芯部保持较高的综合力学性能，而表面具有较高的硬度（ >50HRC）和耐磨性。高碳钢也可进行表面淬火，主要用于受较小冲击和交变载荷的工具、量具等。

（三）感应加热表面淬火的特点

高频感应加热时相变速度极快，一般只需几秒或几十秒钟。与一般淬火相比，其组织和性能具有以下特点：

（1）高频感应加热时，钢的奥氏体化是在较大的过热度（A_{c3} 以上 80 ~ 150℃）下进行的，因此晶核多，且不易长大，淬火后组织为细隐晶 M。表面硬度高，比一般淬火高 2 ~ 3HRC，而且脆性较低。

（2）表面层淬得 M 后，由于体积膨胀在工件表层造成较大的残余压应力，会显著提高工件的疲劳强度。小尺寸零件可提高 2 ~ 3 倍，大件也可提高 20% ~ 30%。

（3）因加热速度快，没有保温时间，工件的氧化脱碳少。另外，由于内部未加热，工件的淬火变形也小。

（4）加热温度和淬硬层厚度（从表面到半 M 区的距离）容易控制，便于实现机械化和自动化。

由于有以上特点，感应加热表面淬火在热处理生产中得到了广泛的应用。其缺点是设备昂贵；形状复杂的零件处理比较困难。

感应加热后，根据钢的导热情况，采用水、乳化液或聚乙烯醇水溶液喷射淬火。淬火后进行 180 ~ 200℃ 低温回火，以降低淬火应力，并保持高硬度和高耐磨性。在生产中，也常采用自回火，即在工件冷却到 200℃ 左右时停止喷水，利用工件内部的余热来达到回火的目的。

二、火焰加热表面淬火

在火焰加热表面淬火，是用乙炔-氧或煤气-氧等火焰加热的工件表面。火焰温度很高

(3000℃以上)，能将工件表面迅速加热到淬火温度。然后，立即用水喷射冷却。调节烧嘴的位置和移动速度，可以获得不同厚度的淬硬层。显然，烧嘴愈靠近工件表面，移动速度愈慢，表面过热度愈大，获得的淬硬层也愈厚。调节烧嘴和喷水管之间的距离也可以改变淬硬层的厚度。火焰加热表面淬火的工艺规范由试验来确定。

火焰加热表面淬火和高频感应加热表面淬火相比，具有设备简单，成本低等优点。但生产率低，零件表面存在不同程度的过热，质量控制也比较困难。因此主要适用于单件、小批量生产及大型零件（如大型齿轮、轴、轧辊等）的表面淬火。

三、激光加热表面淬火

激光加热表面淬火是利用高功率密度的激光束扫描工件表面，将其迅速加热到钢的相变点以上，然后依靠零件本身的传热，来实现快速冷却淬火。

激光淬火的硬化层较浅，通常为0.3～0.5mm。采用4～5kW的大功率激光器，能使硬化层深度达3mm。由于激光的加热速度特快，工件表层的相变是在很大过热度下进行的，因而形核率高。同时由于加热时间短，碳原子的扩散及晶粒的长大受到限制，因而会得到不均匀的奥氏体细晶粒，冷却后转变成隐晶或细针状马氏体。激光淬火比常规淬火的表面硬度高15%～20%以上，可显著提高钢的耐磨性。另外，表面淬硬层会造成较大的压应力，有助于其疲劳强度的提高。

由于激光聚焦深度大，在离焦点75mm范围内的能量密度基本相同，所以激光处理对工件的尺寸及表面平整度没有严格要求，能对形状复杂的零件（例如有拐角、沟槽、盲孔的零件）进行处理。激光淬火变形非常小，甚至难以检查出来，处理后的零件可直接送装配线。另外，激光加热速度极快，表面无需保护，靠自激冷却而不用淬火介质，工件表面清洁，有利于环境保护。同时工艺操作简单，也便于实现自动化。由于具有上述一系列优点，激光表面淬火二十多年来发展十分迅速，已在机械制造生产中取得了成功的应用。

第七节 钢的化学热处理

化学热处理是将钢件置于一定温度的活性介质中保温，使一种或几种元素渗入它的表面，改变其化学成分和组织，满足表面性能技术要求的热处理过程。按照表面渗入的元素不同，化学热处理可分为渗碳、氮化、碳氮共渗、渗硼、渗铝等。

化学热处理的作用是：

（1）强化表面，提高零件某些机械性能，如表面硬度、耐磨性、疲劳强度和耐蚀性等。

（2）保护零件表面，提高某些零件的物理化学性质，如耐高温及耐腐蚀等。因此，在某些方面可以代替含有大量贵重金属和稀有合金元素的特殊钢材。

例如，渗碳、氮化及渗硼等，它们一般都会显著地增加钢的表面硬度和耐磨性；渗铬可以提高耐磨性和耐腐蚀性能，渗铝可以增加高温抗氧化性及渗硅可以提高耐酸性等。

化学热处理与钢的表面淬火相比较，虽然存在生产周期长的缺点，但它具有一系列优点：

(1) 不受零件外形的限制，都可以获得分布较均匀的淬硬层。

(2) 由于表面成分和组织同时发生了变化，所以耐磨性和疲劳强度更高。

(3) 表面过热现象可以在随后的热处理过程中给以消除。

化学热处理的基本过程是：

(1) 介质（渗剂）的分解。加热时介质分解，释放出欲渗入元素的活性原子。

(2) 表面吸收。分解出来的活性原子在钢件表面被吸收并溶解，超过溶解度时还能形成化合物。

(3) 原子扩散。溶入元素的原子在浓度梯度的作用下由表及里扩散，形成一定厚度的扩散层。

上述基本过程都和温度有关。温度愈高，过程进行速度愈快，扩散层愈厚。但温度过高会引起奥氏体粗化，使钢变脆。所以，化学热处理在选定合适的处理介质之后，重要的是确定加热温度，而渗层厚度主要由保温时间来控制。

生产上应用最广的化学热处理工艺是渗碳、氮化和碳氮共渗（氰化），分别介绍如下。

一、渗碳

将低碳钢放入渗碳介质中，在 900 ~ 950℃ 加热保温，使活性碳原子渗入钢件表面以获得高碳浓度（约 1.0%）渗层的化学热处理工艺称为渗碳。在经过适当淬火和回火处理后，可提高表面的硬度、耐磨性及疲劳强度，而使芯部仍保持良好的韧性和塑性。因此渗碳主要用于同时受严重磨损和较大冲击载荷的零件，例如各种齿轮、活塞销、套筒等。渗碳钢的含碳量一般为 0.1% ~ 0.3%，常用渗碳钢有 20、20Cr、20CrMnTi 等。

（一）渗碳方法

根据渗碳剂的状态不同，渗碳方法可分为三种，固体渗碳、液体渗碳和气体渗碳。其中液体渗碳应用极少而气体渗碳应用最广泛。

1. 固体渗碳

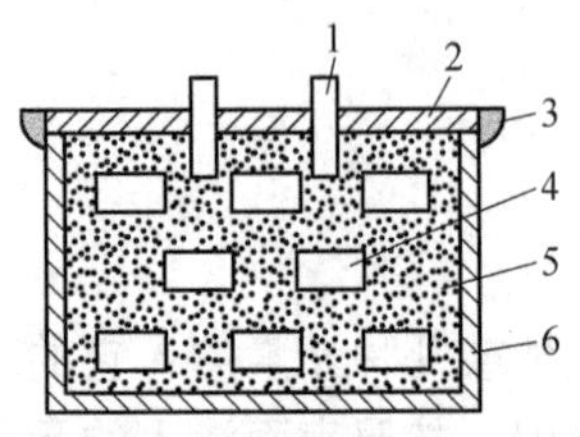

图 6-18 固体渗碳示意图

1—试棒；2—箱盖；3—泥封；4—零件；5—渗碳剂；6—渗碳箱

将零件和固体渗碳剂装入渗碳箱中，加盖并用耐火泥密封（见图 6-18），然后放入炉中加热至 900 ~ 950℃，保温渗碳。固体渗碳剂通常是一定粒度的木炭与 15% ~ 20% 碳酸盐（$BaCO_3$ 或 Na_2CO_3）的混合物。木炭提供所需活性碳原子，碳酸盐起催化作用，反应如下：

$$C + O_2 \longrightarrow CO_2$$

$$BaCO_3 \longrightarrow BaO + CO_2$$

$$CO_2 + C \longrightarrow 2CO$$

在渗碳温度下 CO 不稳定，在钢件表面分解，生成活性碳原子[C]（$2CO \rightarrow CO_2 + [C]$），被钢表面吸收。

固体渗碳的优点是设备简单，容易实现，但生产效率低，劳动条件差，质量不易控制，目前应用不多。

2. 气体渗碳

将工件装在密封的渗碳炉中（见图 6-19），加热到 900 ~ 950℃，向炉内滴入易分解的有机液体（如煤油、苯、甲醇等），或直接通入渗碳气体（如煤气、石油液化气等），通过下列反应产生活性碳原子，使钢件表面渗碳：

$$2CO \longrightarrow CO_2 + [C]$$

$$CO_2 + H_2 \longrightarrow H_2O + [C]$$

$$C_nH_{2n+2} \longrightarrow (n+1)H_2 + n[C]$$

气体渗碳的优点是生产率高，劳动条件较好，渗碳过程可以控制，渗碳层的质量和力学性能较好。此外，还可实行直接淬火。

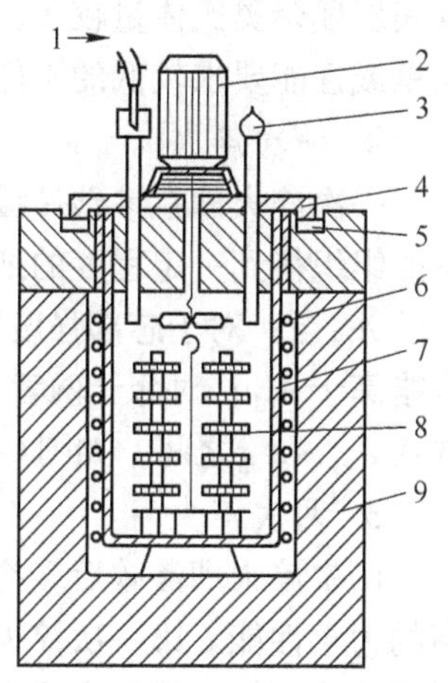

图 6-19 气体渗碳示意图
1—煤油；2—风扇电动机；3—废气火焰；4—炉盖；5—砂封；6—电阻丝；7—耐热罐；8—工件；9—炉体

（二）渗碳工艺

渗碳工艺参数包括渗碳温度和渗碳时间等。

奥氏体的溶碳能力较大，因此渗碳加热到 A_{c3} 以上。温度愈高，渗碳速度愈快，渗层愈厚，生产率也愈高。为了避免奥氏体晶粒过于粗大，渗碳温度一般采用 900～950℃。

渗碳时间则决定于对渗层厚度的要求。在 900～950℃ 温度下，每保温 1h，厚度约增加 0.2～0.3mm。

低碳钢渗碳后缓冷下来的显微组织是表层为 P 和二次渗碳体，芯部为原始亚共析钢组织（P+F），中间为过渡组织。一般规定，从表面到过渡层的一半处为渗碳层厚度。一般情况下，渗碳温度为 900～950℃ 时，一般渗碳气氛条件下，渗碳层厚度（δ）主要决定于保温时间（τ）。即：$\delta = K\sqrt{\tau}$（K 为常数，可由实验确定）。

（三）渗碳后的热处理

为了充分发挥渗碳层的作用，使渗碳件表面获得高硬度和高耐磨性，芯部保持足够的强度和韧性，工件在渗碳后必须进行热处理（淬火＋低温回火）。

渗碳件的淬火方法主要有如下三种。

1. 直接淬火

直接淬火即工件渗碳直接淬火（如图 6-20a 所示）或预冷到 830～850℃ 后淬火（如图 6-20b 所示）。这种方法一般适用于气体或液体渗碳，固体渗碳时较难采用。

直接淬火具有生产效率高、工艺简单、成本低、减少工件变形及氧化脱碳等优点。但是，由于渗碳温度高、时间长，容易发生奥氏体晶粒长大，因而可能导致粗大的淬火组织

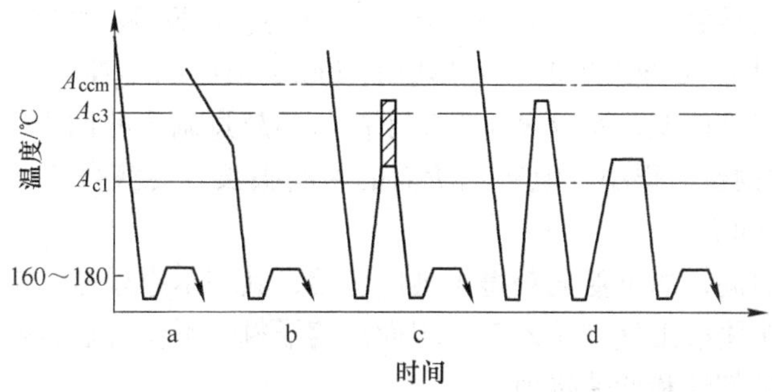

图 6-20 渗碳后热处理示意图

及表层残余奥氏体量较多，影响工件的韧性和耐磨性。所以，直接淬火只适用于本质细晶粒钢或性能要求较低的零件。

2. 一次淬火

一次淬火即在渗碳件缓慢冷却之后，重新加热淬火。与直接淬火相比，一次淬火可使钢的组织得到一定程度的细化。对于芯部性能要求较高的工件，淬火温度应略高于芯部成分的 A_{c3} 点；对于芯部强度要求不高，而要求表面有较高硬度和耐磨性的工件，淬火温度应略高于 A_{c1}；对介于两者之间的渗碳件，要兼顾表层与芯部的组织及性能，淬火温度可选在 A_{c1} ~ A_{c3} 之间。如图 6-20c 所示。

3. 两次淬火

两次淬火即渗碳后缓冷，然后进行两次加热淬火，以使工件的表面和芯部都能获得较高的力学性能。第一次淬火加热温度在 A_{c3} 以上 30 ~ 50℃，目的是细化芯部组织并消除表层网状渗碳体。第二次淬火加热温度在 A_{c1} 以上 30 ~ 50℃，目的是使表层获得极细的 M 和均匀分布的细粒状 Fe_3C_2。如图 6-20d 所示。两次淬火工艺复杂，生产率低，成本高，且会增大工件的变形及氧化与脱碳，因此现在生产上很少应用。

不论采用哪种方法淬火，渗碳件在最终淬火后都应进行低温回火（150 ~ 200℃）。渗碳钢经淬火和低温回火后，表层硬度可达 60HRC 以上，耐磨性好，疲劳强度高。芯部的性能取决于钢的淬透性。芯部未淬透时，为 F + P 组织，硬度较低，塑性、韧性较好；芯部淬透时，为低碳 M 或 M + T 组织，硬度较高，具有较高的强度和韧性。

二、氮化

氮化（渗氮）就是向钢的表面渗入氮元素的热处理工艺。氮化的目的在于最大程度地提高钢件表面的硬度和耐磨性，提高疲劳强度和耐蚀性。

与渗碳相比，钢件氮化后表层具有更高的硬度和耐磨性。氮化后的工件表层硬度高达 1000 ~ 1200HV，相当于 65 ~ 72HRC。这种硬度可保持到 500 ~ 600℃ 不降低，故钢件氮化后具有很好的热稳定性。由于氮化层体积胀大，在工件表层可形成较大的残余压应力，因此可以获得比渗碳更高的疲劳强度。另外，钢件氮化后表面会形成一层致密的氮化物薄膜，从而使工件具有良好的耐腐蚀性能。

钢件经氮化后表层即具有高硬度和高耐磨性，无需氮化后再进行热处理。为了保证工件芯部的性能，在氮化前应进行调质处理。

目前较为广泛应用的氮化工艺是气体渗氮，即将氨气通入加热到氮化温度的密封氮化罐中，使其分解出活性氮原子（$2NH_3 \rightarrow 3H_2 + 2[N]$）。α-Fe 吸收活性氮原子，先形成固溶体，当含氮量超过 α-Fe 溶解度时，便形成氮化物 Fe_4N 和 Fe_2N。

由于氨的分解温度较低，所以氮化温度不高，不超过调质的回火温度，通常为 500 ~ 580℃，因此氮化件的变形很小。但氮化所需的时间很长，要获得 0.3 ~ 0.5mm 厚的氮化层，一般需要 20 ~ 50h。

为了缩短氮化时间，离子氮化获得了推广应用，其基本原理是，在真空容器内使氨气电离出氮离子，冲击阴极工件并渗入工件表面。离子氮化不仅可显著缩短氮化时间，而且能明显提高氮化层的韧性和疲劳抗力。

为了保证钢件氮化层的高硬度和高耐磨性，钢中应含有能形成稳定氮化物的合金元素，如：Al、Cr、Mo、V、Ti 等。目前最常用的氮化钢是 38CrMoAl。

氮化虽然使钢件具有一系列的优异性能，但其工艺复杂，生产周期长，成本高，因此主要用于耐磨、耐热、抗蚀和精度要求很高的零件。例如磨床主轴、镗床镗杆、精密机床丝杆、精密齿轮及热作模具和量具等。

三、氰化

氰化就是向钢件表层同时渗入 C 原子和 N 原子的化学热处理工艺，又称为碳氮共渗。目前氰化方法有两种，即气体氰化和液体氰化。液体氰化因使用的介质氰盐有剧毒，污染环境，应用受到限制，目前应用较广泛的氰化工艺是中温气体氰化和低温气体氰化。其中低温气体氰化是以渗氮为主，因渗层硬度提高不多，故又称为软氮化。这里仅简单介绍中温气体氰化。

中温气体氰化是将钢件放入密封炉罐内加热到 820～860℃，并向炉内滴入煤油或其他渗碳剂，同时通入氨气。在高温下共渗剂分解出活性碳原子和氮原子，被工件表面吸收并向内层扩散，形成共渗层。在钢的氰化温度下，保温时间主要取决于要求的渗层深度，例如一般零件保温 4～6h，渗层深度可达 0.5～0.8mm。

和渗碳件一样，中温气体氰化后的零件经淬火加低温回火后，共渗层组织为细小的针片状马氏体、适量的粒状碳氮化合物和少量残余奥氏体。

在渗层含碳量相同的情况下，氰化件比渗碳件具有更高的表面硬度、耐磨性、抗蚀性、弯曲强度和接触疲劳强度。但耐磨性和疲劳强度低于渗氮件。

中温气体氰化和渗碳相比，具有处理温度低、速度快、生产效率高、变形小等优点，得到了越来越广泛的应用。但由于它的渗层较薄，主要用于形状复杂、要求变形小、受力不大的小型耐磨零件。氰化不仅适用于渗碳钢，也可用于中碳钢和中碳合金钢。

第八节　钢的热处理新技术

热处理发展的主要趋势是，不断改革加热和冷却技术，发展真空热处理、可控气氛热处理和形变热处理等，以及创造新的表面热处理工艺。新工艺和技术的发展，主要是：

（1）提高零件的强度、韧性；增强零件的抗疲劳和耐磨损能力；

（2）减轻加热过程中的氧化和脱碳；

（3）减少热处理过程中零件的变形；

（4）节约能源，降低成本，提高经济效益；

（5）减少或防止环境污染等。

热处理的新发展很多，这里只简单介绍可控气氛热处理、真空热处理和形变热处理，以及表面气相沉积技术。

一、可控气氛热处理

在炉气成分可以控制的炉内进行的热处理称为可控气氛热处理。炉气分渗碳性、还原性和中性气氛等。仅用于防止工件表面化学反应的可控气氛称为保护气氛。

可控气氛热处理的应用有一系列技术经济优点：能减少和避免钢件在加热过程中氧化

和脱碳，节约钢材，提高工件质量；可实现光亮热处理，保证工件的尺寸精度；可进行控制表面碳浓度的渗碳和氰化；可使已脱碳的工件表面复碳；可进行穿透渗碳处理，例如，某些形状复杂且要求高弹性或高强度的工件，用高碳钢制造加工困难，可用低碳钢冲压成型，然后进行穿透渗碳，以代替高碳钢。这样可以大大革新加工程序。

（1）吸热式气氛。燃料气（天然气、城市煤气、丙烷、丁烷）按一定比例与空气混合后，通入发生器进行加热，在触媒的作用下，经吸热而制成的气体称为吸热式气氛，吸热式气氛主要用作渗碳气氛和高碳钢的保护气氛。

（2）放热式气氛。燃料气（天然气、乙烷、丙烷等）按一定比例与空气混合后，靠自身的燃烧反应而制成的气体，由于反应时放出大量的热量，故称为放热式气氛。它是所有制备气氛中最便宜的一种，主要用于防止加热时的氧化，如低碳钢的光亮退火，中碳钢小件的光亮淬火等。

（3）放热-吸热式气氛。这种气氛用放热和吸热两种方式综合制成。第一步，先将气体燃料（如天然气等）和空气混合，在燃烧室中进行放热式燃烧；第二步，将燃烧室中的燃烧产物再次与少量燃料混合，在装有催化剂的反应罐内进行吸热反应，产生的气体经冷却即为放热-吸热式气氛。它可用于吸热式和放热式气氛原来使用的各个方面。也可作为渗碳和碳氮共渗的载流气体。此种气氛含氮量低，因而可减轻氢脆倾向。

（4）滴注式气氛。用液体有机化合物（如甲醇、乙醇、丙酮、甲酰胺、三乙醇胺等）混合滴入或与空气混合后喷入热处理炉内所得到的气氛称为滴注式气氛。它主要用于渗碳、碳氮共渗、软氮化、保护气氛淬火和退火等。

二、真空热处理

在真空中进行的热处理称为真空热处理。它包括真空淬火、真空退火、真空回火和真空化学热处理等。

（一）真空热处理的效果

（1）可以减少变形。在真空中加热，升温速度很慢，工件截面温差很小，所以处理时变形较小。

（2）可以减少和防止氧化。真空中氧的分压很低，金属的氧化受到抑制。实践证明，在13.3Pa的真空度下，金属的氧化速度极慢。在1.33×10^{-3}Pa的真空度下，可以实现无氧化加热。

（3）可以净化表面。在高真空中，表面的氧化物发生分解，可得到表面光亮的工件。另外，工件表面的油污属于碳氢氧的化合物，在真空中加热时分解为水蒸气、二氧化碳等气体，被真空泵排出。洁净光亮的表面不仅美观，而且对提高耐磨性。疲劳强度等都有明显的效果。

（4）脱气作用。溶解在金属中的气体，在真空中长时间加热时，会不断逸出并由真空泵排出。真空热处理的去气作用，有利于改善钢的韧性，提高工件的使用寿命。

除了上述优点以外，真空热处理还可以减少或省去清洗和磨削加工工序，改善劳动条件，实现自动控制。

（二）真空热处理的应用

真空技术的发展，以及对重要零件的更高性能和使用可靠性的要求，使真空热处理得到了越来越广泛的应用。

(1) 真空退火。真空退火有避免氧化、脱碳和去气、脱脂的作用，除了钢、铜及其合金外，还可用于处理一些与气体亲和力较强的金属，如钛、钽、铌、锆等。

(2) 真空淬火。真空淬火已大量用于各种渗碳钢、合金工具钢、高速钢和不锈钢的淬火，以及各种时效合金、硬磁合金的固溶处理中。设备也由周期作业式的密闭淬火炉发展到了连续作业式的大型淬火炉。

(3) 真空渗碳。真空渗碳也叫低压渗碳，是近年来在高温渗碳和真空淬火的基础上发展起来的一项新工艺。与普通渗碳相比有许多优点：可显著缩短渗碳周期，减少渗碳气体的消耗，能精确控制工件表层的碳浓度、浓度梯度和有效渗碳层深度。不形成反常组织和发生晶间氧化，工件表面光亮，基本上不造成环境污染，并可显著改善劳动条件，等等。

三、形变热处理

形变强化和热处理强化都是金属及合金最基本的强化方法。将塑性变形和热处理有机结合起来，以提高材料力学性能的复合热处理工艺，称为形变热处理。在金属同时受到形变和相变时，奥氏体晶粒细化，位借密度增高，晶界发生畸变，碳化物弥散效果增强，从而可获得单一强化方法不可能达到的综合强韧化效果。

根据形变与相变的关系，形变热处理可分为三种基本类型：在相变前进行形变；在相变中进行形变；在相变后进行形变。不管哪一种方法，都能获得形变强化与相变强化的综合效果。

(一) 高温形变热处理

高温形变热处理是将钢加热到稳定的奥氏体区域，进行塑性变形，然后立即进行淬火和回火，如图6-21所示。

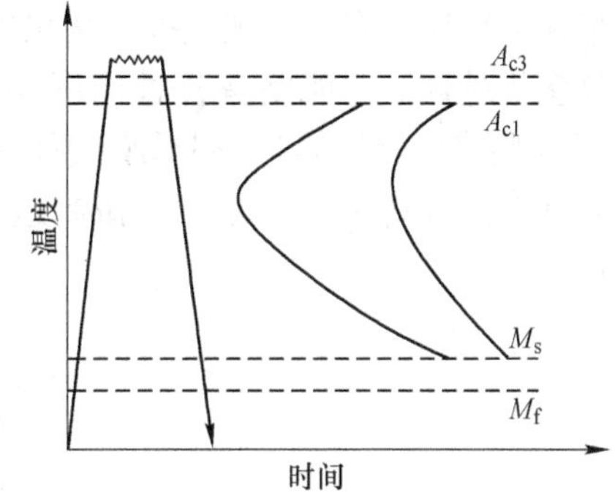

图6-21 高温形变热处理工艺曲线示意图

这种工艺的要点是，在稳定的奥氏体状态下形变时，为了保留形变强化的效果，应尽可能避免发生奥氏体再结晶的软化过程，所以，形变后应立即快速冷却。

高温形变热处理和普通热处理相比，不但能提高钢的强度。而且能显著提高钢的塑性和韧性。使钢的综合力学性能得到明显的改善。另外，由于钢件表面有较大的残余压应力，还可使疲劳强度显著提高。

高温形变热处理对钢材无特殊要求，可将锻造和轧制同热处理结合起来，省去重新加热的过程，从而节约能源，减少材料的氧化、脱碳和变形，且不要求大功率设备，生产上容易实现，所以这种处理得到了较快的发展。

(二) 中温形变热处理

中温形变热处理是将钢加热到稳定的奥氏体状态后，迅速冷却到过冷奥氏体的亚稳区进行塑性变形，然后进行淬火和回火（见图6-22）。具体工艺参数根据钢种和性能要求的不同有所差异。

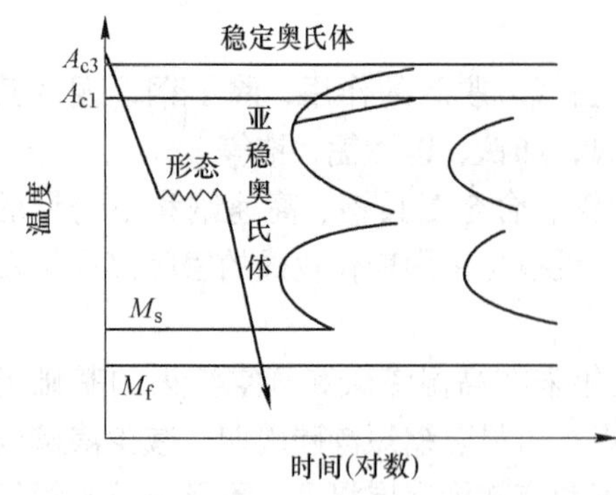

图 6-22　中温形变热处理工艺曲线示意图

这种方法和普通热处理相比，强化效果非常显著。淬透性好的中碳合金钢经中温形变热处理后，可大大提高强度，而不降低塑性，甚至略有提高。此外，还可提高钢的回火稳定性和疲劳强度。

中温形变热处理要求钢有高的淬透性（即过冷奥氏体的亚稳区较大、较宽），以便在形变时不产生非马氏体转变。

中温形变热处理的形变温度较低，因此形变速度要快，压力加工设备的功率要大。这种方法的强化效果虽好，但因工艺实施较难，目前仅用于强度要求很高的弹簧钢丝、轴承等小型零件及刀具等。

四、表面气相沉积

气相沉积主要分化学气相沉积（CVD）和物理气相沉积（PVD）两种。

化学气相沉积是使挥发性化合物气体发生分解或化学反应，并在工件上沉积成膜的方法。利用多种化学反应，可得到不同的金属、非金属或化合物镀层。

物理气相沉积包括真空蒸发、溅射、离子镀三种方法，因为它们都是在真空条件下进行的，因此也称为真空镀膜法。

气相沉积镀层的特点是附着力强、均匀、快速、质量好、公害小、选材广，可以得到全包覆的镀层。在满足现代技术提出的越来越高的要求方面，这种方法与常规方法相比具有许多优越性。它能制备各种耐磨膜（如 TiN、W_2C、Al_2O_3 等）、耐蚀膜（如 Al、Cr、Ni 及某些多层金属等）、润滑膜（如 MoS_2、WS_2、石墨、CaF_2 等）、磁性膜、光学膜，以及其他功能性薄膜。因此在机械制造、航天、原子能、电器、轻工等部门得到了广泛的应用。

习题与思考题

1. 名词解释

奥氏体化、过冷奥氏体、C 曲线、淬透性、淬硬性、珠光体、贝氏体、马氏体、表面热处理、化学热处理

2. 简答题

（1）说明共析钢 C 曲线各个区、各条线的物理意义，并指出影响 C 曲线形状和位置的主要因素。

（2）何谓钢的临界冷却速度，它的大小受哪些因素影响，它与钢的淬透性有何关系？

（3）亚共析钢热处理时快速加热可显著地提高屈服强度和冲击韧性，是何道理？

（4）加热使钢完全转变为奥氏体时，原始组织是粗粒状珠光体为好，还是以细片状珠光体为好，为什么？

（5）简述各种淬火方法及其适用范围。

（6）马氏体的本质是什么，它的硬度为什么很高，是什么因素决定了它的脆性？

（7）淬透性和淬透层深度有何联系与区别，影响钢件淬透层深度的主要因素是什么？

第七章　常 用 钢

以铁为主要元素、碳含量一般在2%以下，并含有其他合金元素的金属材料称为钢。按化学成分的不同，钢可分为非合金钢、低合金钢、合金钢三类。其中，非合金钢（主要指碳素钢）因能满足一般工程与机械结构、工具的要求，且价格低廉，所以应用最为广泛，其产量占我国钢的总产量的90%左右。

为了改善非合金钢的性能，在非合金钢中有意加入某些合金元素而成为低合金钢、合金钢，经过适当加工处理后可获得较高的力学性能及其他一些性能。在某些使用条件下的零件与构件，只有低合金钢、合金钢才能胜任，故低合金钢、合金钢的应用日益广泛。

第一节　钢的分类与牌号

一、钢的分类方法

钢的种类繁多，为了便于生产、选材、管理及研究，根据某些特性，从不同角度出发可以将其分成若干种类。

（一）按用途分类

（1）合金结构钢。可分为机械制造用钢和工程结构用钢等，主要用于制造各种机械零件、工程结构件等。

（2）合金工具钢。可分为刃具钢、模具钢、量具钢三类，主要用于制造刃具、模具、量具等。

（3）特殊性能钢。可分为抗氧化用钢、不锈钢、耐磨钢、易切削钢等。

（二）按化学成分分类

依据钢中合金元素规定的含量界限值，将钢分成三大类（见表7-1）：碳素钢、低合金钢、合金钢。

（1）碳素钢。其中的合金元素规定含量见表7-1。这类钢主要以Fe为基本元素，加入碳含量 $w(\mathrm{C})\leqslant 2\%$ 的Fe-C合金称为碳素钢。依据铁碳合金中碳含量的多少，碳素钢又分为：工业纯铁（$w(\mathrm{C})<0.04\%$）、低碳钢（$w(\mathrm{C})<0.25\%$）、中碳钢（$w(\mathrm{C})=0.25\% \sim 0.6\%$）和高碳钢（$w(\mathrm{C})>0.6\%$）。

（2）低合金钢。其中的合金元素规定含量见表7-1。低合金钢中加入的合金元素的总量较少，一般不大于5%。

（3）合金钢。其中的合金元素含量界限见表7-1。按合金元素含量又可分为低合金钢（$w(\mathrm{Me})<5\%$）、中合金钢（$w(\mathrm{Me})=5\% \sim 10\%$）、高合金钢（$w(\mathrm{Me})>10\%$）。

（三）按冶金质量分类

按钢的冶金质量和钢中有害元素磷、硫含量，可分为：

（1）普通质量钢（$w(P) \leqslant 0.035\% \sim 0.045\%$、$w(S) \leqslant 0.035\% \sim 0.050\%$）。

（2）优质钢（$w(P)$、$w(S)$ 均$\leqslant 0.035\%$）。

（3）高级优质钢（$w(P)$、$w(S)$ 均$\leqslant 0.025\%$，牌号后加“A”表示）。

（四）按金相组织分类

（1）按平衡组织或退火组织分类，可以分为亚共析钢、共析钢、过共析钢和莱氏体钢。

（2）按正火组织分类，可以分为珠光体钢、贝氏体钢、马氏体和奥氏体钢。

表 7-1 合金元素规定含量界限值（摘要）

合金元素	合金元素规定含量值（质量分数）/%		
	碳素钢	低合金钢	合金钢
Al	<0.10	—	≥0.10
B	<0.0003	—	≥0.0005
Cr	<0.30	0.30～0.50	≥0.50
Cu	<0.10	0.10～0.50	≥0.50
Mn	<1.00	1.00～1.40	≥1.40
Mo	<0.05	0.05～0.10	≥0.10
Ni	<0.30	0.30～0.50	≥0.50
Nb	<0.02	0.02～0.06	≥0.06
Si	<0.50	0.50～0.90	≥0.90
Ti	<0.05	0.05～0.13	≥0.13
W	<0.10	—	≥0.10
V	<0.04	0.04～0.12	≥0.12
Zr	<0.05	0.02～0.05	≥0.05
⋮	⋮	⋮	⋮

（五）其他分类方法

除上述分类方法外，还有许多其他的分类方法，如按工艺特点可分为铸钢、渗碳钢、易切削钢等。

二、钢的牌号

（一）碳素结构钢和低合金高强度结构钢的牌号表示方法

（1）碳素结构钢牌号，由代表屈服点“屈”字的汉语拼音字母 Q + 屈服点数值 + 质量等级代号 + 脱氧方法组成。质量等级代号有 A、B、C、D 四个级别，由 A 至 D，表示钢中 S、P 含量依次降低。脱氧方法用符号 F、b、Z、Tz 分别表示沸腾钢、半镇静钢、镇静钢和特殊镇静钢，“Z”和“Tz”可以省略。如 Q235-AF 的碳素结构钢，表示屈服点 $R_{eL} \geqslant 235$MPa、质量等级为 A 级的沸腾钢。

碳素结构钢有 Q195、Q215、Q235、Q255、Q275 五个牌号。

（2）低合金高强度结构钢的牌号与碳素结构钢牌号相似，是由代表屈服点“屈”字的汉语拼音字母 Q + 屈服点数值 + 质量等级代号组成。质量等级代号有 A、B、C、D、E 五个基本，由 A 至 E，表示钢中 S、P 含量依次降低。如 Q460E 表示屈服点 $R_{eL} \geq 460MPa$、质量等级为 E 级的低合金高强度结构钢。

低合金高强度结构钢有 Q295、Q345、Q390、Q420、Q460 五个牌号。

（二）优质碳素结构钢牌号的表示方法

优质碳素结构钢牌号用两位数字来表示钢中碳含量的万分数。按钢中锰含量的多少，将优质碳素结构钢分为普通含锰量组（$w(Mn)=0.25\% \sim 0.80\%$）和较高含锰量组（$w(Mn)=0.7\% \sim 1.2\%$），较高含锰量组要在两位数字后面加符号“Mn”。如 45 钢表示平均含碳量 $w(C)=0.45\%$ 的普通含锰量组的优质碳素结构钢，45Mn 钢表示平均含碳量 $w(C)=0.45\%$ 的较高含锰量组的优质碳素结构钢。优质碳素结构钢的牌号分别有：08F、10F、15F、08、10、15、20、25、30、35、40、45、50、55、60、65、70、75、80、85；10Mn、15Mn、20Mn、25Mn、30Mn、35Mn、40Mn、45Mn、50Mn、60Mn、65Mn、70Mn。

（三）易切削结构钢牌号的表示方法

在同类结构钢牌号前面冠以符号“Y”，表示易切削钢，如 Y20 表示平均含碳量 $w(C)=0.20\%$ 的易切削结构钢。

（四）碳素工具钢牌号的表示方法

碳素工具钢牌号是由“碳”的汉语拼音首位字母“T”后加数字组成的，数字表示钢中平均碳含量的千分数。碳素工具钢均为优质和高级优质的钢。当钢号末尾有符号“A”时，表示该钢为高级优质钢（$w(P) \leq 0.03\%$、$w(S) \leq 0.02\%$）。如 T13A 表示平均碳含量 $w(C)=1.3\%$ 的高级优质碳素工具钢。碳素工具钢牌号有 T7、T8、T8Mn、T9、T10、T11、T12、T13 及牌号后面加“A”等。

（五）合金钢牌号的表示方法

我国的低合金钢、合金钢牌号的表示是按钢的碳含量及所含的合金元素的种类、含量来确定的。

（1）合金结构钢牌号是由“两位数字 + 元素符号 + 数字”来表示的。前面的两位数字表示钢中碳含量的万分数，加入的合金元素用化学符号表示，其后的数字表示该合金元素含量的百分数。合金含量 <1.5% 时不标明数字；若合金元素含量 ≥1.5%、≥2.5%、≥3.5%、…，则应分别标出 2、3、4、…。例如，20Cr 表示平均碳含量 $w(C)=0.2\%$，$w(Cr)<1.5\%$ 的合金结构钢。

（2）合金工具钢牌号，当碳含量 <1% 时，牌号前面以千分数标出碳含量（一位数字）；当碳含量 ≥1% 时，牌号前面无数字。合金元素表示方法与合金结构钢相同。如 CrWMn 表示钢中平均碳含量 $w(C) \geq 1\%$ 并含有 Cr、W、Mn 等元素，且它们的含量均小于 1.5% 的合金工具钢。又如 9CrWMn 表示钢中平均碳含量 $w(C)=0.9\%$，含有 Cr、W、Mn 等元素，且它们的含量均小于 1.5% 的合金工具钢。

（3）滚动轴承钢牌号用“滚”的汉语拼音大写字母“G”为首位，其碳含量不标出，合金元素 Cr 的平均含量以千分数表示。如 GCr15 表示平均铬含量 $w(Cr)=1.5\%$ 的滚动轴承钢。

（4）不锈、耐蚀和耐热钢牌号的表示方法和合金工具钢类相同。只是当 $w(C) \leq$

0.08%及 $w(C) \leqslant 0.03\%$ 时，其钢牌号前面分别冠“0”及“00”。如00Cr18Ni9表示平均碳含量 $w(C) \leqslant 0.03\%$，含有 $w(Cr)=18\%$、$w(Ni)=9\%$ 的不锈钢。

（5）铸钢牌号的表示方法是在“铸钢”汉语拼音字母组合“ZG”后面用一组数字表示碳含量的万分数，其后一次排列各主要合金元素符合及百分含量。如ZG15CrMoV表示平均碳含量 $w(C)=0.15\%$、$w(Cr)=0.9\% \sim 1.4\%$、$w(Mo)=0.9\% \sim 1.4\%$、$w(V)=0.9\%$ 的铸造合金钢。

第二节 各种元素对钢性能的影响

普通碳素钢除含碳以外，还含有少量锰（Mn）、硅（Si）、硫（S）、磷（P）、氧（O）、氮（N）和氢（H）等元素。这些元素并非为改善钢材质量有意加入的，而是由矿石及冶炼过程中带入的，故称为杂质元素。这些杂质对钢性能会有一定影响，为了保证钢材的质量，在国家标准中对各类钢的化学成分都作了严格的规定。

一、钢中杂质元素的影响

（1）硫。硫来源于炼钢的矿石与燃料焦炭。它是钢中的一种有害元素。硫以硫化铁（FeS）的形态存在于钢中，FeS和Fe形成低熔点（985℃）的化合物。而钢材的热加工温度一般在1150～1200℃以上，所以当钢材热加工时，由于FeS化合物的过早熔化而导致工件开裂，这种现象称为“热脆”。含硫量愈高，热脆现象愈严重，故必须对钢中含硫量进行控制。高级优质钢（质量分数）：$S<0.02\% \sim 0.03\%$；优质钢（质量分数）：$S<0.03\% \sim 0.045\%$；普通钢（质量分数）：$S<0.055\% \sim 0.7\%$ 以下。

（2）磷。磷是由矿石带入钢中的，一般说磷也是有害元素。磷虽能使钢材的强度、硬度增高，但会引起塑性、冲击韧性显著降低。特别是在低温时，它可使钢材显著变脆，这种现象称为“冷脆”。冷脆使钢材的冷加工及焊接性变坏，含磷愈高，冷脆性愈大，故钢中对含磷量控制较严。高级优质钢（质量分数）：$P<0.025\%$；优质钢（质量分数）：$P<0.04\%$；普通钢（质量分数）：$P<0.085\%$。

（3）锰。锰是炼钢时作为脱氧剂加入钢中的。由于锰可以与硫形成高熔点（1600℃）的MnS，一定程度上消除了硫的有害作用。锰具有很好的脱氧能力，能够与钢中的FeO生成MnO进入炉渣，从而改善钢的品质，特别是降低钢的脆性，提高钢的强度和硬度。因此，锰在钢中是一种有益元素。一般认为，钢中含锰量（质量分数）在0.5%～0.8%以下时，把锰看成是常存杂质。技术条件中规定，优质碳素结构钢中，正常含锰量（质量分数）是0.5%～0.8%；而较高含锰量（质量分数）的结构钢中，其量可达0.7%～1.2%。

（4）硅。硅也是炼钢时作为脱氧剂而加入钢中的元素。硅与钢水中的FeO能结成密度较小的硅酸盐炉渣而被除去，因此硅是一种有益的元素。硅在钢中可溶于铁素体中使钢的强度、硬度增加，塑性、韧性降低。镇静钢中的含硅量通常在0.1%～0.37%，沸腾钢中只含有0.03%～0.07%。由于钢中硅含量一般不超过0.5%，对钢性能影响不大。

（5）氧。氧在钢中是有害元素。它是在炼钢过程中自然进入钢中的，尽管在炼钢末期要加入锰、硅、铁和铝进行脱氧，但不可能除尽。氧在钢中以FeO、MnO、SiO_2、Al_2O_3 等夹杂物的形式存在，使钢的强度、塑性降低。尤其是对疲劳强度、冲击韧性等会产生严重影响。

（6）氮。铁素体溶解氮的能力比较差。当钢中溶有过饱和的氮，在放置较长一段时间后或随后在200～300℃加热就会发生氮以氮化物的形式析出，并使钢的硬度、强度提高，塑性下降，发生时效。钢液中加入Al、Ti或V进行固氮处理，使氮固定在AlN、TiN或VN中，可消除时效倾向。

（7）氢。钢中溶有氢会引起钢的氢脆、白点等缺陷。白点常在轧制的厚板、大锻件中发现，在纵断面中可看到圆形或椭圆形的白色斑点；在横断面上则是细长的发丝状裂纹。锻件中有了白点，使用时会发生突然断裂，造成不测事故。因此，化工容器用钢不允许有白点存在。氢产生白点冷裂的主要原因是因为高温奥氏体冷至较低温时，氢在钢中的溶解度急剧降低。当冷却较快时，氢原子来不及扩散到钢的表面而逸出，就在钢中的一些缺陷处由原子状态的氢变成分子状态的氢。氢分子在不能扩散的条件下在局部地区产生很大压力，这压力超过了钢的强度极限而在该处形成裂纹，即白点。

二、合金元素在钢中的作用

为了改善钢的力学性能或获得某些特殊性能，有目的地在冶炼钢的过程中加入一些元素，这些元素称为合金元素。常用的合金元素有：锰（$w(\mathrm{Mn})>1.0\%$）、硅（$w(\mathrm{Si})>0.5\%$）、铬、镍、钼、钨、钛、钴、铝、硼、稀土（RE）等。磷、硫、氮等在某些情况下也起合金元素的作用。钢中合金元素含量高者达百分之几十，如铬、镍、锰等，有的则低至万分之几，如硼的质量分数一般为$w(\mathrm{B})=0.005\%\sim0.0035\%$。

根据我国资源情况，富产元素有硅、锰、钼、钨、钒、硼及稀土元素。选用合金钢时，在保证产品质量的前提下，应优先考虑采用我国资源丰富的钢种。

由于合金元素与钢中的铁、碳两个基本组元的作用，以及它们彼此间的作用，促使钢中晶体结构和显微组织发生有利的变化。因此，通过合金化可提高和改善钢的性能。

（一）合金元素在钢中存在形式

1. 形成合金铁素体

几乎所有合金元素都可或多或少地溶入铁素体中，形成合金铁素体。其中原子直径很小的合金元素（如氮、硼等）与铁形成间隙固溶体；原子直径较大的合金元素（如锰、镍、钴等）与铁形成置换固溶体。

合金元素在溶入铁素体后，由于它与铁的晶格类型和原子半径有差异，必然引起铁素体晶格畸变，产生固溶强化，使铁素体的强度、硬度提高，但塑性、韧性却有下降趋势。图7-1和图7-2为几种合金元素对铁素体硬度和韧性的影响。

由图可知，硅、锰能显著地提高铁素体的强度和硬度，但当$w(\mathrm{Si})>0.6\%$、$w(\mathrm{Mn})>1.5\%$时，将降低其韧性。而铬与镍比较特殊，在铁素体中的含量适当时（$w(\mathrm{Cr})\leqslant2\%$、$w(\mathrm{Ni})\leqslant5\%$），在强化铁素体的同时，仍能提高韧性。

2. 形成合金碳化物

在钢中能形成碳化物的元素有：铁、锰、铬、钼、钨、钼、钒、铌、锆、钛等（按照与碳的亲和力由弱到强，依次排列）。在周期表中，碳化物形成元素都是位于铁左边的过渡族金属元素，离铁越远，则其与铁的亲和力越强，形成碳化物的能力越大，形成的碳

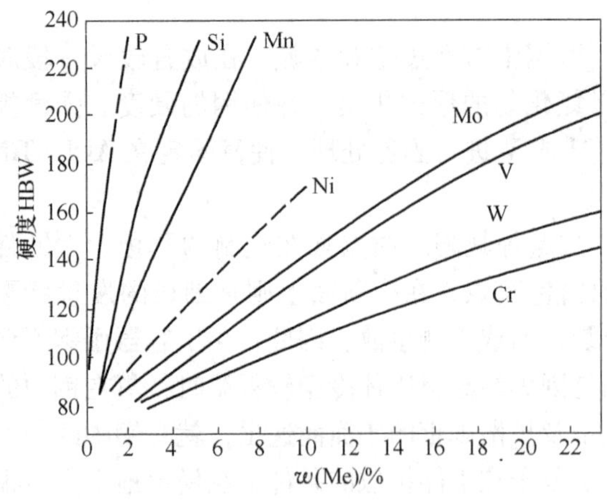

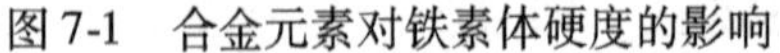
图 7-1 合金元素对铁素体硬度的影响

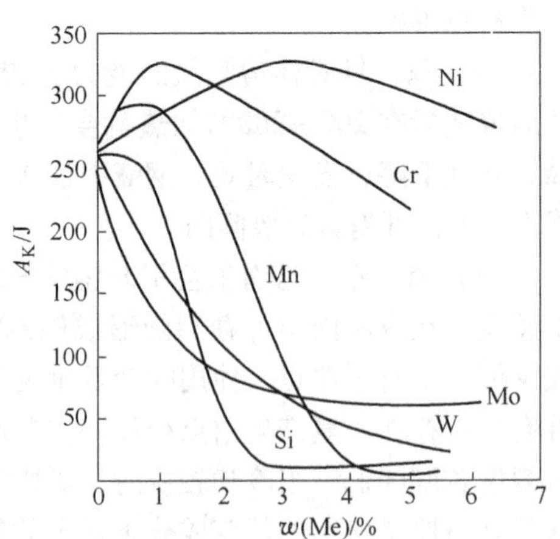

图 7-2 合金元素对铁素体韧性的影响

化物稳定而不易分解。其中钒、铌、锆、钛为强碳化物形成元素；锰为弱碳化物形成元素；铬、钼、钨为中碳化物形成元素。钢中形成的合金碳化物的类型主要有以下两类：

（1）合金渗碳体。它是合金元素溶入渗碳体（置换其中铁原子）所形成的化合物。它仍具有渗碳体的复杂晶格，其中铁与合金元素的比例可变，但两者的总和与碳的比例则固定不变。

锰一般是溶入钢中的渗碳体，形成合金渗碳体 $(Fe, Mn)_3C$。当中强碳化物形成元素在钢中的质量分数不大（0.5% ~3%）时，一般也倾向于形成合金渗碳体，如 $(Fe, Cr)_3C$、$(Fe, W)_3C$ 等。

合金渗碳体较渗碳体略为稳定，硬度也较高，是一般低合金钢中碳化物的主要存在形式。

（2）特殊碳化物。它是与渗碳体晶格完全不同的合金碳化物。通常是中强或强碳化物形成元素所构成的碳化物。

特殊碳化物有两种类型：

1）具有简单晶格的间隙相碳化物，如 WC、Mo_2C、VC、TiC 等；

2）具有复杂晶格的碳化物，如 $Cr_{23}C_6$、Cr_7C_3、Fe_3W_3C 等。

强碳化物形成元素，即使含量较少，但只要有足够的碳，就倾向于形成特殊碳化物；而中强碳化物形成元素，只要当其质量分数较高（>5%）时，才倾向于形成特殊碳化物。

特殊碳化物特别是间隙相碳化物，比合金渗碳体具有更高的熔点、硬度与耐磨性，并且更为稳定，不易分解。

合金碳化物的种类、性能和在钢中分布状态会直接影响到钢的性能及热处理时的相变。例如，当钢中存在弥散分布的特殊碳化物时，将显著增加钢的硬度、强度与耐磨性，而不降低韧性，这对提高工具的使用性能极为有利。

3. 形成非金属夹杂物

大多数元素与钢中的氧、氮、硫可形成简单的或复合的非金属夹杂物，如 Al_2O_3、AlN、TiN、FeO 等。非金属夹杂物都会降低钢的质量。

（二）合金元素对铁-渗碳体相图的影响

钢中加入合金元素后，$Fe-Fe_3C$ 相图将发生下列变化。

1. 改变了奥氏体区的范围

合金元素以两种方式在奥氏体区产生影响。镍、钴、锰等元素的加入使奥氏体区扩大，*GS* 线向左下方移动，使 A_3 及 A_1 温度下降（见图 7-3a）。而铬、钨、钼、钒、钛、铝、硅等元素则缩小奥氏体区，*GS* 线向左上方移动，使 A_3 及 A_1 温度升高（见图 7-3b）。

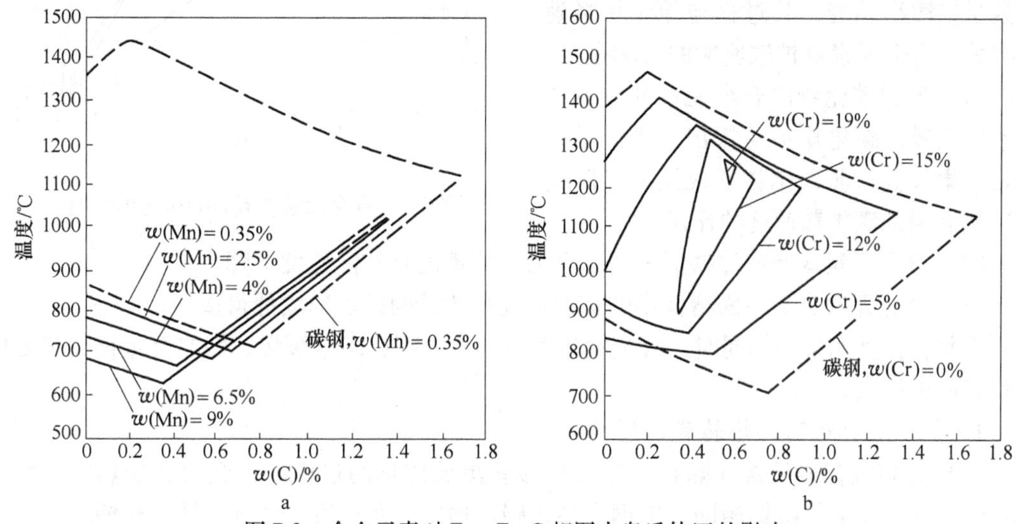

图 7-3 合金元素对 $Fe-Fe_3C$ 相图中奥氏体区的影响

a—Fe－C－Mn 系；b—Fe－C－Cr 系

若钢中含有大量扩大奥氏体区的元素，便会使相图中奥氏体区一直延展到室温以下。因此它在室温下的平衡组织是稳定的单相奥氏体，这种钢称为奥氏体钢。当钢中加入大量缩小奥氏体区的合金元素时，奥氏体区可能会完全消失，此时，钢在室温下的平衡组织是单相的铁素体，这种钢称为铁素体钢。

2. 改变 *S*、*E* 点位置

由图 7-3 可见，凡能扩大奥氏体区的元素，均使 *S*、*E* 点向左下方移动；凡能缩小奥氏体区的元素，均使 *S*、*E* 点向左上方移动。因此，大多数合金元素均可使 *S*、*E* 点左移（见图 7-4 与图 7-5）。*S* 点向左移动，意味着降低了共析点的含碳量，使含碳量相同的碳钢与合金钢具有不同的显微组织。如 $w(C)=0.4\%$ 的碳钢具有亚共析组织，但加入 $w(Cr)=14\%$ 后，因 *S* 点左移，使该合金钢具有过共析钢的平衡组织。*E* 点左移，使出现莱氏体的含碳量降低，如高速钢中 $w(C)<2.11\%$，但在铸态组织中却出现合金莱氏体，这种钢称为莱氏体钢。

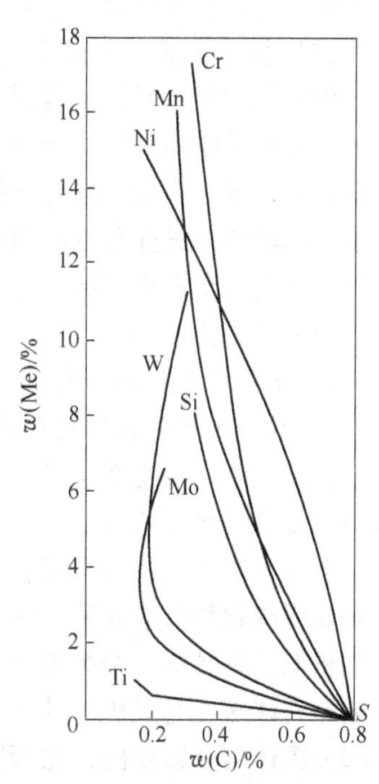

图 7-4 合金元素对共析点含碳量的影响

由此可见，由于合金元素的影响，要判断合金钢是亚共析钢还是过共析钢，以及确定其热处理加热或缓冷时相变温度，就不能单纯地直接根据 Fe－Fe_3C 相图，而应根据多元铁基合金系相图来分析。

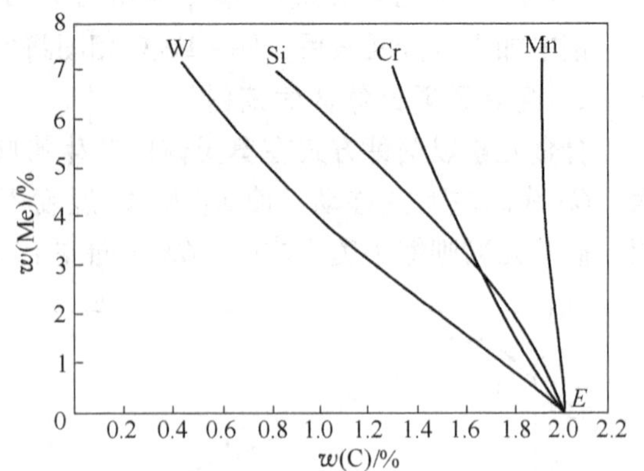

图 7-5 合金元素对 *E* 点含碳量的影响

（三）合金元素对钢热处理的影响

钢在加热、冷却时所发生的相变，大多数是扩散型相变，其过程与原子扩散速度有关。合金元素对扩散速度的影响是：

（1）形成碳化物的合金元素使碳的扩散速度减慢，碳化物不易析出，析出后也较难聚集长大；非碳化物形成元素（除硅外）则有增加碳扩散速度的作用。

（2）合金元素均能增加铁原子间结合力，使铁的自扩散速度下降。

（3）合金元素自身在固溶体中的扩散速度也比碳的扩散速度低得多。

因此，在其他条件相同时，合金钢扩散型相变过程比碳钢缓慢，因之合金钢在热处理时具有许多特点。

1. 合金元素对钢加热转变的影响

（1）大多数合金元素（除镍、钴外）减缓奥氏体化的过程。合金钢在加热时，奥氏体化的过程基本上与碳钢相同。但钢中加入碳化物形成元素后，使这一转变减慢。一般合金钢特别是含有强碳化物形成元素的钢，为了得到比较均匀的、含有足够数量合金元素的奥氏体，充分发挥合金元素的有益作用，就需更高的加热温度与较长的保温时间。

（2）合金元素（除锰外）阻止奥氏体晶粒长大。碳化物形成元素（如钒、钛、铌、锆等强碳化物形成元素）容易形成稳定的碳化物，并以弥散质点的形式分布在奥氏体晶界上，对奥氏体晶粒长大起机械阻碍作用。因此，除锰钢外，合金钢在加热时不易过热。这样有利于淬火后获得细马氏体；有利于适当提高加热温度，使奥氏体中溶入更多的合金元素，以增加淬透性及钢的力学性能；同时也可减少淬火时变形与开裂的倾向。对于渗碳零件，使用合金钢渗碳后，有可能直接淬火，以提高生产率。因此，该合金钢不会过热是它的一个重要优点。

2. 合金元素对钢冷却转变的影响

A 合金元素对过冷奥氏体等温转变的影响

合金元素（除钴外）溶入奥氏体后，可降低原子扩散速度，使奥氏体稳定性增加，从而使 C 曲线位置右移。

合金元素不仅使 C 曲线位置右移，而且对 C 曲线形状也会产生影响。非碳化物形成元素及弱碳化物形成元素，使 C 曲线右移。含有这类元素的低合金钢，其 C 曲线形状与碳钢相似，只具有一个鼻尖（见图 7-6a）。当碳化物形成元素溶入奥氏体后，由于它们对推迟珠光体转变与贝氏体转变的作用不同，可使 C 曲线出现两个鼻尖，曲线分解为珠光体和贝氏体两个转变区，在两区之间，过冷奥氏体有很大的稳定性（见图 7-6b）。

由于合金元素使 C 曲线右移，故降低了钢的马氏体临界冷却速速，增大了钢的淬透性。特别是多种元素同时加入时，对淬透性的提高远比各元素单独加入时的大，故目前淬

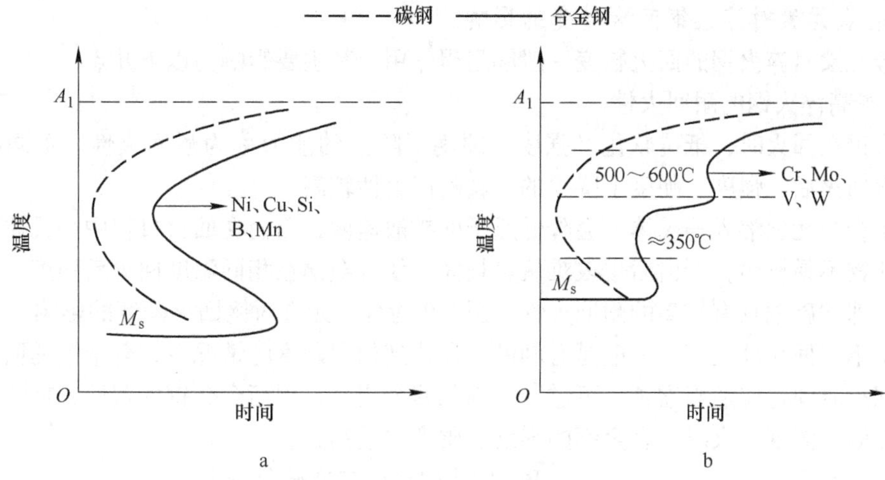

图 7-6 合金元素对 C 曲线的影响

a—一个鼻尖的 C 曲线；b—两个鼻尖的 C 曲线

透性好的钢，多采用“多元少量”的合金化原则(如铬-锰、铬-镍、铬-硅、硅-锰等组合)。

合金钢淬透性较好，这在生产中具有以下的实际意义：

(1) 合金钢淬火时，大多数可用冷却能力较弱的淬火介质（如油等），或采用分级淬火、等温淬火，故可以减少工件变形与开裂倾向。

(2) 可增加大截面工件的淬硬深度，从而获得较高的、沿截面均匀的力学性能。

(3) 某些合金钢（如高速钢、某些不锈钢）由于含有大量提高淬透性的合金元素，过冷奥氏体非常稳定，甚至空冷后也能形成马氏体（空冷淬火），这类钢称为马氏体钢。但马氏体钢退火处理较困难。

B 合金元素对过冷奥氏体向马氏体转变的影响

合金元素（除钴、铝外）溶入奥氏体后，使马氏体转变温度 M_s 及 M_f 降低，其中锰、铬、镍作用较强。图 7-7 为合金元素对 M_s 的影响。

实践表明，M_s 越低，则淬火后钢中残留奥氏体的数量越多。因此，凡使 M_s 降低的元素，均使残留奥氏体数量增加，图 7-8 为不同合金元素对 $w(C)=1.0\%$ 的钢，在 1150℃ 的淬火后，受残留奥氏体数量的影响。一般合金钢淬火后，残留奥氏体量较碳钢多。

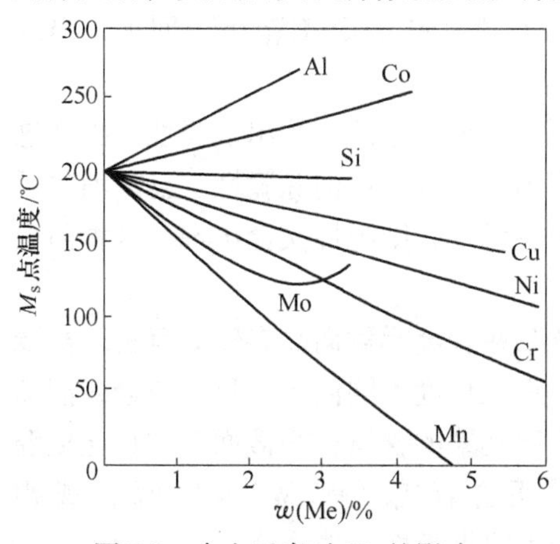

图 7-7 合金元素对 M_s 的影响

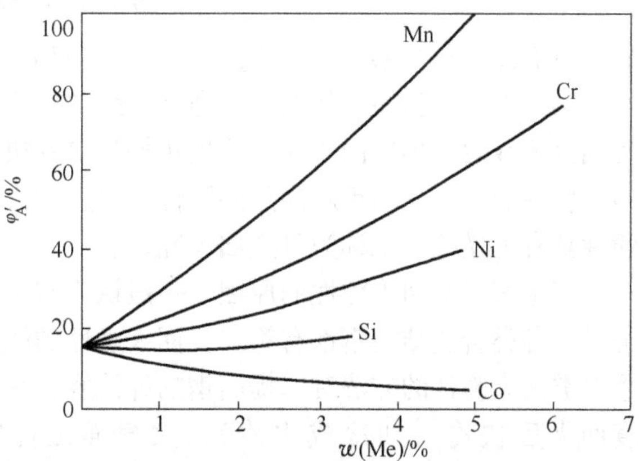

图 7-8 合金元素对残留奥氏体量的影响

3. 合金元素对淬火钢回火转变的影响

合金元素对淬火钢的回火转变一般起阻碍作用，其主要影响为以下几点：

A 提高淬火钢的耐回火性

淬火钢在回火时，抵抗软化（强度、硬度下降）的能力称为耐回火性。不同的钢在相同温度回火后，强度、硬度下降少的，其耐回火性较高。

由于合金元素溶入马氏体，会降低原子的扩散速度，因而在回火过程中马氏体不易分解，碳化物不易析出，析出后也较难聚集长大，使合金钢在相同温度回火后强度、硬度下降较少，即比碳钢具有较高的耐回火性。图 7-9 为合金元素对钢回火硬度的影响。

合金钢耐回火性较高，一般是有利的。在达到相同硬度的情况下，合金钢的回火比碳钢高，回火时间也应适当增长，可进一步消除残余应力，因而合金钢的塑性、韧性较碳钢好；而在同一温度回火时，合金钢的强度、硬度比碳钢高。

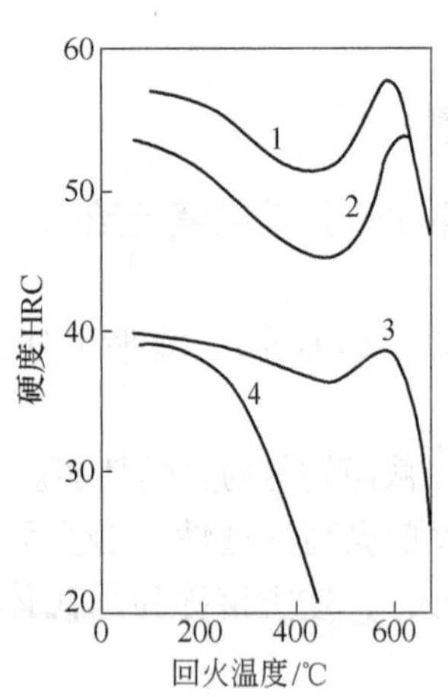

图 7-9 合金元素对钢回火硬度的影响

1—$w(C)=0.43\%$，$w(Mo)=5.6\%$；
2—$w(C)=0.32\%$，$w(V)=1.36\%$；
3—$w(C)=0.11\%$，$w(Mo)=2.14\%$；
4—$w(C)=0.10\%$

B 回火时产生二次硬化现象

钢在回火时出现硬度回升的现象，称为二次硬化（见图 7-9）。

造成合金钢在回火时产生二次硬化的原因主要有两点：首先当回火温度升高到 500～600℃时，会从马氏体中析出特殊碳化物，如 Mo_2C、W_2C、VC 等，析出的碳化物高度弥散地分布在马氏体的基体上，并与马氏体保持共格关系，阻碍位错运动，使钢的硬度反而有所提高；此外，在某些高合金钢的淬火组织中，残留奥氏体数量较多，且十分稳定，当加热到 500～600℃时仍不分解，仅是析出一些特殊碳化物，由于特殊碳化物的析出，使残留奥氏体中碳及合金元素浓度降低，提高了 M_s 的稳定性，故在随后冷却时就会有部分残留奥氏体转变为马氏体，使钢的硬度提高。

二次硬化现象对需要较高热硬性（高温下保持高硬度的能力）的工具钢具有重要意义。

C 回火时产生第二次回火脆性

某些合金钢淬火后在 450～650℃范围内回火，出现的回火脆性，称为第二类回火脆性，如图 7-10 所示。

第二类回火脆性的特点是：通常在脆化温度范围内回火后缓冷，才出现脆性。出现这类回火脆性后，再次回火时，采用短期加热并快速冷却的方法，可消除脆性。已经消除了回火脆性的钢，如果重新加热到脆性区温度回火，随后缓冷，则脆性又会出现。这种回火脆性具有可逆性，也称为可逆回火脆性。

产生第二类回火脆性的原因，一般认为与杂志及某些合金元素向晶界偏聚有关。实践证明，各类合金结构钢都有第二类回火脆性的倾向，只是程度不同而已。目前减轻或消除第二类回火脆性的方法有：提高钢的纯洁度，减少杂质元素的含量；小截面工件在脆化温度回火后快冷（油冷或水冷）；大截面工件则采用含有钨（$w(W)\approx1.0\%$）或钼（$w(Mo)\approx0.5\%$）的合金钢，可使回火后缓冷也不产生回火脆性。

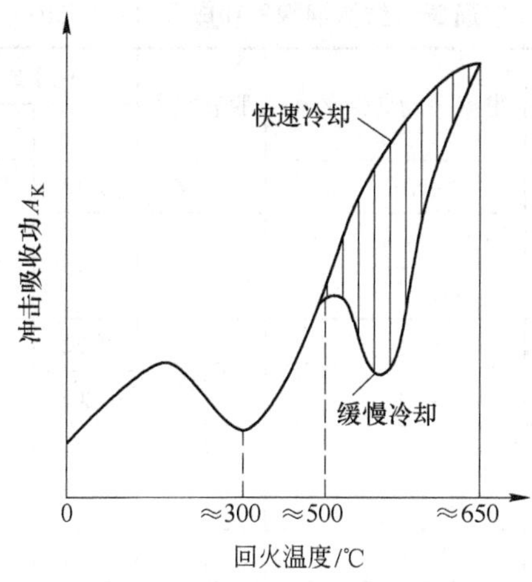

图 7-10　回火温度对合金钢冲击韧性影响的示意图

第三节　结 构 钢

凡用于制作各种机器零件以及各种工程结构钢（如屋架、桥梁、高压电线塔、钻井架、车辆构架、起重机械构架等）的钢都称为结构钢。

用作工程结构的钢称为工程结构钢，它们大都是普通质量的结构钢。因为其含硫、磷较优质钢多，且冶金质量也较优质钢差，故适于制作承受静载荷作用的工程结构件。这类结构钢冶炼比较简单，成本低，适应工程结构大量消耗钢材的要求。这类钢一般不再进行热处理。

用作机械零件的钢称为机械结构用钢，它们大都是优质或高级优质的结构钢，以适应机械零件承受动载荷的要求。一般需经适当的热处理，以发挥材料的潜力。

一、碳素结构钢

碳含量 $w(C)=0.06\%\sim0.38\%$，用于建筑及其他工程结构的铁碳合金称为碳素结构钢。

这类钢的冶炼简单、价格低廉，能够满足一般工程结构或普通机械结构零件的性能要求，用量很大。此类钢强度不高，但工艺性（如焊接性、冷成型性）优良。通常以各种规格（圆钢、方钢、工字钢、钢筋等）、热轧空冷状态供货。一般不进行热处理。表 7-2 和表 7-3 分别列出了普通碳素结构钢的牌号、等级、化学成分、脱氧方法和机械性能，碳素结构钢的应用举例：

（1）Q195 钢含碳量很低，强度不高，但具有良好的焊接性能和塑性、韧性，常用作铁钉、铁丝及各种薄板，如黑铁皮、白铁皮（镀锌薄钢板）和马口铁（镀锡薄钢板）。也可用来代替优质碳素结构钢 08 号或 10 号钢，制作冲压、焊接结构件。

（2）Q235、Q255：用于制造钢筋、钢板、不重要的农业机械零件。

（3）Q275 钢含碳量较高，强度较高，可代替 30 号钢、40 号钢用于制造稍重要的某些零件（如齿轮、链轮等），以降低原料成本。而 Q235C、Q235D 用于质量要求高的重要焊接件。

表 7-2 普通碳素结构钢牌号和成分（GB 700—2006）

<table>
<tr><th rowspan="2">牌号</th><th rowspan="2">统一数字代号①</th><th rowspan="2">等级</th><th rowspan="2">厚度（或直径）/mm</th><th rowspan="2">脱氧方法</th><th colspan="5">化学成分（质量分数，不大于）/%</th></tr>
<tr><th>C</th><th>Si</th><th>Mn</th><th>P</th><th>S</th></tr>
<tr><td>Q195</td><td>U11952</td><td>—</td><td>—</td><td>F、Z</td><td>0.12</td><td>0.30</td><td>0.50</td><td>0.035</td><td>0.040</td></tr>
<tr><td rowspan="2">Q215</td><td>U12152</td><td>A</td><td rowspan="2">—</td><td rowspan="2">F、Z</td><td rowspan="2">0.15</td><td rowspan="2">0.35</td><td rowspan="2">1.20</td><td rowspan="2">0.045</td><td>0.050</td></tr>
<tr><td>U12155</td><td>B</td><td>0.045</td></tr>
<tr><td rowspan="4">Q235</td><td>U12352</td><td>A</td><td rowspan="4">—</td><td rowspan="2">F、Z</td><td>0.22</td><td rowspan="4">0.35</td><td rowspan="4">1.40</td><td rowspan="2">0.045</td><td>0.050</td></tr>
<tr><td>U12355</td><td>B</td><td>0.20②</td><td>0.045</td></tr>
<tr><td>U12358</td><td>C</td><td>Z</td><td rowspan="2">0.17</td><td>0.040</td><td>0.040</td></tr>
<tr><td>U12359</td><td>D</td><td>TZ</td><td>0.035</td><td>0.035</td></tr>
<tr><td rowspan="5">Q275</td><td>U12752</td><td>A</td><td>—</td><td>F、Z</td><td>0.24</td><td rowspan="5">0.35</td><td rowspan="5">1.50</td><td>0.45</td><td>0.050</td></tr>
<tr><td rowspan="2">U12755</td><td rowspan="2">B</td><td>≤40</td><td rowspan="2">Z</td><td>0.21</td><td rowspan="2">0.045</td><td rowspan="2">0.045</td></tr>
<tr><td>>40</td><td>0.22</td></tr>
<tr><td>U12758</td><td>C</td><td rowspan="2">—</td><td>Z</td><td rowspan="2">0.20</td><td>0.040</td><td>0.040</td></tr>
<tr><td>U12759</td><td>D</td><td>TZ</td><td>0.035</td><td>0.035</td></tr>
</table>

①表中为镇静钢、特殊镇静钢牌号的统一数字，沸腾钢牌号的统一数字代号如下：

Q195F—U11950；Q215AF—U12150，Q215BF—U12153；Q235AF—U12350，Q235BF—U12353；Q275AF—U12750。

②经需方同意，Q235B 的碳含量可不大于 0.22%。

表 7-3 碳素结构钢的拉伸试验和冲击试验指标（GB 700—2006）

<table>
<tr><th rowspan="3">牌号</th><th rowspan="3">等级</th><th colspan="6">屈服强度①（不小于）R_{eL}/MPa</th><th rowspan="3">抗拉强度② R_m/MPa</th><th colspan="5">断后伸长率（不小于）A/%</th><th colspan="2">冲击实验（V 形缺口）</th></tr>
<tr><th colspan="6">厚度（或直径）/mm</th><th colspan="5">厚度（或直径）/mm</th><th rowspan="2">温度/℃</th><th rowspan="2">冲击吸收功（不小于）（纵向）/J</th></tr>
<tr><th>≤16</th><th>>16~40</th><th>>40~60</th><th>>60~100</th><th>>100~150</th><th>>150~200</th><th>≤40</th><th>>40~60</th><th>>60~100</th><th>>100~150</th><th>>150~200</th></tr>
<tr><td>Q195</td><td>—</td><td>195</td><td>185</td><td>—</td><td>—</td><td>—</td><td>—</td><td>315~430</td><td>33</td><td>—</td><td>—</td><td>—</td><td>—</td><td>—</td><td>—</td></tr>
<tr><td rowspan="2">Q215</td><td>A</td><td rowspan="2">215</td><td rowspan="2">205</td><td rowspan="2">195</td><td rowspan="2">185</td><td rowspan="2">175</td><td rowspan="2">165</td><td rowspan="2">335~450</td><td rowspan="2">31</td><td rowspan="2">30</td><td rowspan="2">29</td><td rowspan="2">27</td><td rowspan="2">26</td><td>—</td><td>—</td></tr>
<tr><td>B</td><td>+20</td><td>27</td></tr>
<tr><td rowspan="4">Q235</td><td>A</td><td rowspan="4">235</td><td rowspan="4">225</td><td rowspan="4">215</td><td rowspan="4">215</td><td rowspan="4">195</td><td rowspan="4">185</td><td rowspan="4">370~500</td><td rowspan="4">26</td><td rowspan="4">25</td><td rowspan="4">24</td><td rowspan="4">22</td><td rowspan="4">21</td><td>—</td><td>—</td></tr>
<tr><td>B</td><td>+20</td><td rowspan="3">27③</td></tr>
<tr><td>C</td><td>0</td></tr>
<tr><td>D</td><td>-20</td></tr>
<tr><td rowspan="4">Q275</td><td>A</td><td rowspan="4">275</td><td rowspan="4">265</td><td rowspan="4">255</td><td rowspan="4">245</td><td rowspan="4">225</td><td rowspan="4">215</td><td rowspan="4">410~540</td><td rowspan="4">22</td><td rowspan="4">21</td><td rowspan="4">20</td><td rowspan="4">18</td><td rowspan="4">17</td><td>—</td><td>—</td></tr>
<tr><td>B</td><td>+20</td><td rowspan="3">27</td></tr>
<tr><td>C</td><td>0</td></tr>
<tr><td>D</td><td>-20</td></tr>
</table>

①Q195 的屈服强度值仅供参考，不作交货条件。

②厚度大于 100mm 的钢材。抗拉强度下限允许降低 20MPa，宽带钢（包括剪切钢板）抗拉强度上限不作交货条件。

③厚度小于 25mm 的 Q235B 级钢材，如供方能保证冲击吸收功值合格，经需方同意，可不作检验。

二、低合金高强度结构钢

为了满足工程上各种结构承载大、自重轻的要求，我国自力更生地发展了具有本国特色的低合金高强度结构钢。它是在碳素结构钢的基础上加入少量（$w(\mathrm{Me})<3\%$）合金元素而制成的。产品同时保证力学性能和化学成分。

低合金高强度结构钢的牌号由代表屈服强度的汉语拼音字母（Q）、屈服强度值、质量等级符号（A、B、C、D、E）三个部分按顺序排列。如Q390A。

（一）化学成分

低合金高强度结构钢含碳量较低，多数$w(\mathrm{C})=0.1\%\sim0.2\%$，一般以少量（0.8%～1.7%）的锰为主加元素，硅的含量较碳素结构钢高（$w(\mathrm{Si})\leqslant0.55\%$）。为改善钢的性能，各牌号A、B级钢可加入V、Nb、Ti等细化晶粒元素，其含量应符合表7-4规定。如不作为合金元素加入时，其下限含量不受限制，该元素的含量也不予保证。除A、B级钢外，其他钢中至少含有细化晶粒元素（V、Nb、Ti、Al）其中的一种，如这些元素同时使用，则至少应有一种元素的含量不低于规定的最小值。为改善钢的性能，Q390级、Q460级钢中可加入少量Mo元素。有时还在钢中加入少量稀土元素，以消除钢中的有害杂质，改善夹杂物形状及分布，减弱其冷脆性。

（二）性能特点

（1）高的屈服强度与良好的塑、韧性。通过合金元素（主要是锰、硅）强化铁素体；细化铁素体晶粒（如V、Nb、Ti、Al）；增加珠光体数量（合金元素使S点左移）以及加入能形成碳化物、氮化物的合金元素（钒、铌、钛），使细小化合物从固溶体中析出，产生弥散强化作用。故低合金高强度结构钢的屈服强度较碳素结构钢提高30%～50%以上，特别是屈强比（$R_{\mathrm{eL}}/R_{\mathrm{m}}$）的提高更为明显。

低合金高强度结构钢含碳量低，当其主加元素锰的质量分数在1.5%以下时，因不会显著降低其塑性、韧性，故仍具有良好的塑性与韧性。一般低合金高强度结构钢的伸长率$A=17\%\sim23\%$，室温下冲击吸收功$A_{\mathrm{KV}}>34\mathrm{J}$，并且韧脆转变温度较低，约为$-30℃$（碳素结构钢为$-20℃$），在$-40℃$时，低合金高强度结构钢的$A_{\mathrm{KV}}$值不低于27J。

（2）良好的焊接性。近代钢铁工程结构大都采用焊接结构，故要求钢材具有良好的焊接性。低合金高强度结构钢的含碳量低，合金元素少，塑性好，不易在焊缝区产生淬火组织及裂纹，且加入铌、钛、钒还可抑制焊缝区的晶粒长大，故具有良好的焊接性。

（3）较好的耐蚀性。由于低合金高强度结构钢构件截面尺寸较小，又常在室外使用，故要求比碳素结构钢有更高的抵抗大气、海水、土壤腐蚀的能力。在低合金高强度结构钢中加入合金元素，可使抗腐蚀性明显提高，尤其是铜和磷复合加入时效果更好。

（三）常用的低合金高强度结构钢

列入国家标准的低合金高强度结构钢有5个级别。其牌号、成分及性能见表7-4、表7-5。

低合金高强度结构钢大多数是在热轧、正火状态下使用，其组织为铁素体+珠光体。也有在淬火+回火状态下使用的。

目前我国低合金高强度结构钢成本与碳素结构钢相近，故推广使用低合金高强度结构钢在经济上具有重大意义。特别在桥梁、船舶、高压容器、车辆、石油化工设备、农业机械中应用更为广泛。

表 7-4 低合金高强度结构钢牌号及化学成分（摘自 GB/T 1591—1994）

牌号	质量等级	化学成分/%										
		不大于								不小于		
		w(C)	*w*(Mn)	*w*(Si)	*w*(P)	*w*(S)	*w*(V)	*w*(Nb)	*w*(Ti)	*w*(Al)	*w*(Cr)	*w*(Ni)
Q295	A	0.16	0.80 ~ 1.50	0.55	0.045	0.045	0.02 ~ 0.15	0.015 ~ 0.060	0.02 ~ 0.20	—		
	B	0.16	0.80 ~ 1.50	0.55	0.045	0.045	0.02 ~ 0.15	0.015 ~ 0.060	0.02 ~ 0.20	—		
Q345	A	0.20	1.00 ~ 1.60	0.55	0.045	0.045	0.02 ~ 0.15	0.015 ~ 0.060	0.02 ~ 0.20	—		
	B	0.20	1.00 ~ 1.60	0.55	0.040	0.040	0.02 ~ 0.15	0.015 ~ 0.060	0.02 ~ 0.20	—		
	C	0.20	1.00 ~ 1.60	0.55	0.035	0.035	0.02 ~ 0.15	0.015 ~ 0.060	0.02 ~ 0.20	0.015		
	D	0.20	1.00 ~ 1.60	0.55	0.030	0.030	0.02 ~ 0.15	0.015 ~ 0.060	0.02 ~ 0.20	0.015		
	E	0.20	1.00 ~ 1.60	0.55	0.025	0.025	0.02 ~ 0.15	0.015 ~ 0.060	0.02 ~ 0.20	0.015		
Q390	A	0.20	1.00 ~ 1.60	0.55	0.045	0.045	0.02 ~ 0.15	0.015 ~ 0.060	0.02 ~ 0.20	0.015	0.30	0.70
	B	0.20	1.00 ~ 1.60	0.55	0.040	0.040	0.02 ~ 0.15	0.015 ~ 0.060	0.02 ~ 0.20	0.015	0.30	0.70
	C	0.20	1.00 ~ 1.60	0.55	0.035	0.035	0.02 ~ 0.15	0.015 ~ 0.060	0.02 ~ 0.20	0.015	0.30	0.70
	D	0.20	1.00 ~ 1.60	0.55	0.030	0.030	0.02 ~ 0.15	0.015 ~ 0.060	0.02 ~ 0.20	0.015	0.30	0.70
	E	0.20	1.00 ~ 1.60	0.55	0.025	0.025	0.02 ~ 0.15	0.015 ~ 0.060	0.02 ~ 0.20	0.015	0.30	0.70
Q420	A	0.20	1.00 ~ 1.70	0.55	0.045	0.045	0.02 ~ 0.15	0.015 ~ 0.060	0.02 ~ 0.20	—	0.40	0.70
	B	0.20	1.00 ~ 1.70	0.55	0.040	0.040	0.02 ~ 0.15	0.015 ~ 0.060	0.02 ~ 0.20	—	0.40	0.70
	C	0.20	1.00 ~ 1.70	0.55	0.035	0.035	0.02 ~ 0.15	0.015 ~ 0.060	0.02 ~ 0.20	0.015	0.40	0.70

续表 7-4

牌号	质量等级	化学成分/%										
		不大于								不小于		
		w(C)	w(Mn)	w(Si)	w(P)	w(S)	w(V)	w(Nb)	w(Ti)	w(Al)	w(Cr)	w(Ni)
Q420	D	0.20	1.00 ~ 1.70	0.55	0.030	0.030	0.02 ~ 0.15	0.015 ~ 0.060	0.02 ~ 0.20	0.015	0.40	0.70
	E	0.20	1.00 ~ 1.70	0.55	0.025	0.025	0.02 ~ 0.15	0.015 ~ 0.060	0.02 ~ 0.20	0.015	0.40	0.70
Q460	C	0.20	1.00 ~ 1.70	0.55	0.035	0.035	0.02 ~ 0.15	0.015 ~ 0.060	0.02 ~ 0.20	0.015	0.70	0.70
	D	0.20	1.00 ~ 1.70	0.55	0.030	0.030	0.02 ~ 0.15	0.015 ~ 0.060	0.02 ~ 0.20	0.015	0.70	0.70
	E	0.20	1.00 ~ 1.70	0.55	0.025	0.025	0.02 ~ 0.15	0.015 ~ 0.060	0.02 ~ 0.20	0.015	0.70	0.70

表 7-5　低合金高强度结构钢力学性能（摘自 GB/T 1591—1994）

牌号	质量等级	屈服点 R_{eL}/MPa				抗拉强度 R_m /MPa	伸长率 A/%	冲击功 A_{KV}（纵向）/J				180°弯曲试验 d = 弯心直径；a = 试样厚度(直径)	
		厚度（直径，边长）/mm						+20℃	0℃	-20℃	-40℃	钢材厚度（直径）/mm	
		≤16	>16 ~ 35	>35 ~ 50	>50 ~ 100			不小于				≤16	>16 ~ 100
		不小于											
Q295	A	295	275	255	235	390 ~ 570	23					$d=2a$	$d=3a$
	B	295	275	255	235	390 ~ 570	23	34				$d=2a$	$d=3a$
Q345	A	345	325	295	275	470 ~ 630	21					$d=2a$	$d=3a$
	B	345	325	295	275	470 ~ 630	21	34				$d=2a$	$d=3a$
	C	345	325	295	275	470 ~ 630	22		34			$d=2a$	$d=3a$
	D	345	325	295	275	470 ~ 630	22			34		$d=2a$	$d=3a$
	E	345	325	295	275	470 ~ 630	22				27	$d=2a$	$d=3a$
Q390	A	390	370	350	330	490 ~ 650	19					$d=2a$	$d=3a$
	B	390	370	350	330	490 ~ 650	19	34				$d=2a$	$d=3a$
	C	390	370	350	330	490 ~ 650	20		34			$d=2a$	$d=3a$
	D	390	370	350	330	490 ~ 650	20			34		$d=2a$	$d=3a$
	E	390	370	350	330	490 ~ 650	20				27	$d=2a$	$d=3a$
Q420	A	420	400	380	360	520 ~ 680	18					$d=2a$	$d=3a$
	B	420	400	380	360	520 ~ 680	18	34				$d=2a$	$d=3a$
	C	420	400	380	360	520 ~ 680	18		34			$d=2a$	$d=3a$
	D	420	400	380	360	520 ~ 680	19			34		$d=2a$	$d=3a$
	E	420	400	380	360	520 ~ 680	19				27	$d=2a$	$d=3a$
Q460	C	460	440	420	400	550 ~ 720	17		34			$d=2a$	$d=3a$

续表 7-5

牌号	质量等级	屈服点 R_{eL}/MPa				抗拉强度 R_m /MPa	伸长率 A/%	冲击功 A_{KV}（纵向）/J				180°弯曲试验 d = 弯心直径；a = 试样厚度(直径)	
		厚度（直径，边长）/mm						+20℃	0℃	-20℃	-40℃	钢材厚度（直径）/mm	
		≤16	>16~35	>35~50	>50~100							≤16	>16~100
		不小于					不小于						
Q460	D	460	440	420	400	550~720	17			34		$d=2a$	$d=3a$
	E	460	440	420	400	550~720	17				27	$d=2a$	$d=3a$

三、机械结构用钢

（一）概述

机械结构钢是指适用于制造机器和机械零件或构件的钢。它们均属于优质的、特殊质量的结构钢，一般要经过热处理后才能使用，主要包括调质结构钢、表面硬化钢、弹簧钢、冷塑成型钢等。机械结构钢分非合金钢和合金钢两大类，它们多以钢棒、钢管、钢板、钢带、钢丝等规格出货。

（二）优质的、特殊质量的非合金结构钢（优质碳素结构钢）

优质碳素结构钢是碳含量 $w(C)=0.05\%\sim0.90\%$、锰含量 $w(Mn)=0.25\%\sim1.20\%$ 的铁碳合金。除了65Mn、70Mn、70~85 号钢是特殊质量钢外，其余牌号均为优质钢。主要用于机械结构中的零件与构件，因此，也称为机械结构的非合金钢。该类钢均要进行热处理后才能使用。优质碳素结构钢的主要成分、牌号、性能及用途见表 7-6。

表 7-6 优质碳素结构钢成分、牌号、性能及用途（GB/T 699—1999）

牌号	化学成分(质量分数)/%			力学性能					推荐热处理温度/℃			应用举例
	C	Si	Mn	R_m /MPa	R_{eL} /MPa	A /%	Z /%	A_k /J	正火	淬火	回火	
08F	0.05~0.11	≤0.03	0.25~0.50	295	175	35	60		930			属低碳钢，强度、硬度低，塑性、韧性好。其中 08F、10F 属沸腾钢、成本低、塑性好，用于制造冲压件和焊接件，如壳、盖、罩等。15F 用于钣金件。08~25 号钢常用来做冲压件，焊接件，锻件和渗碳钢，制作齿轮、销钉、小轴、螺钉、螺母等。其中 20 号钢用量最大
10F	0.07~0.13	≤0.07	0.25~0.50	315	185	33	55		930			
15F	0.12~0.18	≤0.07	0.25~0.50	355	205	29	55		920			
08	0.05~0.11	0.17~0.37	0.35~0.65	325	195	33	60		930			
10	0.07~0.13	0.17~0.37	0.35~0.65	335	205	31	55		930			
15	0.12~0.18	0.17~0.37	0.35~0.65	375	225	27	55		920			
20	0.17~0.23	0.17~0.37	0.35~0.65	410	245	25	55		910			
25	0.22~0.29	0.17~0.37	0.50~0.80	450	275	23	50	71	900	870	600	

续表 7-6

牌号	化学成分(质量分数)/%			力学性能					推荐热处理温度/℃			应用举例
	C	Si	Mn	R_m /MPa	R_{eL} /MPa	A /%	Z /%	A_k /J	正火	淬火	回火	
30	0.27 ~ 0.34	0.17 ~ 0.37	0.50 ~ 0.80	490	295	21	50	63	880	860	600	属中碳钢。综合力学性能好。多在正火，调质状态下使用，主要用于制造齿轮，轴类零件，如曲轴、传动轴、连杆、拉杆、丝杆等。其中 45 号钢应用最广泛
35	0.32 ~ 0.39	0.17 ~ 0.37	0.50 ~ 0.80	530	315	20	45	55	870	850	600	
40	0.37 ~ 0.44	0.17 ~ 0.37	0.50 ~ 0.80	570	335	19	45	47	860	840	600	
45	0.42 ~ 0.50	0.17 ~ 0.37	0.50 ~ 0.80	600	355	16	40	39	850	840	600	
50	0.47 ~ 0.55	0.17 ~ 0.37	0.50 ~ 0.80	630	375	14	40	31	830	830	600	
55	0.52 ~ 0.60	0.17 ~ 0.37	0.50 ~ 0.80	645	380	13	35		830	820	600	
60	0.57 ~ 0.65	0.17 ~ 0.37	0.50 ~ 0.80	675	400	12	35		810			属高碳钢，具有较高的强度、硬度、耐磨性，多在淬火、中温回火状态下使用。主要用于制造弹簧、轧辊、凸轮等耐磨件与钢丝绳等，其中 65 号钢是最常用的弹簧钢
65	0.62 ~ 0.70	0.17 ~ 0.37	0.50 ~ 0.80	695	410	10	30		810			
70	0.67 ~ 0.75	0.17 ~ 0.37	0.50 ~ 0.80	715	420	9	30		790			
75	0.72 ~ 0.80	0.17 ~ 0.37	0.50 ~ 0.80	1080	880	7	30			820	480	
80	0.77 ~ 0.85	0.17 ~ 0.37	0.50 ~ 0.80	1080	930	6	30			820	480	
85	0.82 ~ 0.90	0.17 ~ 0.37	0.50 ~ 0.80	1130	980	6	30			820	480	
15Mn	0.12 ~ 0.18	0.17 ~ 0.37	0.70 ~ 1.00	410	245	26	55		920			应用范围基本同于相对应的普通含锰量钢。由于其淬透性，强度相应提高了，可用于截面尺寸较大，或强度要求较高的零件。其中 65Mn 最常用
20Mn	0.17 ~ 0.23	0.17 ~ 0.37	0.70 ~ 1.00	450	275	24	50		910			
25Mn	0.22 ~ 0.29	0.17 ~ 0.37	0.70 ~ 1.00	490	295	22	50	71	900	870	600	
30Mn	0.27 ~ 0.34	0.17 ~ 0.37	0.70 ~ 1.00	540	315	20	45	63	880	860	600	

续表 7-6

牌号	化学成分(质量分数)/%			力学性能					推荐热处理温度/℃			应用举例
	C	Si	Mn	R_m /MPa	R_{eL} /MPa	A /%	Z /%	A_k /J	正火	淬火	回火	
35Mn	0.32 ~ 0.39	0.17 ~ 0.37	0.70 ~ 1.00	560	335	18	45	55	870	850	600	应用范围基本同于相对应的普通含锰量钢。由于其淬透性，强度相应提高了，可用于截面尺寸较大，或强度要求较高的零件。其中65Mn最常用
40Mn	0.34 ~ 0.44	0.17 ~ 0.37	0.70 ~ 1.00	590	355	17	45	47	860	840	600	
45Mn	0.42 ~ 0.50	0.17 ~ 0.37	0.70 ~ 1.00	620	375	15	40	39	850	840	600	
50Mn	0.48 ~ 0.56	0.17 ~ 0.37	0.70 ~ 1.00	645	390	13	40	31	830	830	600	
60Mn	0.57 ~ 0.65	0.17 ~ 0.37	0.70 ~ 1.00	695	410	11	35		810			
65Mn	0.62 ~ 0.70	0.17 ~ 0.37	0.90 ~ 1.20	735	430	9	30		810			
70Mn	0.67 ~ 0.75	0.17 ~ 0.37	0.90 ~ 1.20	785	450	8	30		790			

注：表中所列正火推荐保温时间不少于30min，空冷；淬火推荐保温时间不少于30min，75号、80号和85号钢油淬，其余钢水淬；回火推荐保温时间不少于1h。

优质碳素结构钢按主要工艺特点不同也可分为非合金表面硬化钢、非合金调质钢、非合金弹簧钢、非合金行业用钢、非合金冷塑成型钢及非合金冷镦钢等。

(三) 特殊质量的机械结构合金钢

机械结构合金钢主要用于制造各种较为重要的机械零件和构件，均为经过热处理后才能使用的特殊质量等级钢。该类钢按主要工艺特点不同，又可分为表面硬化钢、调质钢、弹簧钢、冷塑成型钢、非调质钢和低碳马氏体钢，以及航空、航天、兵器等专业用合金结构钢。

(四) 按工艺特点分类的非合金和合金机械结构用钢

1. 表面硬化钢

表面硬化钢是指用表面淬火、渗碳、渗氮等表面热处理工艺方法能充分发挥该类钢表面硬化作用的钢种，主要包括非合金和合金渗碳钢、非合金和合金感应加热表面淬火钢、合金渗氮钢三类。

A 渗碳结构钢

碳含量为 $w(C)=0.1\% \sim 0.25\%$，经过渗碳、淬火-低温回火后的非合金渗碳结构钢和合金渗碳结构钢。

a 非合金渗碳结构钢

该类钢的碳含量及热处理工艺与合金渗碳结构钢相同。主要用于受力不大、表面要求耐磨的一般齿轮、凸轮等机械零件。可以不经热处理，利用该类钢碳含量低、强度低、塑性高、韧性高，具有良好的焊接性和成型性的特点，用于制造受力不大的冲压件、焊接件，如螺栓、螺母、螺钉、杠杆、轴套、焊接容器等零件或构件。常用的钢种为 15 号、20 号，见表 7-7。

b　合金渗碳结构钢

（1）性能特点。这类钢经渗碳、淬火-低温回火后，钢的表面具有较高的硬度和耐磨性，芯部具有足够的强度、塑性和韧性。适用于要求承受交变应力和摩擦作用的同时，也能承受一定的冲击载荷条件下工作的机械零件，如齿轮、凸轮、活塞销等。

（2）成分特点。碳含量低（$w(C)<0.25\%$），以确保零件的芯部有足够的塑性和韧性，同时也是为了能够进行表面渗碳，加入的元素有 Cr、Ni、Mn、B、W、Mo、V、Ti 等，可提高钢的淬透性并起到细化晶粒的作用。

（3）热处理特点。渗碳件一般的工艺路线为：下料→锻造→正火→机加工→渗碳→淬火 + 低温回火→磨削。渗碳温度为 900 ~ 950℃，渗碳后的热处理通常采用直接淬火加低温回火，但对渗碳时易过热的钢种如 20、20Mn2 等，渗碳后需先正火，以消除晶粒粗大的过热组织，然后再淬火和低温回火。淬火温度一般为 $A_{c1}+(30\sim50)$℃。使用状态下的组织为：表面是高碳回火马氏体加颗粒状碳化物加少量残余奥氏体（硬度达 HRC58 ~ 62），芯部是低碳回火马氏体加铁素体（淬透）或铁素体加托氏体（未淬透）。

（4）常用的钢种，如表 7-7 所列。

根据淬透性不同，可将渗碳钢分为三类。

1）低淬透性渗碳钢：典型钢种如 20、20Cr 等，其淬透性和芯部强度均较低，水中临界直径不超过 20 ~ 35mm。只适用于制造受冲击载荷较小的耐磨件，如小轴、小齿轮、活塞销等。

2）中淬透性渗碳钢：典型钢种如 20CrMnTi 等，其淬透性较高，油中临界直径约为 25 ~ 60mm，力学性能和工艺性能良好，大量用于制造承受高速中载、抗冲击和耐磨损的零件，如汽车、拖拉机的变速齿轮、离合器轴等。

3）高淬透性渗碳钢：典型钢种如 18Cr2Ni4WA 等，其油中临界直径大于 100mm，且具有良好的韧性，主要用于制造大截面、高载荷的重要耐磨件，如飞机、坦克的曲轴和齿轮等。

B　感应加热表面淬火钢

感应加热表面淬火最合适的钢种是非合金中碳结构钢和中碳的合金结构钢。碳含量过高，会增加表面淬火后淬硬层的脆性，降低芯部的塑性和韧性，并增加表面淬火的开裂倾向。碳含量过低，会降低表面淬硬层的硬度和耐磨性。碳含量过高、过低均不能满足工件对表层与芯部不同组织和性能的要求。该类钢主要用于低速、冲击小的不重要的齿轮。常见的钢种：

（1）中碳非合金结构钢。碳含量为 $w(C)=0.3\%\sim0.60\%$，常用的钢号为 40 号、45 号等。

（2）中碳合金结构钢。碳含量为 $w(C)=0.25\%\sim0.45\%$，加入的合金元素有 Cr、Mn、B 等，以增加淬透性。常用的钢号为 40Cr、40MnB 等。

上述两种类型的感应加热表面淬火钢种属于调质结构钢范畴。

C　合金渗碳结构钢

为了保证渗碳后的钢件表层具有高的硬度和耐磨性，芯部具有足够的强度、塑性和韧

表 7-7 常用渗碳钢的牌号、化学成分、热处理、性能及用途（GB/T 699—1999 和 GB/T 3077—1999）

类别	钢号	化学成分（质量分数）/%					热处理/℃			力学性能（不小于）					毛坯尺寸/mm	应用举例
		C	Mn	Si	Cr	其他	第一次淬火	第二次淬火	回火	R_m/MPa	R_{eL}/MPa	A/%	Z/%	A_{KU2}/J		
非合金渗碳钢	15	0.12～0.18	0.35～0.65	0.17～0.37			约920空			375	225	27	55		25	小轴、小模数齿轮、活塞销等小型渗碳件
	20	0.17～0.23	0.35～0.65	0.17～0.37			约900空			410	245	25	55		25	
低淬透性	20Mn2	0.17～0.24	1.40～1.80	0.17～0.37			850 水、油		200 水、空	785	590	10	40	47	15	代替20Cr作小齿轮、小轴、活塞销、十字削头等
	15Cr	0.12～0.18	0.40～0.70	0.17～0.37	0.70～1.00		880 水、油	780～820 水、油	200 水、空	735	490	11	45	55	15	船舶主机螺钉、齿轮、活塞销、凸轮、滑阀、轴等
	20Cr	0.18～0.24	0.50～0.80	0.17～0.37	0.70～1.00		880 水、油	780～820 水、油	200 水、空	835	540	10	40	47	15	机床变速箱齿轮、齿轮轴、活塞销、凸轮、蜗杆等
	20MnV	0.17～0.24	1.30～1.60	0.17～0.37		V0.07～0.12	880 水、油		200 水、空	785	590	10	40	55	15	机床变速箱齿轮、齿轮轴、活塞箱、凸轮、蜗杆等，也用作锅炉、高压容器、大型高压管道等

续表 7-7

类别	钢号	化学成分（质量分数）/%					热处理/℃			力学性能（不小于）					毛坯尺寸/mm	应用举例
		C	Mn	Si	Cr	其他	第一次淬火	第二次淬火	回火	R_m/MPa	R_{eL}/MPa	A/%	Z/%	A_{KU2}/J		
中淬透性	20CrMn	0.17～0.23	0.90～1.20	0.17～0.37	0.90～1.20		850 油		200 水、空	930	735	10	45	47	15	齿轮、轴、蜗杆、活塞销、摩擦轮
	20CrMnTi	0.17～0.23	0.80～1.10	0.17～0.37	1.00～1.30	Ti0.04～0.10	880 油	870 油	200 水、空	1080	850	10	45	55	15	汽车、拖拉机上的齿轮、齿轮轴、十字头等
	20MnTiB	0.17～0.24	1.30～1.60	0.17～0.37	0.70～1.00	Ti0.04～0.10、B0.0005～0.0035	860 油		200 水、空	1130	930	10	45	55	15	代替 20CrMnTi 制造汽车、拖拉机截面较小、中等负荷的渗碳件
	20MnVB	0.17～0.23	1.20～1.60	0.17～0.37	0.80～1.10	B0.0005～0.0035、V0.07～0.12	850 油		200 水、空	1080	885	10	45	55	15	代替 2CrMnTi、20Cr、20CrNi 制造重型机床的齿轮和轴、汽车齿轮
高淬透性	18Cr2Ni4WA	0.13～0.19	0.30～0.60	0.17～0.37	1.35～1.65	W0.8～1.2、Ni4.0～4.5	950 空	850 空	200 水、空	1180	835	10	45	78	15	大型渗碳齿轮、轴类和飞机发动机齿轮
	20Cr2Ni4	0.17～0.23	0.30～0.60	0.17～0.37	1.25～1.65	Ni3.25～3.65	880 油	780 油	200 水、空	1180	1080	10	45	63	15	大截面渗碳件如大型齿轮、轴等
	12Cr2Ni4	0.10～0.16	0.30～0.60	0.17～0.37	1.25～1.65	Ni3.25～3.65	860 油	780 油	200 水、空	1180	835	10	50	71	15	承受高负荷的齿轮、蜗轮、蜗杆、轴、方向接头叉等

性，用于渗碳的钢中必须含有 Al、V、Mo、Cr、W、Mn 等能与 N 形成合金氮化物和提高钢的淬透性的元素。由于该类钢经常在调质后渗氮，因此，要求该类钢的碳含量是中碳的，$w(\mathrm{C})=0.25\% \sim 0.60\%$。常用的渗氮钢均是调质钢，如 38CrMoAlA、35CrMo 等钢。

2. 调质结构钢

将调质后使用的中碳非合金结构钢和中碳的合金结构钢称为调质结构钢。钢经调质后由于获得回火索氏体，因而具有良好的综合力学性能。

A 非合金调质结构钢

碳含量为 $w(\mathrm{C})=0.30\% \sim 0.60\%$ 的中碳非合金结构钢，经调质处理后，获得良好的综合力学性能。主要用于制造受力比较大、在一定的冲击载荷条件下工作的机械零件，如曲轴、连杆、齿轮、机床主轴等。其中 40 号、45 号钢应用较为广泛。

B 合金调质结构钢

主要用于制造在重载和冲击载荷作用下的一些重要的受力件，要求高强度的同时，还要求有高的塑性和韧性等综合力学性能。只有中碳合金结构钢经调质处理后才能达到上述要求，因此称为合金调质结构钢。

（1）性能特点。具有良好的综合力学性能和合适的淬透性。

（2）成分特点。碳含量为中碳 $w(\mathrm{C})=0.25\% \sim 0.45\%$，碳含量过高、过低均不能满足经调质后获得良好的综合力学性能的要求。加入的合金元素有 Mn、Si、Cr、Ni、B、V、Mo、W 等，主要作用是提高淬透性，强化铁素体和细化晶粒，W、Mo 可防止产生高温回火脆性。

（3）热处理特点。调质件一般的工艺路线为：下料→锻造→退火→粗机加工→调质→精机加工。预备热处理采用退火（或正火），其目的是调整硬度、便于切削加工；改善锻造组织、消除缺陷、细化晶粒，为淬火做组织准备。最终热处理为淬火加高温回火（调质），回火温度的选择取决于调质件的硬度要求。为防止第二类回火脆性，回火后采用快冷（水冷或油冷），最终热处理后的使用状态下组织为回火索氏体。当调质件还有高耐磨性和高耐疲劳性能要求时，可在调质后进行表面淬火或氮化处理，这样在得到表面高耐磨性硬化层的同时，芯部仍保持综合力学性能高的回火索氏体组织。

近年来，利用低碳钢和低碳合金钢经淬火和低温回火处理，得到强度和韧性配合较好的低碳马氏体来代替中碳的调质钢。在石油、矿山、汽车工业上得到广泛应用，收效很大。如用 15MnVB 代替 40Cr 制造汽车连杆螺栓等，效果很好。

（4）常用钢种，见表 7-8。

根据淬透性不同，可将渗碳钢分为三类。

1）低淬透性调质钢：这类钢的油中临界直径为 30 ~ 40mm，常用钢种为 45 号、40Cr 等，用于制造尺寸较小的齿轮、轴、螺栓等。

2）中淬透性调质钢：这类钢的油中临界直径为 40 ~ 60mm，常用钢种为 40CrNi，用于制造截面较大的零件，如曲轴、连杆等。

3）高淬透性调质钢：这类钢的油中临界直径为 60 ~ 100mm，常用钢种为 40CrNiMo，用于制造大截面、重载荷的零件，如汽轮机主轴、叶轮、航空发动机轴等。

C 非调质合金结构钢

为了节省资源、简化工艺，通过锻造时控制终锻温度和锻后的冷却速度，获得的强韧

表 7-8 常用调质钢的牌号、化学成分、热处理、性能和用途（GB/T 699—1999 和 GB/T 3077—1999）

类别	钢号	化学成分（质量分数）/%					热处理/℃		力学性能（不小于）					退火硬度 HB	毛坯尺寸/mm	应用举例
		C	Mn	Si	Cr	其他	淬火	回火	R_m/MPa	R_{eL}/MPa	A/%	Z/%	A_{KU2}/J			
低淬透性	45	0.42～0.50	0.50～0.80	0.17～0.37	≤0.25		840	600	600	355	16	40	39	≤197	25	小截面、中载荷的调质件如主轴、曲轴、齿轮、连杆、链轮等
低淬透性	40Mn	0.37～0.44	0.70～1.00	0.17～0.37	≤0.25		840	600	590	355	17	45	47	≤207	25	比 45 号钢强韧性要求稍高的调质件
低淬透性	40Cr	0.37～0.44	0.50～0.80	0.17～0.37	0.80～1.10		850 油	520	980	785	9	45	47	≤207	25	重要调质件，如轴类、连杆螺栓、机床齿轮、蜗杆、销子等
低淬透性	45Mn2	0.42～0.49	1.40～1.80	0.17～0.37			840 油	550	885	735	10	45	47	≤217	25	代替 40Cr 作＜50mm 的重要调质件，如机床齿轮、钻床主轴、凸轮、蜗杆等
低淬透性	45MnB	0.42～0.49	1.10～1.40	0.17～0.37		B0.0005～0.0035	840 油	500	1030	835	9	40	39	≤217	25	
低淬透性	40MnVB	0.37～0.44	1.10～1.40	0.17～0.37		V0.05～0.10、B0.0005～0.0035	850 油	520	980	785	10	45	47	≤207	25	可代替 40Cr 或 40CrMo 制造汽车、拖拉机和机床的重要调质件，如轴、齿轮等
低淬透性	35SiMn	0.32～0.40	1.10～1.40	1.10～1.40			900 水	570	885	735	15	45	47	≤229	25	除低温韧性稍差外，可全面代替 40Cr 和部分代替 40CrNi
中淬透性	40CrNi	0.37～0.44	0.50～0.80	0.17～0.37	0.45～0.75	Ni1.00～1.40	820 油	500	980	785	10	45	55	≤241	25	作较大截面的重要件，如曲轴、主轴、齿轮、连杆等

续表 7-8

类别	钢号	化学成分（质量分数）/%					热处理/℃		力学性能（不小于）					退火硬度 HB	毛坯尺寸/mm	应用举例
		C	Mn	Si	Cr	其他	淬火	回火	R_m/MPa	R_{eL}/MPa	A/%	Z/%	A_{KU2}/J			
中淬透性	40CrMn	0.37～0.45	0.90～1.20	0.17～0.37	0.90～1.20		840 油	550	980	835	9	45	47	≤229	25	代替 40CrNi 作受冲击载荷不大零件，如齿轮轴、离合器等
	35CrMo	0.32～0.40	0.40～0.70	0.17～0.37	0.80～1.10	Mo0.15～0.25	850 油	550	980	835	12	45	63	≤229	25	代替 40CrNi 作大截面齿轮和高负荷传动轴、发电机转子等
	30CrMnSi	0.27～0.34	0.80～1.10	0.90～1.20	0.80～1.10		880 油	520	1080	885	10	45	39	≤229	25	用于飞机调质件，如起落架、螺栓、天窗盖、冷气瓶等
	38CrMoAl	0.35～0.42	0.30～0.60	0.20～0.45	1.35～1.65	Mo0.15～0.25	940 水、油	640	980	835	14	50	71	≤229	30	高级氮化钢，作重要丝杆、镗杆、主轴、高压阀门等
高淬透性	37CrNi3	0.34～0.41	0.30～0.60	0.17～0.37	1.20～1.60	Ni3.00～3.50	820 油	500	1130	980	10	50	47	≤269	25	高强韧性的大型重要零件，如汽轮机叶轮、转子轴等
	25Cr2Ni4WA	0.21～0.28	0.30～0.60	0.17～0.37	1.35～1.65	Ni4.00～4.50、W0.80～1.20	850 油	550	1080	930	11	45	71	≤269	25	大截面高负荷的重要调质件，如汽轮机主轴、叶轮等
	40CrNiMoA	0.37～0.44	0.50～0.80	0.17～0.37	0.60～0.90	Mo0.15～0.25、Ni1.25～1.65	850 油	600	980	835	12	55	78	≤269	25	高强韧性大型重要零件，如飞机起落架、航空发动机轴
	40CrMnMo	0.37～0.45	0.90～1.20	0.17～0.37	0.90～1.20	Mo0.20～0.30	850 油	600	980	785	10	45	63	≤217	25	部分代替 40CrNiMoA，如作卡车后桥半轴、齿轮轴等

性能的钢，称为非调质合金结构钢。它的基本原理就是在中碳钢的基础上加入微量的合金元素（V、Ti、Nb、N 等），在热加工后的冷却阶段，从铁素体中析出弥散的沉淀化合物质点，形成沉淀强化，同时又有细化晶粒的作用。该类钢的主要缺点是塑性、韧性低一些。我国的非调质合金钢有两种，见表 7-9。

表 7-9 非调质合金钢的成分、性能

牌号	化学成分（质量分数）/%						力学性能					
	C	Mn	Si	P	S	V	R_m/MPa	R_{eL}/MPa	A/%	Z/%	A_{KU2}/J	HBS
YF35MnV	0.32 ~ 0.39	1.0 ~ 1.5	0.30 ~ 0.60	≤0.035	0.035 ~ 0.075	0.06 ~ 0.13	≥735	≥460	≥17	≥35	≥37	≥257
YF40MnV	0.37 ~ 0.44	1.0 ~ 1.5	0.20 ~ 0.40	≤0.035	≤0.035	0.06 ~ 0.13	≥785	≥490	≥15	≥40	≥36	≥257

D 低碳马氏体

低碳马氏体又称板条马氏体，该组织具有高强度的同时还具有良好的塑性和韧性，其综合力学性能可达到中碳合金调质钢热处理后的水平。如：20SiMn2MoVA 钢用于石油钻机吊环、吊卡等，可减重 42.3%。

四、弹簧结构钢

弹簧结构钢是指用来制造各种弹簧的钢种。弹簧在工作时产生的弹性变形可吸收、储存能量，有减振、缓冲作用，因此，要求弹簧有较高的弹性极限。弹簧在工作时还要承受循环交变载荷的作用，故要求有高的疲劳强度，一定的塑性、韧性。有时还有耐热、耐腐蚀的要求。弹簧结构钢主要包括非合金弹簧结构钢和合金弹簧结构钢两大类，见表 7-10。

（一）非合金弹簧结构钢（碳素弹簧钢）

碳含量 $w(C)=0.60\% \sim 0.90\%$ 的高碳结构钢，经过淬火-中温回火后使用的钢种，具有较高的硬度、强度、疲劳强度、弹性极限，足够的韧性，尤其是弹性极限较高。主要用于制造尺寸 <10mm 不太重要的弹性零件和易磨损零件，如弹簧、弹簧垫圈、轧辊等。常用钢种见表 7-10。

（二）合金弹簧结构钢

合金弹簧结构钢专门用于制造大截面的较大冲击、振动、周期性扭转、弯曲等交变载荷作用下一些重要的弹性元件，它可以吸收振动能、冲击能或储存能量，以驱动机件运动。

（1）性能特点。根据弹簧的工作条件，要求合金弹簧结构钢具有高的弹性极限、高的屈强比、高的疲劳强度和足够的塑性、韧性，同时还要求良好的淬透性和表面质量。在一些特殊条件下，还要求有一定耐热性和耐腐蚀性等。

（2）成分特点。碳含量必须是中、高碳的（$w(C)=0.45\% \sim 0.70\%$），以保证得到高的弹性。加入的合金元素有 Si、Mn、Cr、Mo、W、V 等，目的是为了提高合金弹簧结构

表 7-10 常用弹簧钢的牌号、成分、热处理、性能及用途（摘自 GB/T 1222—1985）

种类	钢号	主要成分 w(Me)/%					热处理		力学性能				应用范围
		C	Mn	Si	Cr	其他	淬火/℃	回火/℃	R_{eL}/MPa	R_m/MPa	$A_{11.3}$/%	Z/%	
非合金弹簧钢	65	0.62～0.70	0.50～0.80	0.17～0.37	≤0.25	—	840（油）	500	800	1000	9	35	截面＜15mm 的小弹簧
	70	0.62～0.75	0.50～0.80	0.17～0.37	≤0.25	—	830（油）	480	850	1050	8	30	
	85	0.82～0.90	0.50～0.80	0.17～0.37	≤0.25	—	820（油）	480	1000	1150	6	30	
	65Mn	0.62～0.70	0.90～1.20	0.17～0.37	≤0.25		830（油）	540	800	1000	8	30	截面≤25mm 的弹簧，例如车厢缓冲卷簧
合金弹簧钢	55Si2Mn	0.52～0.65	0.60～0.90	1.50～2.00	≤0.35		870（油或水）	480	1200	1300	6	30	
	60Si2Mn	0.56～0.64	0.60～0.90	1.50～2.00	≤0.35		870（油）	480	1200	1300	5	25	
	55Si2MnB	0.52～0.60	0.60～0.90	1.50～2.00	≤0.35	B 0.0005～0.0040	870（油）	480	1200	1300	6	30	
	60Si2CrA	0.56～0.64	0.40～0.70	1.40～1.80	0.70～1.00		870（油）	420	1600	1800	6	20	截面≤30mm 的重要弹簧，例如小型汽车、载重车板簧，扭杆簧，低于 350℃的耐热弹簧
	60Si2CrVA	0.56～0.64	0.40～0.70	1.40～1.80	0.90～1.20	V 0.10～0.20	850（油）	410	1700	1900	6	20	
	50CrVA	0.46～0.54	0.50～0.80	0.17～0.37	0.80～1.10		850（油）	500	1150	1300	9	40	
	55CrMnA	0.52～0.60	0.65～0.95	0.17～0.37	0.65～0.95	V 0.10～0.20	850（油）	500	1100	1250	6	35	

钢的弹性极限和淬透性，并起到细化晶粒的作用，W、Mo 还可以降低高温回火脆性，提高耐回火性。

(3) 热处理特点。根据弹簧尺寸的不同，其加工工艺及热处理工艺方法也不同。

1) 热成型弹簧的热处理。线径或板厚≥10mm、在热轧状态下成型的弹簧，利用成型后余热淬火，再在 420 ~ 450℃的温度下进行中温回火，硬度为 40 ~ 48HRC。有时采用喷丸处理以提高其疲劳强度。

2) 冷成型弹簧的热处理。线径或板厚≤10mm、利用冷拔钢丝成型的弹簧，它可分为三种：

铅淬冷拔钢丝：将坯料加热到奥氏体化后在铅槽中等温处理，后经多次冷拔至所需尺寸的冷卷弹簧，然后进行一次 200 ~ 300℃低温去应力退火即可。

油淬回火钢丝：冷拔到规定尺寸后进行淬火和中温回火处理，冷卷后在 200 ~ 300℃低温去应力退火即可。

退火钢丝：冷拔后退火，冷卷成型后再进行淬火和中温回火的弹簧，应用较少。

(三) 常用钢种，见表 7-10。

表 7-10 为常用弹簧钢的牌号、成分、热处理、性能及用途。

五、冷冲压用钢

用来制造各种在冷态下成型的冲压零件用钢称为冷冲压用钢（冷冲压钢）。这类钢既要求塑性高，成型性好，又要求冲制的零件具有平滑光洁的表面。

(一) 化学成分

冷冲压钢的 $w(C)<0.20\%\sim0.30\%$。对冲压变形量大、轮廓形状复杂的零件，则多采用 $w(C)<0.05\%\sim0.08\%$ 的钢。锰的作用与碳相似，故其含量也不宜过高；磷和硫会损害钢的成型性，要求其质量分数 $<0.035\%$。硅可使钢的塑性降低，其含量越低越好。故通常在深冲压钢板中不使用硅铁脱氧，而采用含硅量极低的沸腾钢。

(二) 钢板的组织

冷冲压件有两类：一类是形状复杂但受力不大的，如汽车驾驶室覆盖件和一些机器外壳等，只要求钢板有良好的冲压性能和表面质量，多采用冷轧深冲低碳钢板（厚度 < 4mm）；另一类不但形状复杂，而且受力较大的，如汽车车架，要求钢板既有良好的冲压性，又有足够的强度，多选用冲压性能好的热轧低合金结构钢（或碳素结构钢）厚度（习惯上叫中板）。

目前生产中以冷轧深冲薄板应用最广，其金相组织主要是铁素体基体上分布有极少量的非金属夹杂物等。它要求具有细（晶粒度级别指数为 6）而均匀的铁素体晶粒。晶粒过粗，在冲压过程中，在变形量较大的部位易发生裂纹，而且零件表面也极为粗糙（橘皮状）；晶粒过细时，因钢板的强度提高了，使冲压性能恶化。特别是晶粒大小不均匀时，会使钢板在冲压时因变形不均匀而发生裂纹。

对有珠光体存在的冲压钢来说，以粒状珠光体的冲压性为最好。此外，呈连续条状分布的夹杂物及沿铁素体晶界析出的三次渗碳体，都会破坏金属基体的连续性，会降低钢板的苏醒，使冲压性能恶化。

(三) 常用的冷冲压用钢

冷冲压用薄钢板通常在热处理后经精压后供货，钢板材料是低碳的优质碳素结构钢，用量最大的是08F和08Al薄板。对形状简单，外观要求不高的冲压件，可选用价廉的08F钢；而对冲压性能要求高，外观要求严的零件宜选用铝脱氧的镇静钢08Al；变形不大的一般冲压件，可用10号、15号、20号钢等。

六、滚动轴承钢

滚动轴承钢是用来制造滚珠、滚柱、滚针和轴承内外套圈的钢种。滚动轴承在工作时由于要承受极大的压力、周期性交变载荷，其滚动体与套圈表面因疲劳产生小块剥落，形成麻坑而产生接触性疲劳破坏，因此，对滚动轴承钢的要求较高。

（一）性能特点

滚动轴承钢的性能特点是：

（1）要有很高的接触疲劳强度和足够的弹性极限。

（2）较高的均匀硬度和耐磨性，硬度不小于62～64HRC。

（3）足够的韧性。

（4）良好的尺寸稳定性、耐腐蚀性。

（二）成分特点

目前最常用的是高碳铬轴承钢，其$w(C)=0.95\% \sim 1.15\%$，以保证轴承钢具有高强度、硬度，并形成足够的合金碳化物以提高耐磨性。

主加元素为铬（$w(Cr)<1.65\%$），用于提高淬透性，并使刚才在热处理后形成细小均匀分布的合金渗碳体（$(Fe, Cr)_3C$，提高钢的接触疲劳抗力和耐磨性。但含铬量过多（$w(Cr)>1.65\%$），会增加淬火后残余奥氏体量，并使碳化物分布不均匀。为了进一步提高其淬透性，制造大型轴承的钢还可加入硅、锰等元素。

高碳铬轴承钢对硫、磷含量限制极严（$w(S)<0.02\%$，$w(P)<0.027\%$），因硫、磷会形成非金属夹杂物，降低接触疲劳抗力。高碳铬轴承钢是一种高级优质钢（牌号后不加“A”字）。

（三）热处理

滚动轴承钢的热处理包括预备热处理（球化退火）及最终热处理（淬火与低温回火）。球化退火的目的是降低锻造后钢的硬度以利于切削加工，并为淬火作好组织准备。如若钢中存在着粗大的块状碳化物或较严重的带状或网状碳化物时，则在球化退火前应先进行正火处理，以改善碳化物的形态与分布。淬火、低温回火的目的是使钢的力学性能满足使用要求，淬火、低温回火后，组织应为极细的回火马氏体、细小而均匀分布的碳化物及少量残余奥氏体，硬度为61～65HRC。

对于精密轴承零件，为了保证使用中的尺寸稳定性，可在淬火后进行冷处理（-60～-80℃），以减少残余奥氏体量，然后再进行低温回火，并在磨削加工后，再予以稳定化处理（120～150℃，保温10～20h）。

（四）常用的滚动轴承钢

常用的滚动轴承钢的牌号、成分等见表7-11。

表 7-11 常用滚动轴承钢牌号、成分、热处理、力学性能及用途（摘自 GB/T 1854—2002）

牌号	化学成分（质量分数）/%				热处理		回火后硬度 HRC	用途举例
	C	Cr	Si	Mn	淬火温度/℃	回火温度/℃		
GCr4	0.95 ~ 1.05	0.35 ~ 0.50	0.15 ~ 0.30	0.15 ~ 0.30	810 ~ 830 水、油	150 ~ 170	62 ~ 66	直径 < 20mm 的滚珠、滚柱及滚针
GCr15	0.95 ~ 1.05	1.04 ~ 1.65	0.15 ~ 0.35	0.25 ~ 0.45	820 ~ 840 油	150 ~ 160	62 ~ 66	壁厚 < 12mm、外径 < 250mm 的套圈。直径为 25 ~ 50mm 的钢球。直径 < 22mm 的滚子
GCr15SiMn	0.95 ~ 1.05	1.40 ~ 1.65	0.45 ~ 0.75	0.95 ~ 1.25	820 ~ 840 油	150 ~ 170	64 ~ 66	壁厚 ≥ 12mm、外径 > 250mm 的套圈；直径为 > 50mm 的钢球；直径 > 22mm 的滚子
GCr15SiMo	0.95 ~ 1.05	1.40 ~ 1.70	0.65 ~ 0.85	0.20 ~ 0.40	840 ~ 860 油	170 ~ 190	62 ~ 65	
GCr18Mo	0.95 ~ 1.05	1.65 ~ 1.95	0.20 ~ 0.40	0.25 ~ 0.40	850 ~ 865 油	160 ~ 200	62 ~ 65	用于制造尺寸较大（如高速列车）的套圈及滚动体

第四节 工 具 钢

工具钢是指用于制造刀具、量具、模具和其他各种耐磨工具用的钢类。按其主要化学成分的不同，可分为碳素工具钢、合金工具钢和高速工具钢三大类。

工具钢除个别情况以外，大多数情况下是在局部受到很大的压力和摩擦力的条件下工作的，因此，要求有更高的硬度和耐磨性以及足够的强度和韧性，故工具钢（除热作模具钢外）大多数是过共析钢（$w(C)=0.90\% \sim 1.30\%$）。可以获得高碳马氏体，并形成足够数量弥散分布的粒状碳化物，以保证高的耐磨性。所加的合金元素除提高淬透性外，主要是使钢具有高硬度和高耐磨性，故常采用能形成碳化物的元素，如铬、钨、钼、钒等。为了改善工具钢的塑性变形能力，并减轻热处理时淬裂倾向，对钢材杂质的含量要严格控制。碳素工具钢中，$w(S) \leqslant 0.03\%$，$w(P) \leqslant 0.035\%$。合金工具中 $w(S)$ 与 $w(P)$ 均 $\leqslant 0.03\%$。

工具钢的预备热处理通常采用球化退火，以改善其可加工性。有时为了消除网状或大块状碳化物，在球化退火前，要先进行一次正火处理。工具钢的最终热处理一般多采用淬火与低温回火。淬火温度通常是在碳化物与奥氏体共存的两相区内进行的。这不仅可以阻止奥氏体晶粒长大，使工具钢保持细小晶粒，从而能在高硬度条件下保证有一定的韧性；且由于剩余碳化物的存在，还有利于工具钢耐磨性的提高。

各种工、模具在性能上除有共性要求外，由于它们工作条件的不同，还有不同的要求。下面对刃具钢、模具钢、量具钢分别进行论述。

一、刃具钢

专门用在制造车刀、铣刀、钻头等切削刃具的工具钢称为刃具钢。刃具在工作时受到工件压力，刃部与切屑产生摩擦，受到一定的振动与冲击。因此，刃具钢应具备下列性能：高的硬度（≥60HRC）和耐磨性、高的热硬性、足够的塑性和韧性等。常用的刃具钢有三类：碳素工具钢、合金刃具钢和高速工具钢。

（一）碳素工具钢

碳素工具钢的$w(C)=0.65\% \sim 1.35\%$，从而保证淬火后有足够的硬度。各牌号的碳素工具钢淬火后的硬度接近，但随着含碳量的增加，未溶渗碳体量增多，使钢的耐磨性增加，而韧性降低。因此，T7、T8 适用于制造承受一定冲击而要求韧性较高的刃具，如木工用斧、钳工錾子等，淬火、回火后硬度为 48 ~ 54HRC（工作部分）。T9、T10、T11 钢用于制造冲击较小而要求高硬度与耐磨的刃具，如小钻头、丝锥、手锯条等，淬火、回火后硬度为 60 ~ 62HRC。T12、T13 钢，硬度及耐磨性最高，但韧性最差，用于制造不承受冲击的刃具，如锉刀、铲刮刀等，淬火、回火后硬度为 62 ~ 65HRC。高级优质的 T7A ~ T13A 比相应的优质碳素工具钢有较小的淬火开裂倾向，适于制造形状复杂的刃具。

碳素工具钢的预备热处理一般为球化退火，其目的是降低硬度（HB≤217），便于切削加工，并为淬火作组织准备。最终热处理为淬火加低温回火。使用状态下的组织为回火马氏体加颗粒状碳化物加少量残余奥氏体，硬度可达 60 ~ 65HRC。碳素工具的常用钢种见表 7-12。

表 7-12 碳素工具钢的牌号、成分及用途（GB/T 1298—2008）

<table>
<tr><th rowspan="3">牌号</th><th colspan="5">化学成分（质量分数）/%</th><th rowspan="3">退火硬度 HB（不大于）</th><th rowspan="3">淬火温度/℃</th><th rowspan="3">淬火硬度 HRC</th><th rowspan="3">用途举例</th></tr>
<tr><th rowspan="2">C</th><th rowspan="2">Si</th><th rowspan="2">Mn</th><th>S</th><th>P</th></tr>
<tr><th colspan="2">不大于</th></tr>
<tr><td>T7、T7A</td><td>0.65 ~ 0.74</td><td>≤0.35</td><td>≤0.40</td><td>0.030</td><td>0.035</td><td>187</td><td>800 ~ 820</td><td rowspan="6">≥62</td><td rowspan="2">承受冲击，韧性较好、硬度适当的工具，如扁铲、冲头、手钳、大锤、改锥、木工工具、压缩空气工具</td></tr>
<tr><td>T8、T8A</td><td>0.75 ~ 0.84</td><td>≤0.35</td><td>≤0.40</td><td>0.030</td><td>0.035</td><td>187</td><td rowspan="2">780 ~ 800</td></tr>
<tr><td>T8Mn</td><td>0.80 ~ 0.90</td><td>≤0.35</td><td>0.40 ~ 0.60</td><td>0.030</td><td>0.035</td><td>187</td><td>承受冲击，韧性较好、硬度适当的工具，如扁铲、冲头、手钳、大锤、改锥、木工工具、压缩空气工具，但淬透性较大，可制断面较大的工具</td></tr>
<tr><td>T9、T9A</td><td>0.85 ~ 0.94</td><td>≤0.35</td><td>≤0.40</td><td>0.030</td><td>0.035</td><td>192</td><td rowspan="3">760 ~ 780</td><td>韧性中等，硬度高的工具，如冲头、木工工具、凿岩工具</td></tr>
<tr><td>T10、T10A</td><td>0.95 ~ 1.04</td><td>≤0.35</td><td>≤0.40</td><td>0.030</td><td>0.035</td><td>197</td><td rowspan="2">不受剧烈冲击、高硬度耐磨的工具，如车刀、刨刀、丝锥、钻头、手锯条</td></tr>
<tr><td>T11、T11A</td><td>1.05 ~ 1.14</td><td>≤0.35</td><td>≤0.40</td><td>0.030</td><td>0.035</td><td>207</td></tr>
</table>

续表 7-12

牌号	化学成分（质量分数）/%					退火硬度 HB（不大于）	淬火温度/℃	淬火硬度 HRC	用途举例
	C	Si	Mn	S	P				
				不大于					
T12、T12A	1.15～1.24	≤0.35	≤0.40	0.030	0.035	207	760～780	≥62	不受冲击、要求高硬度高耐磨的工具、如锉刀、刮刀、精车刀、丝锥、量具
T13、T13A	1.25～1.35	≤0.35	≤0.40	0.030	0.035	217			

（二）合金刃具钢

合金刃具钢是在碳素工具钢的基础上，加入少量（$w(\mathrm{Me})<5\%$）的合金元素，专门用于制造量具、切削刃具的钢种。

1. 化学成分

合金刃具钢的 $w(\mathrm{C})=0.75\%\sim1.5\%$，以保证钢淬火后具有高硬度（>62HRC），并可与合金元素形成适当数量的合金碳化物，以增加耐磨性。加入的合金元素主要有 Cr、Si、Mn、W 等。

铬是碳化物形成元素，当 $w(\mathrm{Cr})<3\%$ 时，只形成合金渗碳体并部分溶于固溶体中。铬能使钢的淬透性明显增加，但铬在过共析钢中的含量不宜过高，当 $w(\mathrm{Cr})>1.4\%$，而 $w(\mathrm{C})>1.0\%\sim1.2\%$ 时，将会增加碳化物的不均匀性。所以，过共析钢中，铬含量一般控制在 $w(\mathrm{Cr})=1.0\%$ 左右为宜。

硅除了增加钢的淬透性以外，其主要作用是提高钢的耐回火性，改善刃具的热硬性。

锰能使过冷奥氏体的稳定性增加，淬火后能使钢具有较多的残余奥氏体，可减少刃具淬火后的变形量。

钨在钢中形成较稳定的碳化物，在淬火加热过程中，碳化物基本上不溶于奥氏体，能阻止奥氏体晶粒变粗大，并提高钢的耐磨性。

2. 常用合金刃具钢

常用合金刃具钢的牌号、成分、热处理及用途见表 7-13。

表 7-13 常用合金刃具钢的牌号、成分、热处理及用途（摘自 GB/T 1299—2000）

牌号	化学成分（质量分数）/%					淬火		交货状态硬度 HBW	用途举例
	C	Si	Mn	Cr	其他	温度/℃	硬度 HRC		
9SiCr	0.85～0.95	1.20～1.60	0.30～0.60	0.95～1.25		820～860 油	≥62	241～197	丝锥、板牙、钻头、铰刀、齿轮铣刀、冷冲模、轧辊
8MnSi	0.75～0.85	0.30～0.60	0.80～1.10			800～820 油	≥60	≤229	一般多用作木工凿子、锯条或其他刀具
Cr06	1.30～1.45	≤0.40	≤0.40	0.50～0.70		780～810 水	≥64	241～187	用作剃刀、刀片、刮刀、刻刀、外科医疗刀具

续表 7-13

牌号	化学成分（质量分数）/%					淬火		交货状态	用途举例
	C	Si	Mn	Cr	其他	温度/℃	硬度 HRC	硬度 HBW	
Cr2	0.95~1.10	≤0.40	≤0.40	1.30~1.65		830~860 油	≥62	229~179	低速、材料硬度不高的切削刀具，量规、冷轧辊等
9Cr2	0.80~0.95	≤0.40	≤0.40	1.30~1.70		820~850 油	≥62	217~179	主要用于冷轧辊、冷冲头及冲头、木工工具等
W	1.05~1.25	≤0.40	≤0.40	0.10~0.30	W0.80~1.20	800~830 水	≥62	229~187	低速切削硬金属的刀具，如麻花钻、车刀等
9Mn2V	0.85~0.95	≤0.40	1.70~2.00	—	V0.10~0.25	780~810 油	≥62	≤229	丝锥、板牙、铰刀、小冲模、冷压模、料模、剪刀等
CrWMn	0.90~1.05	≤0.40	0.80~1.10	0.90~1.20	W1.20~1.60	800~830 油	≥62	255~207	拉刀、长丝锥、量规及形状复杂精度高的冲模、丝杠等

合金刃具钢的热处理与碳素工具钢基本相同。刃具毛坯锻压后的预备热处理采用球化退火，机械加工后的最终热处理采用淬火（油淬、分级淬火或等温淬火）、低温回火。合金刃具钢经球化退火及淬火、低温回火后，组织应为细回火马氏体、粒状合金碳化物及少量残余奥氏体，一般硬度为60~65HRC。

综上所述，合金刃具钢比碳素工具钢有较高的淬透性，较小的淬火变形，较高的热硬性（达300℃），有较高的强度和耐磨性。但合金刃具钢的热硬性、耐磨性及淬透性仍不能满足现代工具的更高要求。

（三）高速工具钢

高速工具钢是热硬性、耐磨性较高的高合金工具钢。因它制作的刃具使用时，允许比合金刃具钢有更高的切削速度而得此名。它的热硬性可达600℃，切削时能长期保持刃口锋利，故俗称为"锋钢"。其强度也比碳素工具钢提高30%~50%。

1. 成分特点

（1）高碳：含碳量为0.70%~1.60%，以保证形成足够量的碳化物。

（2）合金元素：主要加入的元素是Cr、W、Mo、V，加Cr的主要目的是为了提高淬透性，各高速钢的铬含量大多在4%左右。

铬还可提高钢的耐回火性和抗氧化性。W、Mo的主要作用是提高钢的热硬性，原因是在淬火后的回火过程中，析出了这些元素的碳化物，使钢产生二次硬化。V的主要作用是细化晶粒，同时由于VC硬度极高，可提高钢的硬度和耐磨性。

2. 加工与热处理

高速钢的加工工艺路线为：下料→锻造→退火→机加工→淬火+回火→喷砂→磨削

加工。

(1) 锻造。高速钢是莱氏体钢，其铸态组织为亚共晶组织，由鱼骨状莱氏体与树枝状的马氏体和托氏体组成（见图 7-11），这种组织脆性大且无法通过热处理改善。因此，需要通过反复锻打来击碎鱼骨状的碳化物，使其均匀地分布于基体中。可见，对于高速钢而言，锻造具有成型和改善组织的双重作用。

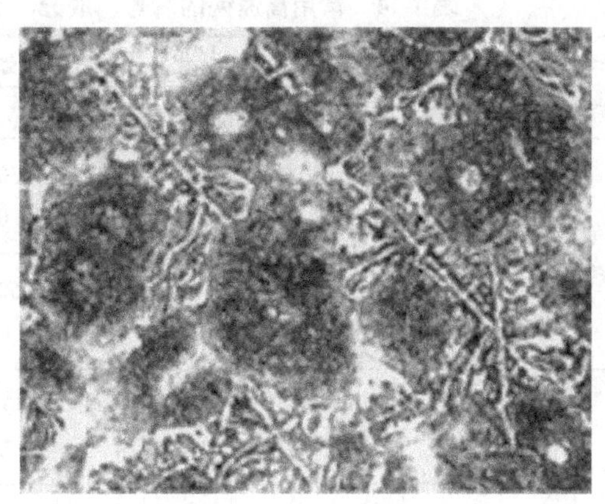

图 7-11 高速工具钢铸态显微组织（300×）

(2) 退火。高速钢的预备热处理是球化退火，其目的是降低硬度，便于切削加工，并为淬火作组织准备。退火后组织为索氏体加细颗粒状碳化物，如图 7-12 所示。

(3) 淬火。高速钢的导热性较差，故淬火加热时应在 600～650℃和 800～850℃预热两次，以防止变形与开裂。高速钢的淬火温度高达 1280℃，以使更多的合金元素溶入奥氏体中，达到淬火后获得高合金元素含量的马氏体目的。淬火温度不宜过高，否则易引起晶粒粗大。淬火冷却多采用盐浴分级淬火或油冷，以减少变形和开裂的倾向。淬火后的组织为隐针马氏体加颗粒状碳化物和较多的残余奥氏体（约 30%），如图 7-13 所示，硬度为 61～63HRC。

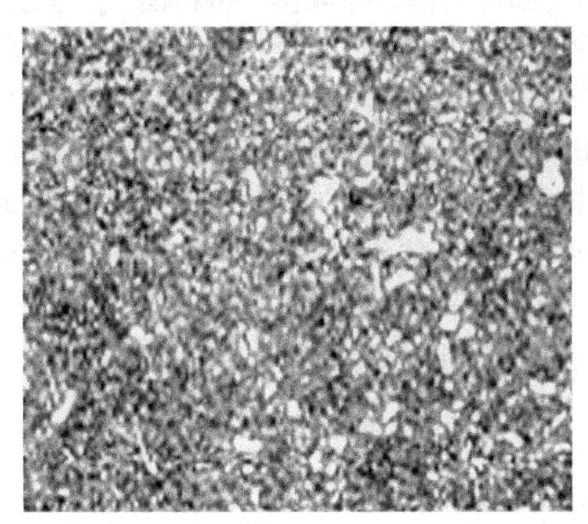

图 7-12 W18Cr4V 钢的退火组织（400×）

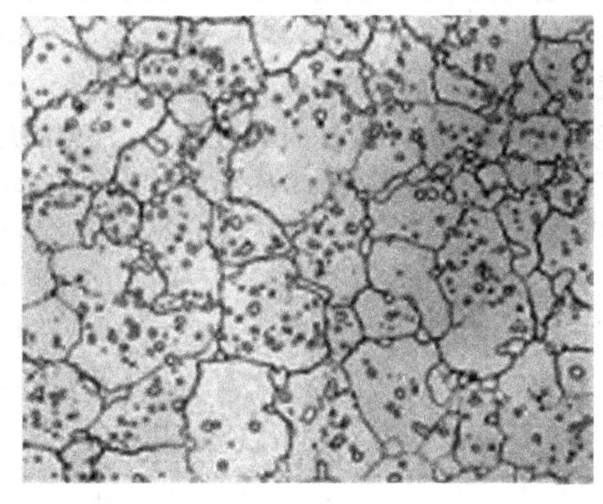

图 7-13 W18Cr4V 钢的淬火组织（400×）

3. 常用钢种

常用的高速钢列于表 7-14 中。其中最常用的钢种为钨系的 W18Cr4V 和钨-钼系的 W6Mo5Cr4V2。这两种钢的组织性能相似，但前者的热硬性较好，后者的耐磨性、热塑性和韧性较好。主要用于制造高速切削刃具，如车刀、刨刀、铣刀、钻头等。

二、模具钢

模具钢是用来制造各种模具用的工具钢。依据使用性质不同，模具钢可分为冷作模具钢、热作模具钢、塑料模具钢和无磁模具钢等。

表 7-14 常用高速钢的牌号、成分、热处理及硬度（摘自 GB/T 9943—2008）

种类	牌号	化学成分（质量分数）/%								热处理温度/℃		退火硬度 HB	淬火回火 HRC
		C	Mn	Si	Cr	W	Mo	V	其他	淬火	回火		
钨系	W18Cr4V	0.70 ~ 0.80	0.10 ~ 0.40	0.20 ~ 0.40	3.80 ~ 4.40	17.50 ~ 19.00	≤0.30	1.00 ~ 1.40		1270 ~ 1285	550 ~ 570	≤225	≥63
钨系	W18Cr4V2Co5	0.85 ~ 0.95	0.10 ~ 0.40	0.20 ~ 0.40	3.75 ~ 4.50	17.50 ~ 19.00	0.40 ~ 1.00	0.80 ~ 1.20	Co4.25 ~5.75	1280 ~ 1300	540 ~ 560	≤269	≥63
钨钼系	W6Mo5Cr4V2	0.80 ~ 0.90	0.15 ~ 0.45	0.20 ~ 0.45	3.80 ~ 4.40	5.50 ~ 6.75	4.50 ~ 5.50	1.75 ~ 2.20		1210 ~ 1230	550 ~ 570	≤255	≥63
钨钼系	W6Mo5Cr4V3	1.00 ~ 1.10	0.15 ~ 0.40	0.20 ~ 0.45	3.75 ~ 4.50	6.00 ~ 7.00	4.50 ~ 5.50	2.25 ~ 2.75		1200 ~ 1230	540 ~ 560	≤255	≥64
钨钼系	W9Mo3Cr4V	0.77 ~ 0.87	0.20 ~ 0.45	0.20 ~ 0.40	3.80 ~ 4.40	8.50 ~ 9.50	2.70 ~ 3.30	1.30 ~ 1.70		1220 ~ 1240	540 ~ 560	≤255	≥63
钨钼系	W6Mo5Cr4V2Al	1.05 ~ 1.20	0.15 ~ 0.40	0.20 ~ 0.60	3.80 ~ 4.40	5.50 ~ 6.75	4.50 ~ 5.50	1.75 ~ 2.20	Al0.80 ~1.20	1220 ~ 1250	540 ~ 560	≤269	≥65

（一）冷作模具钢

制造在冷态下使金属变形与分离的模具钢种（如弯曲模、冲裁模、落料模、拉丝模、拉延模、冷锻模、冷挤模等）。模具的刃口部位承受较大的压力、弯曲力和冲击力，模具表面与坯料之间还有摩擦。因此冷作模具要求有较高的硬度和耐磨性，高的强度和疲劳性能，足够的韧性，良好的工艺性等。常见的冷作模具的钢种有：碳素工具钢（如 T8A）、低合金冷作模具钢（CrWMn）、Cr12 型冷作模具钢（Cr12MoV）、高碳中铬冷作模具钢（Cr5MoV）、高速钢（W6Mo5Cr4V2、6W6Mo5Cr4V）和基体钢（65Nb）等，见表 7-15。尤其是 Cr12 型冷作模具钢，属高碳（2.0% ~2.3%）、高铬（11% ~12.5%）型的莱氏钢。此类钢均应锻造后进行等温球化退火，最终热处理有两种类型。

表 7-15 常见冷作模具钢的牌号、主要成分、性能、用途

牌 号	主要成分（质量分数）/%							热 处 理			用 途
	C	Cr	W	V	Mo	Nb	Mn	淬火温度/℃	回火温度/℃	硬度 HRC	
T8A	0.6 ~ 0.7						≤0.4	800 ~ 820	150 ~ 240	55 ~ 66	不受冲击的模具、冲头、木工铣刀、钳工工具
Cr12MoV	2.0 ~ 2.3	2.0 ~2.5		0.4 ~ 0.6	0.15 ~0.3			1020 ~ 1040	200 ~ 275 400 ~ 450	58 ~ 62 55 ~ 57	大型复杂的冷切剪刀、切边模、拉丝模、量规等，高耐磨冷冲模、冲头

续表 7-15

牌号	主要成分（质量分数）/%							热处理			用途
	C	Cr	W	V	Mo	Nb	Mn	淬火温度/℃	回火温度/℃	硬度HRC	
CrWMn	0.9～1.05	0.9～1.2	1.2～1.6				0.8～1.0	820～840	150～200	61～62	板牙、块规、样板、样套、形状复杂的高精度冲模
Cr15Mo1V	0.9～1.05	4.25～5.5		0.9～1.4	0.15～0.5			920～980	175～530	40～60	五金冷冲模、钢球冷锻模、切刀等
6Cr6Mo5Cr4V	0.55～0.65	3.7～4.3	6～7	4.5～5.5	0.7～1.0			1180～1200	500～580	58～63	冷挤凹模、上下冲头
6Cr4W3Mo2VNb	0.6～0.7	3.8～4.4	2.5～3.5	1.8～2.5	0.8～1.2	0.3～0.5		1080～1180	520～600	59～62	冷挤压模具、冷锻模具及冷作模具

一次硬化型：低的淬火温度和低温回火。如 Cr12 钢，采用 950～980℃淬火、160～180℃回火，硬度可达 61～64HRC，可获得高硬度与高耐磨性。

二次硬化型：高的淬火温度和高的回火温度。如 Cr12 钢，采用 1080～1100℃淬火，510～520℃多次回火，可获得较高的红硬性，硬度为 60～62HRC，适于制作在 400～450℃温度下工作的模具。

（二）热作模具钢

热作模具钢是用于制造在热态下对固态或液态金属进行变形加工的钢种。常用于热锻模、热挤压模、压铸模等各种模具。这些没在工作时受到较大的压力、冲击，反复加热与冷却，易产生热应力。因此，要求模具钢在高温下具有足够的强度、韧性、硬度和耐磨性，一定的耐热疲劳性以及良好的淬透性等。这类钢均为中碳钢（$w(C)=0.3\%\sim0.6\%$），钢中加入 Cr、Mn、Ni、Mo、W 等用于提高淬透性（Cr、Mn、Ni 等）、耐回火性（W、Mo 等）、抗热疲劳性（Cr、Si、Mo、W 等）的合金元素。各类热作模具材料选用举例如表 7-16。

表 7-16　热作模具选材举例

名称	类型	选材举例	硬度 HRC
锻模	高度 <250mm 小型热锻模	5CrMnMo，5Cr2MnMo	39～47
	高度在 250～400mm 中型热锻模		
	高度 >400mm 大型热锻模	5CrNiMo，5Cr2MnMo	35～39
	寿命要求高的热锻模	3Cr2W8V，4Cr5MoSiV，4Cr5W2SiV	40～54
	热镦模	4Cr3W4Mo2VNb，4Cr5MnSiV，4Cr5W2SiV，3Cr3Mo3V，基体钢	39～54

续表 7-16

名 称	类 型	选 材 举 例	硬度 HRC
锻模	精密锻造或高速锻模	3Cr2W8V 或 4Cr5MoSiV，4Cr5W2SiV，4Cr3W4Mo2VtiNb	45 ~ 54
压铸模	压铸锌、铝、镁合金	4Cr5MoSiV，4Cr5W2SiV，3Cr2W8V	43 ~ 50
	压铸铜和黄铜	4Cr5MoSiV，4Cr5W2SiV，3Cr2W8V 钨基粉末冶金材料，钼、钛、锆难熔金属	
	压铸钢铁	钨基粉末冶金材料，钼、钛、锆难熔金属	
挤压模	温挤压和温锻镦（300 ~ 800℃）	8Cr8Mo2SiV，基体钢	
	热挤压	挤压钢、钛或镍合金用 4Cr5MoSiV，3Cr2W8V（>1000℃）	43 ~ 47
		挤压铜或铜合金用 3Cr2W8V（<1000℃）	36 ~ 45
		挤压铝，镁合金用 4Cr5MoSiV，4Cr5W2SiV（<500℃）	46 ~ 50
		挤压铝用 45 号钢（<100℃）	16 ~ 20

三、量具钢

（一）对量具钢的要求

根据量具的工作性质，其工作部分应有高的硬度（不小于 56HRC）与耐磨性，某些量具要求热处理变形小，在存放和使用的过程中，尺寸不能发生变化，始终保持高的精度，并要求有好的加工工艺性。

（二）量具用钢及热处理

高精度的精密量具如塞规、块规等，常采用热处理变形较小的钢制造，如 CrMn、CrWMn、GCr15 钢等；精度较低、形状简单的量具，如量规、样套等可采用 T10A、T12A、9SiCr 等钢制造，也可选用 10 号、15 号钢经渗碳热处理或 50、55、60、60Mn、65Mn 钢经高频感应加热处理后制造精度要求不高，但使用频繁，碰撞后不致折断的卡板、样板、直尺等量具。

现以 CrWMn 钢为例，说明各合金元素作用及热处理特点。

CrWMn 钢中含有较高的碳量（0.90% ~0.6%），主要是为了形成足够数量的合金渗碳体和获得碳过饱和的马氏体，以保证高的硬度及高的耐磨性。为了减小量具钢的尺寸变化，常加入 Cr、W、Mn 等合金元素，在 CrWMn 钢中（质量分数）含铬 0.90% ~1.20%，含钨 1.20% ~1.60%，含锰 0.80% ~1.10%。用于提高钢的淬透性，可采用较缓和的冷却介质淬火；降低 M_s 点，使残余奥氏体量增加，从而减小钢的淬火变形。另外，Cr、W、Mn 等可形成合金渗碳体，提高钢的硬度和耐磨性。与 CrMn 钢相比，CrWMn 钢中由于附加少量的钨，可使钢保持细小的晶粒和较好韧性，且因含碳量较 CrMn 钢低，碳化物的不均匀性有很大的改善，磨削性较好，但价格较贵。

下面以 CrWMn 钢制造的块规为例，说明其热处理工艺方法的确定和工艺路线的安排。

块规是机械制造工业中的标准量块，常用来测量及标定线性尺寸，因此要求块规硬度达到62～65HRC，淬火不直度不大于0.05mm，并且要求块规在长期的使用中，能够保证尺寸不发生变化。根据上述要求，选用CrWMn钢制造是比较合适的。为了满足上述要求，必须合理选定热处理工艺方法并妥善设计工艺路线。

CrWMn钢制块规生产过程的工艺路线为：锻造→球化退火→机加工→粗磨→淬火→研磨。

CrWMn钢锻造后的球化退火为：780～800℃加热，690～710℃等温，退火后的硬度为217～255HBS；CrWMn钢制块规的最终热处理工艺如图7-14所示。

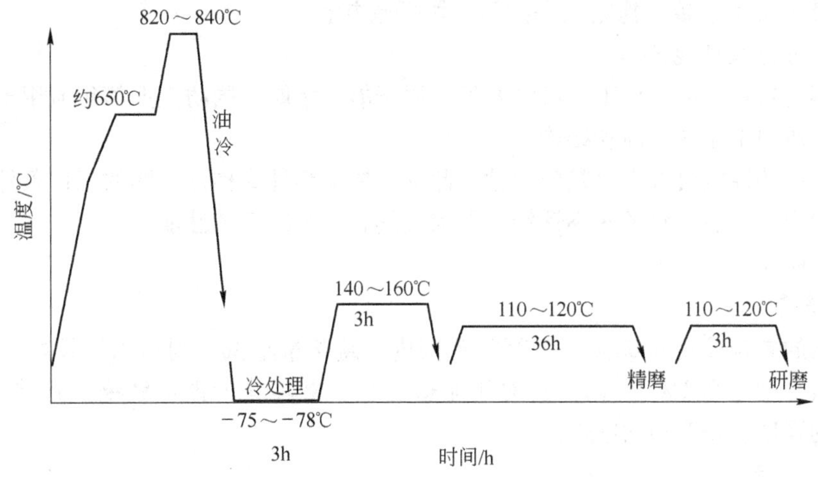

图7-14 CrWMn钢制块规的最终热处理工艺

冷处理和时效处理的目的是为了保证块规具有高的硬度（62～66HRC）和尺寸的长期稳定性。量具在保存和使用过程中由于残余奥氏体继续转变为马氏体且马氏体继续分解而引起尺寸的膨胀。采用冷处理的工艺可大大减少残余奥氏体量，再进行低温人工时效处理，有利于使冷处理后尚存的极少量残余奥氏体稳定化，并且可以使马氏体的正方度和残余应力降低至最低程度，从而使CrWMn钢制块规获得高的硬度和尺寸的长期稳定性。

冷处理后的低温回火(140～160℃加热,保温3h)是为了减小内应力,并使冷处理后的过高硬度(66HRC左右)降至所要求的硬度(62～66HRC)。时效处理后的低温回火(110～120℃加热,保温3h)是为了消除磨削应力,使量具的残余应力保持在最低程度。

第五节 特殊性能钢

特殊性能钢是指具有特殊物理、化学性能的钢，本节只介绍不锈钢和耐热钢。

一、不锈钢

在腐蚀性介质中具有抗腐蚀性能的钢，一般称为不锈钢。

(一) 金属腐蚀的概念

如前所述，腐蚀是指材料在外部介质作用下发生逐渐破坏的现象。金属的腐蚀分为化学腐蚀和电化学腐蚀两大类。化学腐蚀是指金属在非电解质中的腐蚀，如钢的高温氧化、脱碳等。电化学腐蚀是指金属在电解质溶液中的腐蚀，是有电流参与作用的腐蚀。大部分金属的腐蚀属于电化学腐蚀。

不同电极电位的金属在电解质溶液中构成原电池，使低电极电位的阳极被腐蚀，高电极电位的阴极被保护。金属中不同组织、成分、应力区域之间都可构成原电池。

为了防止发生电化学腐蚀，可采取以下措施：

（1）均匀的单相组织，避免形成原电池。

（2）提高合金的电极电位。

（3）使表面形成致密稳定的保护膜，切断原电池。

（二）用途及性能要求

不锈钢主要在石油、化工、海洋开发、原子能、宇航、国防工业等领域用于制造在各种腐蚀性介质中工作的零件和结构。

对不锈钢的性能要求主要是耐蚀性。此外，根据零件或构件不同的工作条件，要求其具有适当的力学性能。对某些不锈钢还要求其具有良好的工艺性能。

（三）成分特点

1. 碳含量

不锈钢的碳含量在 0.03% ~0.95% 范围内。碳含量越低，则耐蚀性越好，故大多数不锈钢的碳含量为 0.1% ~0.2%；对于制造工具、量具等少数不锈钢，其碳含量较高，以获得高的强度、硬度和耐磨性。

2. 合金元素

（1）铬：铬是提高耐蚀性的主要元素。

1）铬能提高钢基体的电极电位，当铬的原子分数达到 1/8、2/8、3/8、…时，钢的电极电位呈台阶式跃增，称为 $n/8$ 规律。所以铬钢中的含铬量只有超过台阶值（如 $n=1$，换成质量分数则为 11.7%）时，钢的耐蚀性才明显提高。

2）铬是形成铁素体的元素，当铬含量大于 12.7% 时，形成单相铁素体组织。

3）铬能形成稳定致密的 Cr_2O_3 氧化膜，大大提高了钢的耐蚀性。

（2）镍：加镍的主要目的是为了获得单相奥氏体组织。

（3）钼：加钼主要是为了提高钢在非氧化性酸中的耐蚀性。

（4）钛、铌：钛、铌的主要作用是防止奥氏体不锈钢发生晶间腐蚀。晶间腐蚀是一种沿晶粒周界发生腐蚀的现象，危害很大。它是由于 $Cr_{23}C_6$ 析出于晶界，使晶界附近铬含量降到 12% 以下，电极电位急剧下降，在介质的作用下发生强烈的腐蚀。而加钛、铌则先于铬与碳形成不易溶于奥氏体的碳化物，避免了晶界贫铬。

（四）常用不锈钢

目前应用的不锈钢，按其组织状态主要分为马氏体不锈钢、铁素体不锈钢和奥氏体不锈钢三大类。常用不锈钢的牌号、成分、热处理、力学性能及用途如表 7-17 所示。

1. 马氏体不锈钢

主要是 Cr13 型不锈钢。典型钢号为 1Cr13、2Cr13、3Cr13、4Cr13。随着碳含量的升高，钢的强度、硬度提高，但耐蚀性下降。

（1）1Cr13、2Cr13、3Cr13 的热处理为调质处理，使用状态下的组织为回火索氏体。

表 7-17　常用不锈钢的牌号、成分、热处理、力学性能及用途（摘自 GB 1220—1992）

<table>
<tr><th rowspan="2">类别</th><th rowspan="2">牌号</th><th colspan="3">化学成分（质量分数）/%</th><th colspan="2">热处理/℃</th><th colspan="5">力学性能（不小于）</th><th rowspan="2">用途举例</th></tr>
<tr><th>C</th><th>Cr</th><th>其他</th><th>淬火</th><th>回火</th><th>$R_{p0.2}$ /MPa</th><th>R_m /MPa</th><th>A /%</th><th>Z /%</th><th>硬度</th></tr>
<tr><td rowspan="5">马氏体型</td><td>1Cr13</td><td>≤0.15</td><td>11.50 ~ 13.50</td><td>Si≤ 1.00、Mn≤ 1.00</td><td>950 ~ 1000 油冷</td><td>700 ~ 750 快冷</td><td>345</td><td>540</td><td>25</td><td>55</td><td>HB159</td><td rowspan="3">制作抗弱腐蚀介质并承受冲击载荷的零件，如汽轮机叶片，水压机阀、螺栓、螺母等</td></tr>
<tr><td>2Cr13</td><td>0.16 ~ 0.25</td><td>12.00 ~ 14.00</td><td>Si≤ 1.00、Mn≤ 1.00</td><td>920 ~ 980 油冷</td><td>600 ~ 750 快冷</td><td>440</td><td>635</td><td>20</td><td>50</td><td>HB192</td></tr>
<tr><td>3Cr13</td><td>0.26 ~ 0.35</td><td>12.00 ~ 14.00</td><td>Si≤ 1.00、Mn≤ 1.00</td><td>920 ~ 980 油冷</td><td>600 ~ 750 快冷</td><td>540</td><td>735</td><td>12</td><td>40</td><td>HB217</td></tr>
<tr><td>4Cr13</td><td>0.36 ~ 0.45</td><td>12.00 ~ 14.00</td><td>Si≤ 0.60、Mn≤ 0.80</td><td>1050 ~ 1100 油冷</td><td>200 ~ 300 空冷</td><td>—</td><td>—</td><td>—</td><td>—</td><td>HRC50</td><td>制作具有较高硬度和耐磨性的医疗器械、量具、滚动轴承等</td></tr>
<tr><td>9Cr18</td><td>0.90 ~ 1.00</td><td>17.00 ~ 19.00</td><td>Si≤ 0.80、Mn≤ 0.80</td><td>1000 ~ 1050 油冷</td><td>200 ~ 300 油、空冷</td><td>—</td><td>—</td><td>—</td><td>—</td><td>HRC55</td><td>不锈切片机械刀具，剪切刀具，手术刀片，高耐磨、耐蚀件</td></tr>
<tr><td>铁素体型</td><td>1Cr17</td><td>≤0.12</td><td>16.00 ~ 18.00</td><td>Si≤ 0.75、Mn≤ 1.00</td><td colspan="2">退火 780 ~ 850 空冷或缓冷</td><td>250</td><td>400</td><td>20</td><td>50</td><td>HB183</td><td>制作硝酸工厂、食品工厂的设备</td></tr>
<tr><td rowspan="3">奥氏体型</td><td>0Cr18Ni9</td><td>≤0.07</td><td>17.00 ~ 19.00</td><td>Ni 8.00 ~ 11.00</td><td colspan="2">固溶 1010 ~ 1150 快冷</td><td>205</td><td>520</td><td>40</td><td>60</td><td>HB187</td><td>具有良好的耐蚀及耐晶间腐蚀性能，为化学工业用的良好耐蚀材料</td></tr>
<tr><td>1Cr18Ni9</td><td>≤0.15</td><td>17.00 ~ 19.00</td><td>Ni 8.00 ~ 10.00</td><td colspan="2">固溶 1010 ~ 1150 快冷</td><td>205</td><td>520</td><td>40</td><td>60</td><td>HB187</td><td>制作耐硝酸、冷磷酸、有机酸及盐、碱溶淬腐蚀的设备零件</td></tr>
<tr><td>1Cr18Ni9Ti</td><td>≤0.12</td><td>17.00 ~ 19.00</td><td>Ni 8 ~ 11、Ti 5(w(C) 0.02) ~ 0.8</td><td colspan="2">固溶 920 ~ 1150 快冷</td><td>205</td><td>520</td><td>40</td><td>50</td><td>HB187</td><td>耐酸容器及设备衬里，抗磁仪表、医疗器械，具有较好耐晶间腐蚀性</td></tr>
</table>

续表 7-17

<table>
<tr><th rowspan="2">类别</th><th rowspan="2">牌号</th><th colspan="3">化学成分（质量分数）/%</th><th colspan="2">热处理/℃</th><th colspan="5">力学性能（不小于）</th><th rowspan="2">用途举例</th></tr>
<tr><th>C</th><th>Cr</th><th>其他</th><th>淬火</th><th>回火</th><th>$R_{p0.2}$ /MPa</th><th>R_m /MPa</th><th>A /%</th><th>Z /%</th><th>硬度</th></tr>
<tr><td rowspan="2">奥氏体铁素体型</td><td>0Cr26Ni5Mo2</td><td>≤0.08</td><td>23.00~28.00</td><td>Ni 3.0~6.0、Mo 1.0~3.0、Si≤1.00、Mn≤1.50</td><td colspan="2">固溶 950~1100 快冷</td><td>390</td><td>590</td><td>18</td><td>40</td><td>HB277</td><td>抗氧化性、耐点腐蚀性好，强度高，作耐海水腐蚀用等</td></tr>
<tr><td>03Cr18Ni5Mo3Si2</td><td>≤0.030</td><td>18.00~19.50</td><td>Ni 4.5~5.5、Mo 2.5~3.0、Si 1.3~2.0、Mn 1.0~2.0</td><td colspan="2">固溶 920~1150 快冷</td><td>390</td><td>590</td><td>20</td><td>40</td><td>HV300</td><td>适于含氯离子的环境，用于炼油、化肥、造纸、石油、化工等工业热交换器和冷凝器等</td></tr>
<tr><td rowspan="3">沉淀硬化型</td><td rowspan="3">0Cr17Ni7Al</td><td rowspan="3">≤0.09</td><td rowspan="3">16.00~18.00</td><td rowspan="3">Ni 6.5~7.75、Al0.75~1.5、Si≤1.00、Mn≤1.00</td><td colspan="2">固溶 1000~1100 快冷</td><td></td><td></td><td>20</td><td></td><td></td><td rowspan="3">添加铝的沉淀硬化型钢种，作弹簧、垫圈、计器部件</td></tr>
<tr><td colspan="2">固溶后，于(760±15)℃保持 90min，在 1h 内冷却到 15℃以上，再加热到(565±10)℃保持 90min 空冷</td><td>960</td><td>1140</td><td>5</td><td>25</td><td>HB 363</td></tr>
<tr><td colspan="2">固溶后，于(955±10)℃保持 10min，空冷到室温，在 24h 内冷却到(−73±6)℃，保持 8h，再加热到(510±10)℃保持 60min 后空冷</td><td>1030</td><td>1230</td><td>4</td><td>10</td><td>HB 388</td></tr>
</table>

这三种钢具有良好的耐大气、蒸汽腐蚀能力及良好的综合力学性能，主要用于制造要求塑韧性较高的耐蚀件，如汽轮机叶片等。

（2）4Cr13 的热处理为淬火加低温回火，使用状态下的组织为回火马氏体。这种钢具有较高的强度、硬度。主要用于要求较高的耐蚀、耐磨的器件中，如医疗器械、量具等。

2. 铁素体不锈钢

典型钢号如1Cr17等。这类钢的成分特点是高铬低碳，组织为单相铁素体。由于铁素体不锈钢在加热冷却过程中不发生相变，因而不能进行热处理强化，可通过加入钛、铌等强碳化物形成元素或经冷塑性变形及再结晶来细化晶粒。铁素体不锈钢的性能特点是耐酸蚀，抗氧化能力强，塑性好。但有脆化倾向：

(1) 475℃脆性，即将钢加热到450～550℃停留时产生的脆化。可通过加热到600℃后快冷消除。

(2) σ相脆性，即钢在600～800℃长期加热时，因析出硬而脆的σ相产生的脆化。这类钢广泛用于硝酸和氮肥工业的耐蚀件中。

3. 奥氏体不锈钢

主要是18-8（18Cr-8Ni）型不锈钢。这类钢的成分特点是低碳高铬镍，组织为单相奥氏体。因而具有良好的耐蚀性、冷热加工性及可焊性，高的塑韧性，这类钢无磁性。奥氏体不锈钢常用的热处理为固溶处理，即加热到920～1150℃使碳化物溶解后水冷，获得单相奥氏体组织。对于含有钛或铌的钢，在固溶处理后还要进行稳定化处理，即将钢加热到850～880℃，使钢中铬的碳化物完全溶解，而钛或铌的碳化物不完全溶解，然后缓慢冷却，使TiC充分析出，以防止发生晶间腐蚀。

常用奥氏体不锈钢为1Cr18Ni9、1Cr18Ni9Ti等，被广泛用于化工设备及管道等。

奥氏体不锈钢在应力作用下易发生应力腐蚀，即在特定合金-环境体系中，应力与腐蚀共同作用引起的破坏。奥氏体不锈钢易在含 Cl^- 的介质中发生应力腐蚀，裂纹为枯树枝状。

4. 其他类型不锈钢

(1) 复相（或双相）不锈钢。典型钢号如0Cr26Ni5Mo2、03Cr18Ni5Mo3Si2等。这类钢的组织由奥氏体和δ铁素体两相组成（其中铁素体约占5%～20%），其晶间腐蚀和应力腐蚀倾向小，强韧性和可焊性较好，可用于制造化工、化肥设备及管道，海水冷却的热交换设备等。

(2) 沉淀硬化不锈钢。典型钢号如0Cr17Ni7Al、0Cr15Ni7Mo2Al等，这类钢经固溶、二次加热及时效处理后，组织为在奥氏体-马氏体基体上分布着弥散的金属间化合物，主要用作高强度、高硬度且耐腐蚀的化工机械和航天用的设备、零件等。

二、耐热钢

耐热钢是指在高温下具有高的热化学稳定性和热强性的特殊钢及合金。它们被广泛用于热工动力、石油化工、航空航天等领域制造工业中的加热炉、锅炉、热交换器、汽轮机、内燃机、航空发动机等在高温条件下工作的构件和零件。

（一）性能要求

(1) 高的热化学稳定性。热化学稳定性是指金属在高温下对各种介质化学腐蚀的抗力。其中最主要的是抵抗氧化的能力，即抗氧化性。提高抗氧化性的途径主要是通过在金属表面形成一层连续致密的结合牢固的氧化膜，以阻碍氧进一步的扩散，使内部金属不被继续氧化。

（2）高的热强性。热强性是指金属在高温下的强度。其性能指标为蠕变极限和持久强度。所谓蠕变是指金属在高温、低于 R_{eL} 的应力下所发生的极其缓慢的塑性变形。在一定温度、一定时间内产生一定变形量时的应力称为蠕变极限，如 700℃、1000h 内产生 0.2% 变形量时的蠕变极限用 $R_{p0.2,1000/700}$ 表示；在一定温度、一定时间内发生断裂时的应力称为持久强度，如 700℃、1000h 内发生断裂时的应力用 $R_{u1000/700}$ 表示。提高热强性的途径主要有：1）固溶强化；2）第二相强化；3）晶界强化，这是由于晶界在高温下是弱化部位。

（二）成分特点

（1）提高抗氧化性。加入 Cr、Si、Al 可在合金表面上形成致密的 Cr_2O_3、SiO_2、Al_2O_3 氧化膜。其中 Cr 的作用最大，当合金中 Cr 含量为 15% 时，其抗氧化温度可达 900℃，当 Cr 含量为 20% ~25% 时，抗氧化温度可达 1100℃。

（2）提高热强性。

1）加入 Cr、Ni、W、Mo 等元素的作用是产生固溶强化、形成单相组织并提高再结晶温度，从而提高高温强度；

2）加入 V、Ti、Nb、Al 等元素的作用是形成弥散分布且稳定的 VC、TiC、NbC 等碳化物和稳定性更高的 Ni_3Ti、Ni_3Al（γ'）、Ni_3Nb（γ''）等金属间化合物，它们在高温下不易聚集长大，可有效地提高高温强度；

3）加入 B、Zr、Hf、RE 等元素的作用是净化晶界或填充晶界空位，从而强化晶界，提高高温断裂抗力。

（三）常用的耐热钢

常用耐热钢的牌号、成分、热处理、力学性能及用途如表 7-18 所示。

表 7-18 常用耐热钢的牌号、成分、热处理、力学性能及用途（摘自 GB 1221—1992）

类别	牌号	化学成分（质量分数）/%			热处理/℃		力学性能（不小于）					用途举例
		C	Cr	其他	淬火	回火	$R_{p0.2}$ /MPa	R_m /MPa	A /%	Z /%	硬度	
珠光体型	12CrMo	0.18 ~ 0.15	0.40 ~ 0.70	Mo 0.40 ~0.55	900 空	650 空	410	265	24	60	179	450℃ 的汽轮机零件，475℃ 的各种蛇形管
	15CrMo	0.12 ~ 0.18	0.80 ~ 1.10	Mo 0.40 ~0.55	900 空	650 空	440	295	22	60	179	< 550℃ 的蒸汽管，≤ 650℃ 的水冷壁管及联箱和蒸汽管等
	12CrMoV	0.08 ~ 0.15	0.30 ~ 0.60	Mo 0.25 ~0.35、V 0.15 ~0.30	970 空	750 空	440	225	22	50	241	≤540℃ 的主汽管等，≤ 570℃ 的过热器管等
	12Cr1MoV	0.08 ~ 0.15	0.90 ~ 1.20	Mo 0.25 ~0.35、V 0.15 ~0.30	900 空	650 空	490	245	22	50	179	≤585℃ 的过热器管及 ≤ 570℃ 的管路附件

续表 7-18

类别	牌号	化学成分（质量分数）/%			热处理/℃		力学性能（不小于）					用途举例
		C	Cr	其他	淬火	回火	$R_{p0.2}$ /MPa	R_m /MPa	A /%	Z /%	硬度	
马氏体型	1Cr13	≤0.15	11.50～13.50	Si≤1.00、Mn≤1.00	950～1000 油冷	700～750 快冷	345	540	25	55	HB159	800℃以下耐氧化用部件
	2Cr13	0.16～0.25	12.00～14.00	Si≤1.00、Mn≤1.00	920～980 油冷	600～750 快冷	440	635	20	50	HB192	汽轮机叶片
	1Cr5Mo	≤0.15	4.00～6.00	Mo 0.45～0.60、Si≤0.50、Mn≤0.60	900～950 油冷	600～750 空冷	390	590	18			再热蒸汽管、石油裂解管、锅炉吊架、泵的零件
	4Cr9Si2	0.35～0.50	8.00～10.00	Si 2.00～3.00、Mn≤0.70	1020～1040 油冷	700～780 油冷	590	885	19	50		内燃机进气阀、轻负荷发动机的排气阀
	1Cr11MoV	0.11～0.18	10.00～11.50	Mo 0.50～0.70、V 0.25～0.40、Si≤0.50、Mn≤0.60	1050～1100 油冷	720～740 空冷	490	685	16	55		用于透平叶片及导向叶片
	1Cr12WMoV	0.12～0.18	11.00～13.00	Mo 0.50～0.70、V 0.18～0.30、W 0.70～1.10、Si≤0.50、Mn 0.50～0.90	1000～1050 油冷	680～700 空冷	585	735	15	45		透平叶片、紧固件、转子及轮盘

续表 7-18

类别	牌号	化学成分（质量分数）/%			热处理/℃		力学性能（不小于）					用途举例
		C	Cr	其他	淬火	回火	$R_{p0.2}$ /MPa	R_m /MPa	A /%	Z /%	硬度	
铁素体型	1Cr17	≤0.12	16.00~18.00	Si≤0.75、Mn≤1.00、P≤0.040、S≤0.030	退火 780~850 空冷或缓冷		250	400	20	50	HB183	900℃以下耐氧化部件，散热器，炉用部件，油喷嘴
奥氏体型	0Cr18Ni9	≤0.07	17.00~19.00	Ni 8.00~11.00	固溶 1010~1150 快冷		205	520	40	60	HB187	可承受 870℃以下反复加热
	1Cr18Ni9Ti	≤0.12	17.00~19.00	Ni 8.00~11.00、Ti 5（w(C) 0.02）~0.8	固溶 920~1150 快冷		205	520	40	50	HB187	加热炉管，燃烧室筒体，退火炉罩
	2Cr21Ni12N	0.15~0.28	20.00~22.00	Ni 10.5~12.5、N 0.15~0.30、Si 0.75~1.25、Mn 1.00~1.60	固溶 1050~1150 快冷 时效 750~800 空冷		430	820	26	20	HB≤269	以抗氧化为主的汽油及柴油机用排气阀
	0Cr23Ni13	≤0.08	22.00~24.00	Ni 12.0~15.0	固溶 1030~1150 快冷		205	520	40	60	HB≤187	可承受 980℃以下反复加热，炉用材料
	0Cr25Ni20	≤0.08	24.00~26.00	Ni 19.0~22.0、Si≤1.50、Mn≤2.00	固溶 1030~1180 快冷		205	520	40	60	HB≤187	可承受 1035℃加热，炉用材料，汽车净化装置材料

(1) 珠光体耐热钢。常用钢种为15CrMo和12Cr1MoV等。这类钢一般在正火+回火状态下使用，组织为珠光体加铁素体，其工作温度低于600℃。由于含合金元素的量少，工艺性好，常用于制造锅炉、化工压力容器、热交换器、气阀等耐热构件。其中15CrMo主要用于锅炉零件。这类钢在长期的使用过程中，易发生珠光体的球化和石墨化，从而显著降低钢的蠕变和持久强度。通过降低含碳量和含锰量，适当加入铬、钼等元素，可抑制球化和石墨化倾向。

此外，20、20g也是常用的珠光体耐热钢，常用于壁温不超过450℃的锅炉管件及主蒸汽管道等。

(2) 马氏体耐热钢。常用钢种为Cr12型（1Cr11MoV，1Cr12WMoV）、Cr13型（1Cr13，2Cr13）和4Cr9Si2等。这类钢铬含量高，其抗氧化性及热强性均高于珠光体耐热钢，淬透性好。马氏体耐热钢多在调质状态下使用，组织为回火索氏体。其最高工作温度与珠光体耐热钢相近，多用于制造600℃以下工作受力较大的零件，如汽轮机叶片和汽车阀门等。

(3) 奥氏体耐热钢。奥氏体耐热钢的耐热性能优于珠光体耐热钢和马氏体耐热钢，其冷塑性变形性能和焊接性都很好，一般工作温度在600~900℃，广泛用于航空、舰艇、石油化工等工业部门，用于制造汽轮机叶片，发动机气阀及炉管等。

最典型的牌号是1Cr18Ni9Ti，铬的主要作用是提高抗氧化性，加镍是为了形成稳定的奥氏体，并与铬相配合提高高温强度，钛的作用是通过形成的碳化物产生弥散强化。

4Cr25Ni20（HK40）及4Cr25Ni35（HP）钢是石化装置上大量使用的高碳奥氏体耐热钢。这种钢在铸态下的组织是奥氏体基体+骨架状共晶碳化物，其在高温运行过程中析出大量弥散的$Cr_{23}C_6$型碳化物产生强化，900℃、1MPa应力下的工作寿命达10万小时。

4Cr14Ni14W2Mo是用于制造大功率发动机排气阀的典型钢种。此钢的含碳量可提高到0.4%，目的在于形成铬、钼、钨的碳化物并呈弥散析出，提高钢的高温强度。

习题与思考题

1. 合金钢与碳钢相比，为什么它的力学性能好，热处理变形小，为什么合金工具钢的耐磨性、热硬性比碳钢高？
2. 低合金高强度结构钢中合金元素主要是通过哪些途径起强化作用的，这类钢经常用于哪些场合？
3. 现有40Cr钢制造的机床主轴，心部要求良好的强韧性(200~300HBW)，轴颈处要求硬而耐磨（54~58HRC），试问：
   (1) 应进行哪种预备热处理和最终热处理？
   (2) 热处理后各获得什么组织？
   (3) 各热处理工序在加工工艺路线中位置如何安排？
4. 现有20CrMnTi钢制造的汽车齿轮，要求齿面硬化层$A=1.0\sim1.2$mm，齿面，硬度为58~62HRC，芯部硬度为35~40HRC，请确定其最终热处理方法及最终获得的表层和芯部组织。
5. 弹簧为什么要进行淬火、中温回火，弹簧的表面质量对其使用寿命有何影响，可采用哪些措施提高弹簧的使用寿命？
6. 解释下列现象：

(1) 在含碳量相同的情况下，大多数合金钢的热处理加热温度都比碳钢高，保温时间长。

(2) $w(C)=0.4\%$、$w(Cr)=12\%$ 的铬钢为过共析钢，$w(C)=1.5\%$、$w(Cr)=12\%$ 的铬钢为莱氏体钢。

(3) 高速工具钢在热轧或热锻后空冷，能获得马氏体组织。

(4) 在砂轮上磨制各种钢制刀具时，需经常用水冷却，而磨硬质合金制成的工具时，却不需用水冷却。

7. 判断下列说法是否正确：

40Mn 是合金结构钢；Q295A 是优质碳素结构钢；GCr15 钢种 $w(Cr)=15\%$；W18CrV 钢中 $w(C)>1\%$。

8. 为什么比较重要的大截面的结构零件如重型运输机械和矿山机器的轴类，大型发电机转子等都必须用合金钢制造，与碳钢比较，合金钢有何优点？

9. 要制造齿轮、连杆、热锻模具、弹簧、冷冲压模具、滚动轴承、车刀、锉刀、机床床身等零件，试从下列牌号中分别选出合适的材料并叙述所选材料的名称、成分、热处理工艺和零件制成后的最终组织。T10、65Mn、HT300、W6Mo5Cr4V2、GCr15Mo、40Cr、20CrMnTi、Cr12MoV、5CrMnMo

第八章 铸 铁

第一节 铸铁的石墨化过程

一、概述

铸铁是碳质量分数大于2.11%，并常含有较多的硅、锰、硫、磷等元素的铁碳合金。

铸铁的生产设备和工艺简单，价格便宜，并具有许多优良的使用性能和工艺性能，所以应用非常广泛，是工程上最常用的金属材料之一。用于制造各种机器零件，如机床的床身、床头箱；发动机的汽缸体、缸套、活塞环、曲轴、凸轮轴；轧机的轧辊及机器的底座等。

铸铁的种类有：（1）白口铸铁；（2）灰铸铁；（3）麻口铸铁。

二、铸铁的石墨化

（一）铸铁的石墨化过程

在铁碳合金中，碳可以以三种形式存在：

（1）固溶在F、A中。

（2）化合物态的渗碳体（Fe_3C）。

（3）游离态石墨（C）。

渗碳体为亚稳相，具有复杂的斜方结构。在一定条件下能分解为铁和石墨（$Fe_3C \rightarrow 3Fe + C$）。

石墨为稳定相，具有特殊的简单六方晶格，底面原子呈六方网格排列，原子间距小（1.42×10^{-10}m），结合力很强；底面之间的间距较大（3.04×10^{-10}m），结合力较弱。所以石墨的强度、硬度和塑性都很差。

在不同条件下，铁碳合金可以有亚稳定平衡的Fe-Fe_3C相图和稳定平衡的Fe-C相图，即铁碳合金相图应该是复线相图：Fe-Fe_3C相图和Fe-C相图。铁碳合金究竟按哪种相图变化，决定于成分、加热和冷却条件或获得的平衡性质（亚稳平衡还是稳定平衡）。

（二）碳原子析出的石墨化过程

铸铁中碳原子析出并形成石墨的过程称为石墨化。

石墨既可以从液体和奥氏体中析出，也可以通过渗碳体分解来获得。

灰口铸铁和球墨铸铁中的石墨主要是从液体中析出的；

可锻铸铁中的石墨则完全由白口铸铁经长时间退火，由渗碳体分解而得到。

按照Fe-C相图，可将铸铁的石墨化过程分为三个阶段（见图8-1）：

第一阶段石墨化：

铸铁液体结晶出一次石墨（过共晶铸铁）和在 1154℃（$E'C'F'$线）通过共晶反应形成共晶石墨。

$$LC' \longrightarrow AE' + C(\text{共晶})$$

第二阶段石墨化：

在 1154～738℃温度范围内奥氏体沿 $E'S'$线析出二次石墨。

第三阶段石墨化：

在 738℃（$P'S'K'$线）通过共析反应析出共析石墨。

$$AE' \longrightarrow FP' + C(\text{共析})$$

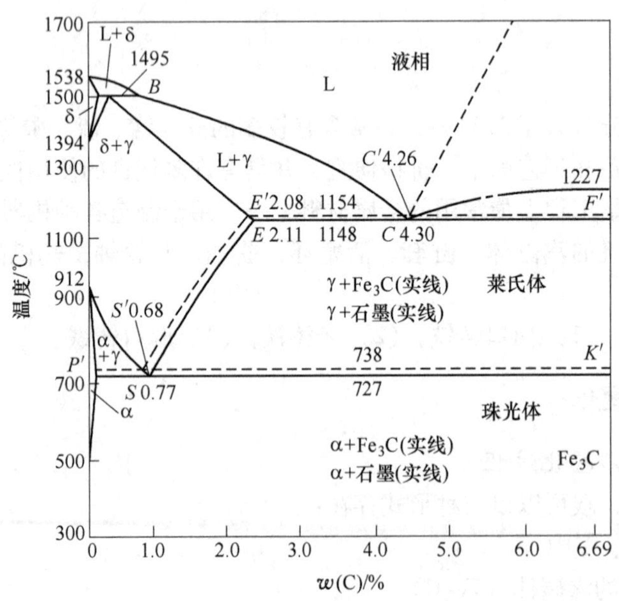

图 8-1 铁碳合金复线相图

γ/A—奥氏体区；α/F—铁素体区；L—液相区；

Fe_3C/Cm—渗碳体区；δ—固溶体区

影响石墨化的主要因素是：

（1）温度和冷却速度。在生产过程中，铸铁的缓慢冷却，或在高温下长时间保温，均有利于石墨化。

（2）合金元素。促进石墨化的元素 C、Si、Al、Cu、Ni、Co 等，非碳化物形成元素可促进石墨化，其中以碳和硅最强烈。

阻碍石墨化的元素 Cr、W、Mo、V、Mn、S 等，碳化物形成元素阻碍石墨化。

生产中，调整碳、硅含量，是控制铸铁组织和性能的基本措施。

三、铸铁的组织特征和分类

石墨化程度不同，所得到的铸铁类型和组织也不同（见表 8-1）。

常用各类铸铁的组织是由两部分组成的，一部分是石墨，另一部分是基体。

基体可以是铁素体、珠光体或铁素体加珠光体，相当于铁或钢的组织。所以，铸铁的组织可以看成是铁或钢的基体上分布着石墨夹杂。

不同类型铸铁组织中的石墨形态是不同的：

（1）灰铸铁和变质铸铁中的石墨呈片状。

（2）可锻铸铁中石墨呈团絮状。

（3）球墨铸铁中的石墨呈球状。

（4）蠕墨铸铁中的石墨呈蠕虫状。

表8-1　铸铁经不同程度石墨化后所得的组织

名　称	石墨化程度			显微组织
	第一阶段	第二阶段	第三阶段	
灰铸铁	充分进行	充分进行	充分进行	F+G
	充分进行	充分进行	部分进行	F+P+G
	充分进行	充分进行	不进行	P+G
麻口铸铁	部分进行	部分进行	不进行	Le′+P+G
白口铸铁	不进行	不进行	不进行	Le′+P+FeC

四、铸铁的性能特点

灰铸铁的抗拉强度和塑性都很低，石墨对基体严重割裂。石墨强度、韧性极低，相当于裂纹或空洞，它会减小基体的有效截面，并引起应力集中。石墨越多，越大，对基体的割裂作用越严重，铸铁抗拉强度越低。变质处理可细化石墨片，提高铸铁的强度，但塑性无明显改善。石墨的存在使铸铁具备下列特殊性能：

（1）石墨造成脆性切削，铸铁的切削加工性能优异。

（2）铸铁的铸造性能良好，铸件凝固时形成石墨产生的膨胀，可减少铸件体积的收缩，降低铸件中的内应力。

（3）石墨具有良好的润滑作用，并能储存润滑油，使铸件有很好的耐磨性能。

（4）石墨对振动的传递起削弱作用，使铸铁有很好的抗震性能。

（5）大量石墨的割裂作用，使铸铁对缺口不敏感。

第二节　常用铸铁

一、灰铸铁

灰铸铁是价格便宜，应用最广泛的铸铁材料。

（一）灰铸铁的牌号

灰铸铁的牌号有：HT150、HT250、HT400。

“HT”表示“灰铁”，后面的数字表示最低抗拉强度。灰铸铁（见图8-2）有铁素体、珠光体和铁素体加珠光体三种基体。

灰铸铁中的碳、硅质量分数一般控制在以下范围：$w(\mathrm{C})=2.5\% \sim 4.0\%$；$w(\mathrm{Si})=1.0\% \sim 2.0\%$。

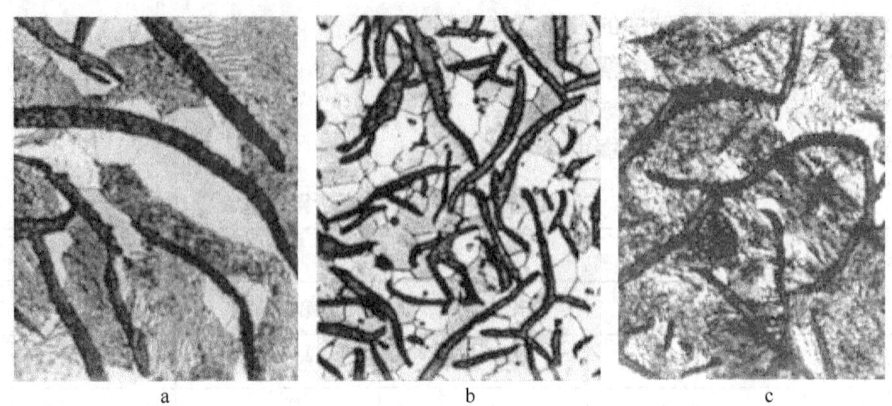

图 8-2 灰口铸铁的显微组织

a—F + G 片；b—F + P + G 片；c—P + G 片

（二）影响灰铸铁组织和性能的因素

1. 成分对铸铁的影响

锰是阻碍石墨化的元素，能溶于铁素体和渗碳体中，增强铁、碳原子间的结合力，扩大奥氏体区，阻止共析转变时的石墨化，促进珠光体基体的形成。锰还能与硫生成 MnS，减少硫的有害作用。锰的质量分数一般为 0.5% ~1.4%。

磷是促进石墨化的元素。铸铁中磷含量增加时，液相线降低，从而提高了铁水的流动性。在铸铁中，磷的质量分数大于 0.3% 时，常常会形成二元或三元的磷共晶体，其性能硬而脆，会降低铸铁的强度，但可提高其耐磨性。所以，要求铸铁有较高强度时，要限制磷的含量（一般在 0.12% 以下），而耐磨铸铁则要求有一定的磷含量（可达 0.3% 以上）。

硫是有害元素，它可强烈促进白口化，并使铸铁的铸造性能和力学性能恶化。少量硫即可生成 FeS（或 MnS）。FeS 与铁形成低熔点（约 980℃）的共晶体，沿晶界分布。因此限定硫的质量分数在 0.15% 以下。

2. 冷却速度的影响

在一定的铸造工艺（如浇注温度、铸型温度、造型材料种类等）条件下，铸件的冷却速度对石墨化程度影响很大。

随着铸件壁厚的增加，冷却速度减慢，会依次出现珠光体、珠光体加铁素体和铁素体灰口铸铁组织（见表 8-2）。

表 8-2 灰铸铁的牌号、组织及应用

分 类	牌号	显微组织		应 用 举 例
		基体	石墨	
普通灰口铸铁	HT100	F + P（少）	粗片	外罩、托盘、油盘、手轮等
	HT150	F + P	较粗片	端盖、汽轮泵体、轴承座、阀壳、管子及管路附件、手轮；一般机床底座、床身及其他复杂零件、滑座、工作台等

续表 8-2

分　类	牌号	显微组织		应　用　举　例
		基体	石墨	
普通灰口铸铁	HT200	P	中等片	汽缸、齿轮、底架、机件、飞轮、齿条、衬筒；一般机床床身及中等压力液压筒、液压泵和阀的壳体等
孕育铸铁	HT250	细珠光体	较细片	阀壳、油缸、汽缸、联轴器、机体、齿轮、齿轮箱外壳、飞轮、衬筒、凸轮、轴承座等
	HT300	索氏体或屈氏体	细小片	齿轮、凸轮、车床卡盘、剪床、压力机的机身；导板、自动车床及其他重载荷机床的床身；高压液压筒、液压泵和滑阀的体壳等
	HT350			
	HT400			

（三）孕育铸铁

孕育处理（亦称变质处理）后的灰铸铁叫做孕育铸铁。

孕育的目的是：使铁水内同时生成大量均匀分布的非自发核心，以获得细小均匀的石墨片，并细化基体组织，提高铸铁强度；避免铸件边缘及薄断面处出现白口组织，提高断面组织的均匀性。

孕育铸铁具有较高的强度和硬度，可用来制造力学性能要求较高的铸件，如汽缸、曲轴、凸轮、机床床身等，尤其是截面尺寸变化较大的铸件。

（四）灰铸铁的热处理及应用

热处理不能改变石墨的形态和分布，对提高灰铸铁整体力学性能作用不大，生产中主要用来消除铸件内应力、改善切削加工性能和提高表面耐磨性等。

（1）消除内应力退火。又称人工时效，对一些形状复杂和尺寸稳定性要求较高的重要铸件，如机床床身、柴油机汽缸等，为了防止变形和开裂，须进行 500 ~ 550℃ 消除内应力退火。

（2）消除铸件白口、降低硬度的退火。灰铸铁件表层和薄壁处会产生白口组织难以切削加工，需要退火（850 ~ 900℃，保温 2 ~ 5h）以降低硬度。退火在共析温度以上进行，使渗碳体分解成石墨，所以又称高温退火。

（3）表面淬火。有些铸件如机床导轨、缸体内壁等，因需要提高硬度和耐磨性，可进行表面淬火处理，如高频表面淬火，火焰表面淬火和激光加热表面淬火等。淬火后表面硬度可达 50 ~ 55HRC。

二、球墨铸铁

球墨铸铁的石墨呈球状，具有很高的强度，又有良好的塑性和韧性。综合力学性能接近于钢，铸造性能好，成本低廉，生产方便，在工业中得到了广泛的应用。

（一）球墨铸铁的成分和球化处理

球墨铸铁的成分要求比较严格，一般范围是（质量分数）：C 3.6% ~ 3.9%，Si 2.2% ~ 2.8%，Mn 0.6% ~ 0.8%，S < 0.07%，P < 0.1%。

球墨铸铁的球化处理必须伴随着孕育处理，通常是在铁水中同时加入一定量的球化剂和孕育剂。

我国普遍使用稀土镁球化剂。镁是强烈阻碍石墨化的元素，为了避免白口，并使石墨球细小、均匀分布，一定要加入孕育剂。常用的孕育剂为硅铁和硅钙合金等。

（二）球墨铸铁的牌号、组织和性能

QT400-15、QT600-3、QT800-2 球墨铸铁牌号用“QT”标明，其后两组数值表示最低抗拉强度极限和伸长率。

不同基体的球墨铸铁（见图 8-3），性能差别很大。珠光体球墨铸铁的抗拉强度比铁素体基体高 50% 以上，而铁素体球墨铸铁的伸长率为珠光体基的 3 ~ 5 倍（见表 8 - 3）。

表 8-3 球墨铸铁的牌号和力学性能

牌 号	基体	力 学 性 能				应 用 举 例
		R_m/MPa	$R_{p0.2}$/MPa	A/%	HB	
QT400-18	铁素体	400	250	18	130 ~ 180	汽车、拖拉机床底盘零件；16-64 大气压阀门的阀体、阀盖
QT400-15	铁素体	400	250	15	130 ~ 180	
QT450-10	铁素体	450	310	10	160 ~ 210	
QT500-7	铁素体 + 珠光体	500	320	7	170 ~ 230	机油泵齿轮
QT600-3	珠光体 + 铁素体	600	370	3	190 ~ 270	柴油机、汽油机曲轴；磨床、铣床、车床的主轴；空压机、冷冻机缸体、缸套
QT700-2	珠光体	700	420	2	225 ~ 305	
QT800-2	珠光体	800	480	2	245 ~ 335	
QT900-2	下贝氏体	900	600	2	280 ~ 360	汽车、拖拉机传动齿轮

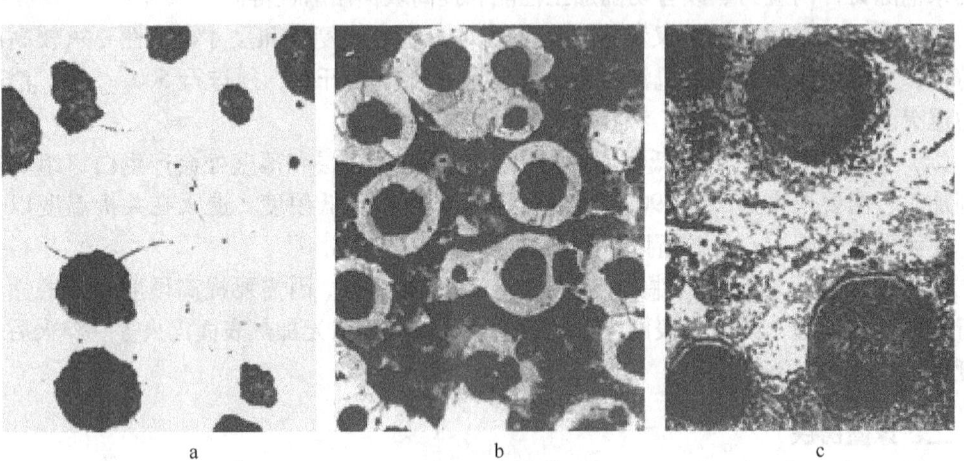

a　　b　　c

图 8-3 球墨铸铁的显微组织

a—铁素体球墨铸铁；b—珠光体 + 铁素体球墨铸铁；c—珠光体球墨铸铁

球墨铸铁具有较好的疲劳强度，可以用球墨铸铁来代替钢制造某些重要零件，如曲轴、连杆、凸轮轴等。

（三）球墨铸铁的热处理

(1) 退火。900~950℃、2~5h。球化剂可增大铸件的白口化倾向,当铸件薄壁处出现自由渗碳体和珠光体时,退火获得塑性好的铁素体基体,并改善切削性能,消除铸造应力。

(2) 正火。880~920℃,空冷。目的在于得到珠光体基体(占基体75%以上),并细化组织,提高强度和耐磨性。

(3) 调质。要求综合力学性能较高的球墨铸铁零件,如连杆、曲轴等,可采用调质处理。

其工艺为:加热到850~900℃,使基体转变为奥氏体,在油中淬火得到马氏体,然后经550~600℃回火,空冷,获得回火索氏体+球状石墨。回火索氏体基体不仅强度高,而且塑性、韧性比正火得到的珠光体基体好。

要求表面耐磨的零件可以再进行表面淬火及低温回火。

(4) 等温淬火。球墨铸铁经等温淬火后可获得高的强度,同时具有良好的塑性和韧性。等温淬火工艺为:加热到奥氏体区(840~900℃左右),保温后在300℃左右的等温盐溶中冷却并保温,使基体在此温度下转变为下贝氏体+球状石墨。

等温处理后,球墨铸铁的强度可达1200~1450MPa,冲击韧性为300~360kJ/m^2,硬度为38~51HRC。等温盐浴的冷却能力有限,一般只能用于截面不大的零件,例如受力复杂的齿轮、曲轴、凸轮轴等。

三、蠕墨铸铁

蠕墨铸铁的表示方法:RuT300、RuT420。

蠕墨铸铁以“RuT”表示,其后的数字表示最低抗拉强度。

蠕墨铸铁是一种新型高强铸铁材料。强度接近于球墨铸铁,有一定的韧性、较高的耐磨性;又有和灰铸铁一样良好的铸造性能和导热性。

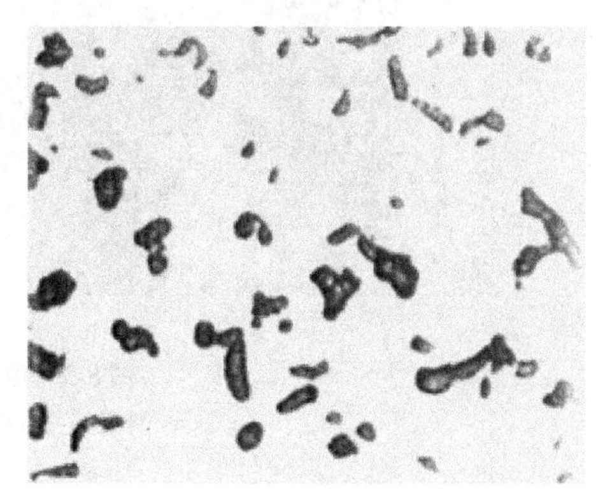

图8-4 蠕墨铸铁

蠕墨铸铁的石墨具有介于片状和球状之间的中间形态,在光学显微镜下为互不相连的短片,与灰口铸铁的片状石墨类似。石墨片的长厚比小,端部较钝(见图8-4)。其牌号及力学性能见表8-4。

表8-4 蠕墨铸铁的牌号和力学性能

牌号	抗拉强度 R_m/MPa	屈服强度 $R_{p0.2}$/MPa	伸长率 A/%	硬度值范围 HB	蠕化率 V_G/%(小于)	组织
	不小于					
RuT420	420	335	0.75	200~280	50	珠光体+石墨
RuT380	380	300	0.75	193~274		珠光体+石墨
RuT340	340	270	1.0	170~249		珠光体+铁素体+石墨
RuT300	300	240	1.5	140~217		铁素体+珠光体+石墨
RuT260	260	195	3	121~197		铁素体+石墨

蠕墨铸铁是在一定成分的铁水中加入适量的蠕化剂而炼成的，其方法与球墨铸铁基本相同。蠕化剂目前主要采用镁钛合金、稀土镁钛合金或稀土镁钙合金等。

蠕墨铸铁已成功地用于高层建筑中高压热交换器、内燃机汽缸和缸盖、汽缸套、钢锭模、液压阀等铸件中。

四、可锻铸铁

可锻铸铁是由白口铸铁通过退火处理得到的一种高强铸铁。

它有较高的强度、塑性和冲击韧性，可以部分代替碳钢。可锻铸铁依靠石墨化退火获得。

(一) 可锻铸铁的牌号和用途

可锻铸铁（见图8-5）有铁素体和珠光体两种基体，其化学成分见表8-5，牌号及力学性能见表8-6。

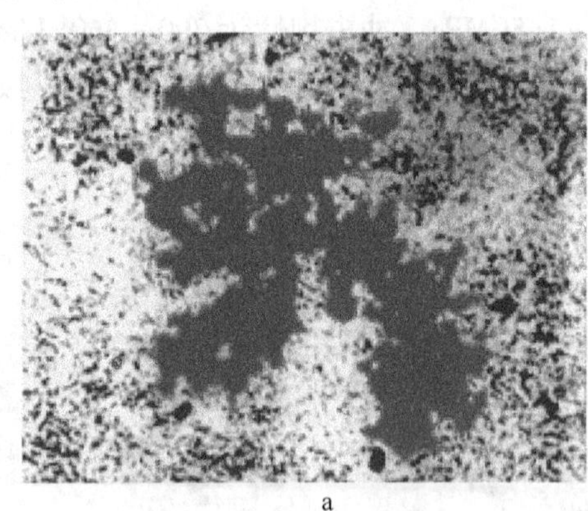
a

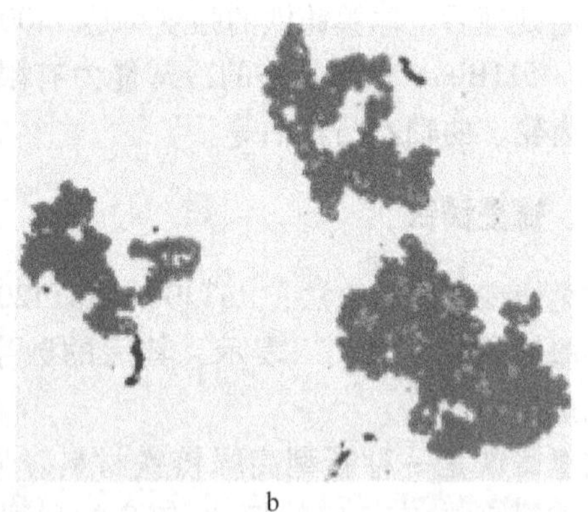
b

图8-5 可锻铸铁的显微组织
a—珠光体可锻铸铁；b—铁素体可锻铸铁

表8-5 可锻铸铁的化学成分 （质量分数,%）

可锻铸铁名称	C	Si	Mn	S	P
黑心可锻铸铁	2.3~3.2	1.0~1.6	0.3~0.6	0.04~0.15	0.04~0.1
白心可锻铸铁	2.8~3.4	0.3~1.0	0.3~0.8	0.05~0.25	0.04~0.1

表8-6 可锻铸铁的牌号和力学性能

分类	牌号	铸铁壁厚/mm	试棒直径/mm	抗拉强度 R_m/MPa	伸长率 A/%	硬度HB	应用举例
铁素体基	KT300-6	>12	16	300	6	120~163	弯头、三通等管件
	KT330-8	>12	16	330	8	120~163	螺丝扳手等，犁刀、犁柱、车轮壳等
	KT350-10	>12	16	350	10	120~163	汽车拖拉机前后轮壳、减速器
	KT370-12	>12	16	370	12	120~163	壳、转向节壳、制动器等

续表 8-6

分类	牌号	铸铁壁厚/mm	试棒直径/mm	抗拉强度 R_m/MPa	伸长率 A/%	硬度 HB	应用举例
珠光体基	KT450-5		16	450	5	152～219	曲轴、凸轮轴、连杆、齿轮
	KTZ500-4		16	500	4	179～241	活塞环、轴套、万向接头
	KTZ600-3		16	600	3	201～269	棘轮、扳手、传动链条
	KTZ700-2		16	700	2	240～270	

KT350-10、KTZ600-3 铁素体可锻铸铁以“KT”表示，珠光体可锻铸铁以“KTZ”表示。其后的两组数字表示最低抗拉强度和伸长率。

可锻铸铁常用来制造形状复杂、承受冲击和振动载荷的零件，如汽车拖拉机的后桥外壳、管接头、低压阀门等。这些零件用铸钢生产时，因铸造性不好，工艺上困难较大；而用灰口铸铁时，又存在性能不能满足要求的问题。

与球墨铸铁相比，可锻铸铁具有成本低、质量稳定、铁水处理简单、容易组织流水生产等优点。尤其对于薄壁件，若采用球墨铸铁易生成白口，需要进行高温退火，采用可锻铸铁更为适宜。

（二）可锻铸铁的生产和热处理

可锻铸铁生产分两个步骤。

第一步，先铸造成白口铸铁，不允许有石墨出现，否则在随后的退火中，碳在已有的石墨上会沉淀，得不到团絮状石墨；

第二步，进行长时间的石墨化退火处理。

将白口铸铁加热到 900～960℃，长时间保温，使共晶渗碳体分解为团絮状石墨，完成第一阶段的石墨化过程。随后以较快的速度（100℃/h）冷却通过共析转变温度区，得到珠光体基体的可锻铸铁。

若第一阶段石墨化保温后慢冷，使奥氏体中的碳充分析出，完成第二阶段石墨化，并在冷至 720～760℃后继续保温，使共析渗碳体充分分解，完成第三阶段石墨化，在 650～700℃出炉冷却至室温，可以得到铁素体基体的可锻铸铁。

可锻化退火时间要几十小时，为了缩短时间，并细化组织，提高力学性能，可在铸造时采取孕育处理。孕育剂能强烈阻碍凝固时形成石墨和退火时促进石墨化。采用 0.001% 硼、0.006% 铋和 0.008% 铝的孕育剂，可将退火时间由 70 多小时缩短至 30h。

五、特殊性能铸铁

在铸铁中加入某些合金元素，得到一些具有各种特殊性能的合金铸铁。

（一）耐磨铸铁

在磨粒磨损条件下工作的铸铁应具有高而均匀的硬度。白口铸铁就属这类耐磨铸铁。但白口铸铁脆性较大，不能承受冲击载荷，生产中采用激冷的办法来获得激冷铸铁。

用金属型铸造铸件的耐磨表面，其他部位采用砂型。调整铁水的化学成分，高碳低硅，保证白口层的深度。芯部为灰口铸铁组织，具有一定的强度。应用于轧辊和车轮等的铸造生产中。

改善珠光体灰口铸铁的耐磨性，磷的质量分数提高到0.4% ~0.6%（高磷铸铁），生成磷共晶（$F + Fe_3P$，$P + Fe_3P$ 或 $F + P + Fe_3P$），呈断续网状的形态分布在珠光体的基体上，磷共晶硬度高，有利于增加耐磨性。

加入 Cr、Mo、W、Cu 等合金元素，提高基体强度和韧性，铸铁的耐磨性能等得到更大提高，如高铬耐磨铸铁、奥-贝球墨铸铁等新型合金铸铁。

（二）耐热铸铁

高温下工作的铸铁，如炉底板、换热器、坩埚、热处理炉内的运输链条等，必须使用耐热铸铁。耐热铸铁的化学成分及力学性能见表8-7。

加入 Al、Si、Cr 等元素，铸件表面形成致密的氧化膜，阻碍继续氧化；提高铸铁的临界温度，使基体变为单相铁素体，不发生石墨化过程，改善铸铁的耐热性。

球墨铸铁中，石墨为孤立分布，互不相连，不形成气体渗入通道，故其耐热性更好。

表8-7 耐热铸铁的化学成分及力学性能

耐热铸铁名称	化学成分（质量分数）/%						耐热温度/℃	在室温下的力学性能	
	C	Si	Mn	P	S	Cr		R_m/MPa	HB
含铬耐热铸铁 RTCr-0.8	2.8 ~3.6	1.5 ~2.5	<1.0	<0.3	<0.12	0.5 ~1.1	600	>180	207 ~285
含铬耐热铸铁 RTCr-1.5	2.8 ~3.6	1.7 ~2.7	<1.0	<0.3	<0.12	1.2 ~1.9	650	>150	207 ~285
高铬铸铁	0.5 ~1.0	0.5 ~1.3	0.5 ~0.8	≤1.0	≤0.08	26 ~30	1000 ~1100	380 ~410	220 ~207
高硅耐热铸铁 RTSi-5.5	2.2 ~3.0	5.0 ~6.0	<1.0	<0.2	<0.12	0.5 ~0.9	850	>100	140 ~255
高硅耐热球墨铸铁 RTSi-5.5	2.4 ~3.0	5.0 ~6.0	<0.7	>0.1	>0.03	—	900 ~950	>220	228 ~321
高铝铸铁	1.2 ~2.0	1.3 ~2.0	0.6 ~0.8	<0.2	<0.03	Al 20 ~24	900 ~950	110 ~170	170 ~200
高铝球墨铸铁	1.7 ~2.2	1.0 ~2.0	0.4 ~0.8	<0.2	<0.01	Al 21 ~24	1000 ~1100	250 ~420	260 ~300
铝硅耐热球铁（其中 Al + Si 为 8.5% ~10.0%）	2.4 ~2.9	4.4 ~5.4	<0.5	<0.1	<0.02	Al 4.0 ~5.0	950 ~1050	220 ~275	—

（三）耐蚀铸铁

耐蚀铸铁主要用于化工部件，如阀门、管道、泵、容器等。

普通铸铁的耐蚀性差，因为组织中的石墨和渗碳体会促进铁素体腐蚀。加入 Si、Cr、Al、Mo、Cu、Ni 等合金元素形成保护膜，或使基体电极电位升高，可以提高铸铁的耐蚀性能。

常用耐蚀铸铁有高硅、高硅钼、高铝、高铬等耐蚀铸铁。

习题与思考题

1. 影响铸铁组织的主要因素是什么?
2. 普通灰口铸铁中，为什么 w(C) 和 w(Si) 越高，铸铁的抗拉强度和硬度越低?
3. 为什么可锻铸铁在可锻化退火前要求原始组织为白口?
4. 为什么灰口铸铁一般不进行淬火和回火处理，而球墨铸铁可以进行这类热处理?
5. 比较各类铸铁性能的优劣顺序。与钢比较，铸铁在性能上有什么优缺点?
6. 要使球墨铸铁分别得到珠光体、铁素体和贝氏体的基本组织，热处理工艺如何控制?
7. 提高灰口铸铁的力学性能的最主要的方法是什么?
8. 工业常用铸铁有哪些，铸铁的组织特征?

第九章　有色金属材料

第一节　铝及其合金

一、工业纯铝

纯铝是一种银白色的轻金属，熔点为660℃，具有面心立方晶格，没有同素异构转变。它的密度小（只有$2.72g/cm^3$）；导电性好，仅次于银、铜和金；导热性好，比铁几乎大三倍。纯铝的化学性质活泼，在大气中极易与氧作用，在表面形成一层牢固致密的氧化膜，可以阻止进一步氧化，从而使它在大气和淡水中具有良好的抗蚀性。纯铝在低温下，甚至在超低温下都具有良好的塑性和韧性，在0～－253℃之间塑性和冲击韧性不降低。

纯铝具有一系列优良的工艺性能，易于铸造，易于切削，也易于通过压力加工制成各种规格的半成品。所以纯铝主要用于制造电缆电线的线芯和导电零件、耐蚀器皿和生活器皿，以及配制铝合金和做铝合金的包覆层。由于纯铝的强度很低，其抗拉强度仅有90～$120MPa/m^2$，所以一般不宜直接作为结构材料和制造机械零件。

纯铝按其纯度分为高纯铝、工业高纯铝和工业纯铝。纯铝的牌号用“铝”字的汉语拼音字首“L”和其后面的编号表示。高纯铝的牌号有LG1、LG2、LG3、LG4和LG5，“G”是高字的汉语拼音字首，后面的数字越大，纯度越高，它们的含铝量在99.85%～99.99%之间。工业纯铝的牌号有L1、L2、L3、L4、L4-1、L5、L5-1和L6。后面的数字表示纯度，数字越大，纯度越低。

二、铝合金的分类与时效强化

（一）铝合金的分类

根据铝合金的成分、组织和工艺特点，可以将其分为铸造铝合金与变形铝合金两大类。变形铝合金是将铝合金铸锭通过压力加工（轧制、挤压、模锻等）制成半成品或模锻件，所以要求有良好的塑性变形能力。铸造铝合金则是将熔融的合金直接浇铸成形状复杂的甚至是薄壁的成型件，所以要求合金具有良好的铸造流动性。

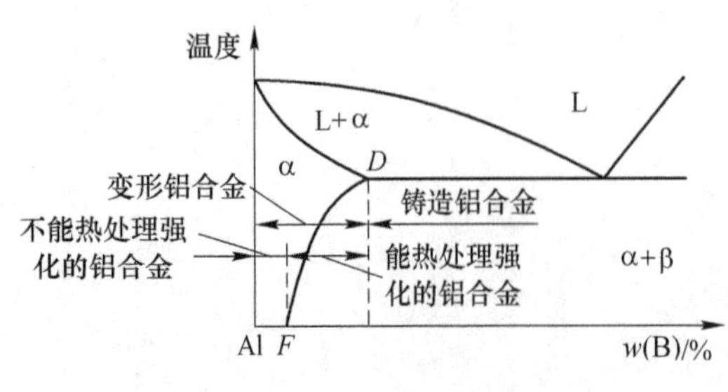

图9-1　铝合金分类示意图

工程上常用的铝合金大都具有与图9-1类似的相图。由图可见，凡位于相图上D点成分以左的合金，在加热至高温时能形成单相固溶体组织，合金的塑性较高，适用于压力加工，所以称为变形铝合金；凡位于 *D* 点成分以右的合金，因含有共晶组织，液态流动性较高，适用于铸造，所以称为铸造铝合金。铝合金的分类及性能特点列于表 9-1。

表 9-1 铝合金的分类及性能特点

<table>
<tr><th colspan="2">分 类</th><th>合金名称</th><th>合金系</th><th>性能特点</th><th>编号举例</th></tr>
<tr><td colspan="2" rowspan="10">铸造铝合金</td><td>简单铝硅合金</td><td>Al-Si</td><td>铸造性能好，不能热处理强化，力学性能较低</td><td>ZL102</td></tr>
<tr><td rowspan="4">特殊铝硅合金</td><td>Al-Si-Mg</td><td rowspan="4">铸造性能良好，能热处理强化，力学性能较高</td><td>ZL101</td></tr>
<tr><td>Al-Si-Cu</td><td>ZL107</td></tr>
<tr><td>Al-Si-Mg-Cu</td><td>ZL105、ZL110</td></tr>
<tr><td>Al-Si-Mg-Cu-Ni</td><td>ZL109</td></tr>
<tr><td>铝铜铸造合金</td><td>Al-Cu</td><td>耐热性好，铸造性能与抗蚀性差</td><td>ZL201</td></tr>
<tr><td>铝镁铸造合金</td><td>Al-Mg</td><td>机械性能高，抗腐蚀性好</td><td>ZL301</td></tr>
<tr><td>铝锌铸造合金</td><td>Al-Zn</td><td>能自动淬火，宜于压铸</td><td>ZL401</td></tr>
<tr><td>铝稀土铸造合金</td><td>Al-Re</td><td>耐热性能好</td><td></td></tr>
<tr style="display:none"></tr>
<tr><td rowspan="6">变形铝合金</td><td rowspan="2">不能热处理强化的铝合金</td><td rowspan="2">防锈铝</td><td>Al-Mn</td><td rowspan="2">抗蚀性、压力加工性与焊接性能好，但强度较低</td><td>LF21</td></tr>
<tr><td>Al-Mg</td><td>LF5</td></tr>
<tr><td rowspan="4">可以热处理强化的铝合金</td><td>硬铝</td><td>Al-Cu-Mg</td><td>力学性能高</td><td>LY11、LY12</td></tr>
<tr><td>超硬铝</td><td>Al-Cu-Mg-Zn</td><td>室温强度最高</td><td>LC4</td></tr>
<tr><td rowspan="2">锻铝</td><td>Al-Mg-Si-Cu</td><td>铸造性能好</td><td>LD5、LD10</td></tr>
<tr><td>Al-Cu-Mg-Fe-Ni</td><td>耐热性能好</td><td>LD8、LD7</td></tr>
</table>

对于变形铝合金来说，位于 *F* 点以左成分的合金，在固态始终是单相的，不能进行热处理强化，被称为热处理不可强化的铝合金。成分在 *F* 和 *D* 之间的铝合金，由于合金元素在铝中有溶解度的变化会析出第二相，可通过热处理使合金强度提高，所以称为热处理强化铝合金。

铸造铝合金按加入的主要合金元素的不同，分为 Al-Si 系、Al-Cu 系、Al-Mg 系和 Al-Zn 系四种合金。合金牌号用“铸铝”二字汉语拼音字首“ZL”后跟三位数字表示。第一位数表示合金系列，1 为 Al-Si 系合金；2 为 Al-Cu 系合金；3 为 Al-Mg 系合金；4 为 Al-Zn 系合金。第二、三位数表示合金的顺序号。如 ZL201 表示 1 号铝铜系铸造铝合金，ZL107 表示 7 号铝硅系铸造铝合金。

变形铝合金按照性能特点和用途分为防锈铝、硬铝、超硬铝和锻铝四种。防锈铝属于不能热处理强化的铝合金，硬铝、超硬铝、锻铝属于可热处理强化的铝合金。防锈铝用“LF”和跟在后面的顺序号表示，“LF”是“铝防”二字的汉语拼音字首。硬铝、超硬铝、锻铝分别用“LY”（铝硬）、“LC”（铝超）、“LD”（铝锻）和后面的顺序号来表示。如 LF5 表示 5 号防锈铝，LY11 表示 11 号硬铝，LC4 表示 4 号超硬铝，LD8 表示 8 号锻铝，余类推。

（二）铝合金的强化

铝合金的强化方式主要有以下几种：

1. 固溶强化

纯铝中加入合金元素，形成铝基固溶体，造成晶格畸变，阻碍了位错的运动，起到固溶强化的作用，可使其强度提高。根据合金化的一般规律，形成无限固溶体或高浓度的固溶体型合金时，不仅能获得高的强度，而且还能获得优良的塑性与良好的压力加工性能。Al－Cu、Al－Mg、Al－Si、Al－Zn、Al－Mn 等二元合金一般都能形成有限固溶体，并且均有较大的极限溶解度（见表 9-2），因此具有较大的固溶强化效果。

表 9-2 常用元素在铝中的溶解度

元素名称	锌	镁	铜	锰	硅
极限溶解度/%	32.8	14.9	5.65	1.82	1.65
室温时的溶解度/%	0.05	0.34	0.20	0.06	0.05

2. 时效强化

合金元素对铝的另一种强化作用是通过热处理实现的。但由于铝没有同素异构转变，所以其热处理相变与钢不同。铝合金的热处理强化，主要是由于合金元素在铝合金中有较大的固溶度，且随温度的降低而急剧减小。所以铝合金经加热到某一温度淬火后，可以得到过饱和的铝基固溶体。这种过饱和铝基固溶体放置在室温或加热到某一温度时，其强度和硬度随时间的延长而升高，但塑性、韧性则降低，这个过程称为时效。在室温下进行的时效称为自然时效，在加热条件下进行的时效称为人工时效。时效过程中使铝合金的强度、硬度升高的现象称为时效强化或时效硬化。其强化效果是依靠时效过程中所产生的时效硬化现象来实现的。

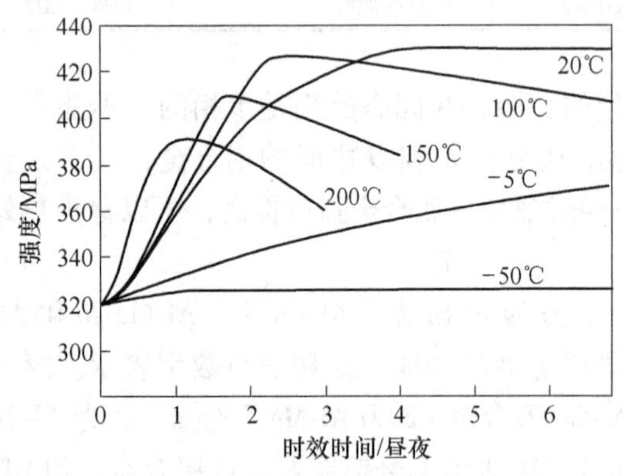

图 9-2 硬铝合金在不同温度下的时效曲线

图 9-2 是 Al-Cu 合金相图，现以含 4% Cu 的 Al-Cu 合金为例说明铝的时效强化。铝铜合金的时效强化过程分为以下四个阶段：

第一阶段：在过饱和 α 固溶体的某一晶面上产生铜原子偏聚现象，形成铜原子富集区（GP［Ⅰ］区），从而使 α 固溶体产生严重的晶格畸变，位错运动受到阻碍，合金强度提高。

第二阶段：随时间延长，GP［Ⅰ］区进一步扩大，并发生有序化，形成有序的富铜区，称为 GP［Ⅱ］区，其成分接近 $CuAl_2$（θ 相），成为中间状态，常用 θ″表示。θ″的析出，进一步加重了 α 相的晶格畸变，使合金强度进一步提高。

第三阶段：随着时效过程的进一步发展，铜原子在 GP［Ⅱ］区继续偏聚。当铜与铝原子之比为 1∶2 时，形成与母相保持共格关系的过渡相 θ′。θ′相出现的初期，母相的晶格畸变达到最大，合金强度达到峰值。

第四阶段：时效后期，过渡相 θ′从铝基固溶体中完全脱落，形成与基体有明显相界

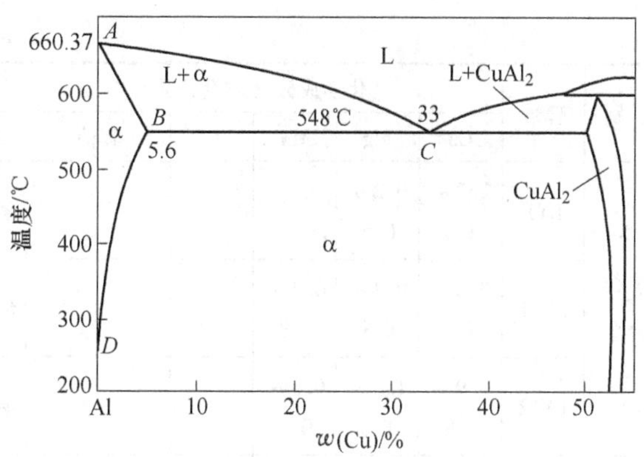

图 9-3 铝-铜二元合金状态图

面的独立的稳定相 $CuAl_2$，称为 θ 相。此时，θ 相与基体的共格关系完全破坏，共格畸变也随之消失，随着 θ 相质点的聚集长大，合金明显软化，强度、硬度降低。

图 9-3 是硬铝合金在不同温度下的时效曲线。由图中可以看出，提高时效温度，可以使时效速度加快，但获得的强度值比较低。在自然时效条件下，时效进行得十分缓慢，约需 4 ~ 5 天才能达到最高强度值。而在 -50℃时，时效过程基本停止，各种性能没有明显变化，所以降低温度是抑制时效的有效办法。

3. 过剩相强化

如果铝中加入合金元素的数量超过了极限溶解度，则在固溶处理加热时，就有一部分不能溶入固溶体的第二相出现，称为过剩相。在铝合金中，这些过剩相通常是硬而脆的金属间化合物。它们在合金中阻碍位错运动，使合金强化，这称为过剩相强化。在生产中常常采用这种方式来强化铸造铝合金和耐热铝合金。过剩相数量越多，分布越弥散，则强化效果越大。但过剩相太多，则会使强度和塑性都降低。过剩相成分结构越复杂，熔点越高，则高温热稳定性越好。

4. 细化组织强化

许多铝合金组织都是由 α 固溶体和过剩相组成的。若能细化铝合金的组织，包括细化 α 固溶体或细化过剩相，就可使合金得到强化。

由于铸造铝合金的组织比较粗大，所以实际生产中常常利用变质处理的方法来细化合金组织。变质处理是在浇注前在熔融的铝合金中加入占合金质量 2% ~3% 的变质剂(常用钠盐混合物:2/3NaF + 1/3NaCl),以增加结晶核心,使组织细化。经过变质处理的铝合金可得到细小均匀的共晶体加初生 α 固溶体组织,从而显著地提高铝合金的强度及塑性。

三、变形铝合金

变形铝合金包括防锈铝合金、硬铝合金、超硬铝合金及锻铝合金等。变形铝合金的主要牌号、化学成分、力学性能及主要用途见表 9-3。

表 9-3 变形铝合金的主要牌号、化学成分、力学性能及主要用途

类别	牌号	化学成分（质量分数）/%						力学性能			主要用途
		Cu	Mg	Mn	Zn	其他	Al	R_m/MPa	A/%	HB	
防锈铝合金	LF5		4.0 ~ 5.0	0.3 ~ 0.6			余量	280	15	70	中载零件、铆钉、焊接油箱、油管
	LF11		4.8 ~ 5.5	0.3 ~ 0.6		Ti 0.02 ~ 0.1	余量	280	15	70	中载零件、铆钉、焊接油箱、油管
	LF21			1.0 ~ 1.6			余量	130	20	30	管道、容器、铆钉、轻载零件及制品

续表 9-3

类别	牌号	化学成分（质量分数）/%						力学性能			主要用途
		Cu	Mg	Mn	Zn	其他	Al	R_m/MPa	A/%	HB	
硬铝合金	LY1	2.2～3.0	0.2～0.5				余量	300	24	70	中等强度、100℃以下工作的铆钉
	LY11	3.8～4.8	0.4～0.8	0.4～0.8			余量	380	15	100	中等强度构件，如骨架、叶片铆钉
	LY12	3.9～4.9	1.2～1.6	0.3～0.9			余量	430	10	105	高强度构件及150℃以下工作的零件
超硬铝合金	LC4	1.4～2.0	1.8～2.8	0.2～0.6	5.0～7.0	Cr 0.1～0.25	余量	540	6		主要受力构件及高载荷零件，如飞机大梁、加强框、起落架
	LC6	2.2～2.8	2.5～3.2	0.2～0.5	7.6～8.6	Cr 0.1～0.25	余量	680	7	190	主要受力构件及高载荷零件，如飞机大梁、加强框、起落架
锻铝合金	LD5	1.8～2.6	0.4～0.8	0.4～0.8		Si 0.7～1.2	余量	390	10	100	形状复杂和中等强度的锻件及模锻件
	LD7	1.9～2.5	1.4～1.8			Fe 1.0～1.5、Ni 1.0～1.5、Ti 0.02～0.1	余量	400	5	117～148	高温下工作的复杂锻件和结构件、内燃机活塞
	LD10	3.9～4.8	0.4～0.8	0.4～1.0		Si 0.5～1.2	余量	440	10	120	高载荷锻件和模锻件

注：防锈铝合金均为在退火状态时的力学性能；硬铝合金均为在淬火加自然时效状态时的力学性能；超硬铝合金均为挤压棒材在淬火加人工时效状态时的力学性能；锻铝合金均为淬火加人工时效状态时的力学性能。

（一）防锈铝合金

防锈铝合金中主要合金元素是 Mn 和 Mg，Mn 的主要作用是提高铝合金的抗蚀能力，并起到固溶强化的作用。Mg 也可起到强化作用，并使合金的密度降低。防锈铝合金锻造退火后是单相固溶体，抗腐蚀能力高，塑性好。这类铝合金不能进行时效硬化，属于不能热处理强化的铝合金，但可冷变形加工，利用加工硬化，提高合金的强度。

（二）硬铝合金

硬铝合金为 Al-Cu-Mg 系合金，还含有少量的 Mn。各种硬铝合金都可以进行时效强化，属于可以进行热处理强化的铝合金，亦可进行变形强化。合金中的 Cu、Mg 可促成形成强化相 θ 相及 S 相。Mn 主要可提高合金的抗蚀性，并有一定的固溶强化作用，但 Mn 的析出倾向小，不参与时效过程。少量的 Ti 或 B 可细化晶粒和提高合金强度。

硬铝主要分为三种：低合金硬铝，合金中 Mg、Cu 含量低；标准硬铝，合金元素含量中等；高合金硬铝，合金元素含量较多。

硬铝也存在着许多不足之处，一是抗蚀性差，特别是海水等环境中；二是固溶处理的加热温度范围很窄，这对其生产工艺的实现带来了困难。所以在使用或加工硬铝时应予以注意。

（三）超硬铝合金

超硬铝合金为Al-Mg-Zn-Cu系合金，并含有少量的Cr和Mn。牌号有LC4、LC6等。Zn、Cu、Mg与Al可以形成固溶体和多种复杂的第二相，例如$MgZn_2$，Al_2CuMg，AlMg-ZnCu等。所以经过固溶处理和人工时效后，可获得很高的强度和硬度。它是强度最高的一种铝合金。但这种合金的抗蚀性较差，高温下软化快。可以用包铝法提高抗蚀性。超硬铝合金多用来制造受力大的重要构件，如飞机大梁、起落架等。

（四）锻铝合金

LD5、LD7、LD10等属于这类铝合金。锻铝合金为Al-Mg-Si-Cu系和Al-Cu-Mg-Ni-Fe系合金。合金中的元素种类多但用量少，具有良好的热塑性，良好的铸造性能和锻造性能，并有较高的力学性能。这类合金主要用于承受重载荷的锻件和模锻件。锻铝合金通常都要进行固溶处理和人工时效。

四、铸造铝合金

铸造铝合金按照主要合金元素的不同，可分为四类：Al-Si铸造铝合金，如ZL101、ZL105等；Al-Cu铸造铝合金，如ZL201、ZL203等；Al-Mg铸造铝合金，如ZL301、ZL302等；Al-Zn铸造铝合金，如ZL401、ZL402等。

各类铸造铝合金的牌号、力学性能及用途见表9-4。

表9-4 铸造铝合金的主要牌号、力学性能及用途

类别	合金牌号	铸造方法	热处理状态	力学性能			用途
				R_m/MPa	A/%	HB	
铝硅合金	ZL101	J	T_5	210	2	60	形状复杂的零件，如飞机、仪器零件、抽水机壳体
		S	T_5	200	2	60	
		S、B	T_6	230	1	70	
	ZL104	S、B	T_6	230	2	70	形状复杂工作温度为200℃以下的零件，如电动机壳体、汽缸体
		J	T_6	240	2	70	
	ZL105	S	T_5	200	1	70	250℃以下工作的承受中等载荷的零件，如中小型发动机汽缸头、机匣、油泵壳体
		J	T_5	240	0.5	70	
		S	T_6	230	0.5	70	
	ZL107	S、B	T_6	250	2.5	90	可用金属型铸造在较高温度下承受重大载荷的零件
		J	T_6	280	3	100	
	ZL109	J	T_1	200	0.5	90	需有较高的高温强度和低膨胀系数的发动机活塞
		J	T_6	250		100	
	ZL110	J	T_1	150		80	汽车发动机活塞及其他在高温下工作的零件
		S	T_1	170		90	
铝铜合金	ZL201	S	T_4	300	8	70	工作温度在175～300℃的零件，如内燃机汽缸头、活塞
		S	T_5	340	4	90	
	ZL202	S、J	T_6	170		100	需有高温强度、结构复杂的机件

续表 9-4

类别	合金牌号	铸造方法	热处理状态	力学性能			用途
				R_m/MPa	A/%	HB	
铝铜合金	ZL203	S	T_5	220	3	70	需要高强度、高塑性的零件以及工作温度不超过200℃并要求切削性能好的小零件
		J	T_6	230	3	70	
铝镁合金	ZL301	S	T_4	280	9	60	大气或海水中工作的零件，承受冲击载荷、外形不大复杂的零件，如舰船配件、氨用泵体等
	ZL302	J	T_1	240	4	70	在腐蚀介质下工作的中等载荷零件；在严寒大气及200℃以下工作的零件，如海轮配件等
铝锌合金	ZL401	S	T_1	200	2	80	压力铸造零件，工作温度不超过200℃的结构形状复杂的汽车、飞机零件
		J	T_1	250	1.5	90	
	ZL402	S	T_1	220	4	65	结构形状复杂的汽车、飞机、仪器零件，也可制造日用品
		J	T_1	240	4	70	

注：S—砂型铸造；J—金属型铸造；B—变质处理；T_1—时效处理：T_4—淬火加自然时效；T_5—淬火和部分人工时效；T_6—淬火和完全人工时效。

（1）Al-Si 铸造铝合金。Al-Si 铸造铝合金通常称为铝硅明，铝硅明包括简单铝硅明（Al-Si 二元合金）和复杂铝硅明（Al-Si-Mg-Cu 等多元合金）。含 $w(\mathrm{Si})=11\%\sim13\%$ 的简单铝硅明（ZL102）铸造后几乎全部是共晶组织。因此，这种合金流动性好，铸件产生的热裂倾向小，适用于铸造复杂形状的零件。它的耐腐蚀性能高，膨胀系数低，可焊性良好。该合金的不足之处是铸造时吸气性高，结晶时能产生大量的分散缩孔，使铸件的致密度下降。由于 Al-Si 合金组织中的共晶硅呈粗大的针状，使合金的力学性能降低，所以必须采用变质处理。

内燃机中的活塞，是在高速、高温、高压、变负荷下工作的，所以要求制造活塞的材料必须密度小、高耐磨、高的耐蚀性、耐热性，还要求活塞材料的线膨胀系数接近汽缸体的线膨胀系数。复杂铝硅明基本上能满足这一要求，它是制造活塞的理想材料。

（2）Al-Cu 铸造铝合金。Al-Cu 合金的强度较高，耐热性好，但铸造性能不好，有热裂和疏松倾向，耐蚀性较差。

ZL201 的室温强度高，塑性比较好，可制作在 300℃以下工作的零件，常用于铸造内燃机汽缸头、活塞等零件。ZL202 塑性较低，多用于高温下不受冲击的零件。ZL203 经淬火时效后，强度较高，可铸造受中等载荷和形状较简单的零件。

（3）Al-Mg 铸造铝合金。Al-Mg 合金（ZL301、ZL302）强度高，密度小（约为 $2.55\mathrm{g/cm^3}$），有良好的耐蚀性，但铸造性能不好，耐热性低。Al-Mg 合金可进行时效处理，通常采用自然时效。多用于制造承受冲击载荷，在腐蚀性介质中工作的，外形不太复杂的零件，如舰船配件、氨用泵体等。

（4）Al-Zn 铸造铝合金。Al-Zn 合金（ZL401、ZL402）价格便宜，铸造性能优良，经变质处理和时效处理后强度较高，但抗蚀性差，热裂倾向大。常用于制造汽车、拖拉机的发动机零件及形状复杂的仪器零件，也可用于制造日用品。

铸造铝合金的铸件，由于形状较复杂，组织粗糙，化合物粗大，并有严重的偏析，因此它的热处理与变形铝合金相比，淬火温度应高一些，加热保温时间要长一些，以使粗大析出物完全溶解并使固溶体成分均匀化。淬火一般用水冷却，并多采用人工时效。

第二节 铜及铜合金

铜及铜合金具有以下性能特点：

（1）有优异的物理化学性能。纯铜导电性、导热性极佳，许多铜合金的导电、导热性也很好；铜及铜合金对大气和水的抗腐蚀能力也很高；铜是抗磁性物质。

（2）有良好的加工性能。铜及某些铜合金塑性很好，容易冷、热成型；铸造铜合金有很好的铸造性能。

（3）有某些特殊的力学性能。例如优良的减摩性和耐磨性（如青铜及部分黄铜）；高的弹性极限及疲劳极限（铍青铜等）。

（4）色泽美观。

由于有以上优良性能，铜及铜合金在电气工业、仪表工业、造船工业及机械制造工业部门中获得了广泛的应用。但铜的储藏量较小，价格较贵，属于应节约使用的材料之一，只有在特殊需要的情况下，例如要求有特殊的磁性、耐蚀性、加工性能、力学性能以及特殊的外观等条件下，才考虑使用。

一、纯铜（紫铜）

纯铜是玫瑰红色的金属，表面形成氧化铜膜后，外观呈紫红色，故常称为紫铜。纯铜主要用于制作电工导体以及配制各种铜合金。

工业纯铜中含有锡、铋、氧、硫、磷等杂质，它们都可使铜的导电能力下降。铅和铋能与铜形成熔点很低的共晶体（Cu + Pb）和（Cu + Bi），共晶温度分别为326℃和270℃，分布在铜的晶界上。进行热加工时（温度为820～860℃），因共晶体熔化，破坏晶界的结合，使铜发生脆性断裂（热裂）。硫、氧与铜也形成共晶体（$Cu + Cu_2S$）和（$Cu + Cu_2O$），共晶温度分别为1067℃和1065℃，因共晶温度高，它们不会引起热脆性。但由于 Cu_2S、Cu_2O 都是脆性化合物，在冷加工时易促进破裂（冷脆）。

根据杂质的含量，工业纯铜可分为四种：T1、T2、T3、T4。“T”为铜的汉语拼音字首，编号越大，纯度越低。工业纯铜的牌号、成分及用途见表9-5。

表9-5 工业纯铜的牌号、成分及用途

类别	牌号	含铜量（质量分数）/%	杂质（质量分数）/%		杂质总量（质量分数）/%	用 途
			Bi	Pb		
一号铜	T1	99.85	0.002	0.005	0.05	导电材料和配制高纯度合金
二号铜	T2	99.90	0.002	0.005	0.1	导电材料，制作电线，电缆等
三号铜	T3	99.70	0.002	0.01	0.3	一般用铜材，电气开关，垫圈、铆钉、油管等
四号铜	T4	99.50	0.003	0.05	0.5	一般用铜材，电气开关，垫圈、铆钉、油管等

除工业纯铜外，还有一类叫无氧铜，其含氧量极低，不大于0.003%。牌号有TU1、TU2，主要用来制作电真空器件及高导电性铜线。这种导线能抵抗氢的作用，不发生氢脆现象。纯铜的强度低，不宜直接用作结构材料。

二、黄铜

铜锌合金或以锌为主要合金元素的铜合金称为黄铜。黄铜具有良好的塑性和耐腐蚀性，良好的变形加工性能和铸造性能，在工业中有很强的应用价值。按化学成分的不同，黄铜可分为普通黄铜和特殊黄铜两类。表9-6是常用黄铜的牌号、成分、性能和用途。

表9-6 常用黄铜的牌号、成分、性能和用途

类别	牌号	化学成分（质量分数）/%		状态	力学性能			用途
		Cu	其他		R_m/MPa	A/%	HBS	
黄铜	H96	95.0~97.0	Zn余量	T	240	50	45	冷凝管，散热器管及导电零件
				L	450	2	120	
	H62	60.5~63.5	Zn余量	T	330	49	56	铆钉、螺帽、垫圈、散热器零件
				L	600	3	164	
特殊黄铜	HPb59-1	57.0~60.0	Pb0.8~0.9、Zn余量	T	420	45	75	用于热冲压和切削加工制作的各种零件
				L	550	5	149	
	HMn58-2	57.0~60.0	Mn1.0~2.0、Zn余量	T	400	40	90	腐蚀条件下工作的重要零件和弱电流工业零件
				L	700	10	178	
	HSn90-1	88.0~91.0	Sn0.25~0.75、Zn余量	T	280	40	58	汽车、拖拉机弹性套管及其他耐蚀减摩零件
				L	520	4	148	
铸造黄铜	ZCuZn38	60.0~63.0	Zn余量	S	295	30	59	一般结构件及耐蚀零件，如法兰、阀座、支架等
				J	295	30	69	
	ZCuZn31Al2	66.0~68.0	Al2.0~3.0、Zn余量	S	295	12	79	制作电机，仪表等压铸件及船舶，机械中的耐蚀件
				J	390	15	89	
	ZCuZn38Mn2Pb2	57.0~60.0	Mn1.5~2.5、Pb1.5~2.5、Zn余量	S	245	10	69	一般用途结构件，船舶仪表等使用的外形简单的铸件，如套筒、轴瓦等
				J	345	14	79	
	ZCuZn16Si4	79.0~81.0	Si2.5~4.5、Zn余量	S	345	15	89	船舶零件，内燃机零件，在气、水、油中的铸件
				J	390	20	98	

注：T—退火状态；L—冷变形状态；S—砂型铸造；J—金属型铸造。

（一）普通黄铜

普通黄铜是铜锌二元合金。图9-4是Cu-Zn合金相图。α相是锌溶于铜中的固溶体，其溶解度随温度的下降而增大。α相具有面心立方晶格，塑性好，适于进行冷、热加工，并有优良的铸造、焊接和镀锡的能力。β′相是以电子化合物CuZn为基体的有序固溶体，具有体心立方晶格，性能硬而脆。

黄铜的含锌量对其力学性能有很大的影响。当w(Zn)≤30%~32%时，随着含锌量的

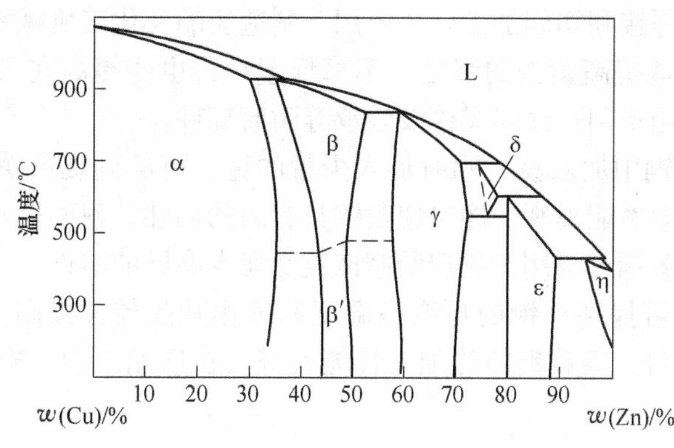

图9-4 Cu-Zn合金相图

增加，强度和伸长率都升高，当 $w(Zn)>32\%$ 后，因组织中出现β′相，塑性开始下降，而强度在 $w(Zn)=45\%$ 附近达到最大值。含Zn更高时，黄铜的组织全部为β′相，强度与塑性急剧下降。

普通黄铜分为单相黄铜和双相黄铜两种类型，从变形特征来看，单相黄铜适宜于冷加工，而双相黄铜只能用于热加工。常用的单相黄铜牌号有H80、H70、H68等，“H”为黄铜的汉语拼音字首，数字表示平均含铜量。它们的组织为α，塑性很好，可进行冷、热压力加工，适于制作冷轧板材、冷拉线材、管材及形状复杂的深冲零件。而常用双相黄铜的牌号有H62、H59等，退火状态组织为α+β′。由于室温β′相很脆，冷变形性能差，而高温β相塑性好，因此它们可以进行热加工变形。通常双相黄铜可热轧成棒材、板材，再经机加工制造成各种零件。

（二）特殊黄铜

为了获得更高的强度、抗蚀性和良好的铸造性能，在铜锌合金中加入铝、铁、硅、锰、镍等元素，形成各种特殊黄铜。

特殊黄铜的编号方法是：“H+主加元素符号+铜含量+主加元素含量”。特殊黄铜可分为压力加工黄铜（以黄铜加工产品供应）和铸造黄铜两类，其中铸造黄铜在编号前加“Z”。例如：HPb60-1表示平均成分（质量分数）为60% Cu，1% Pb，余为Zn的铅黄铜；ZCuZn31Al2表示平均成分（质量分数）为31% Zn，2% Al，余为Cu的铝黄铜。

（1）锡黄铜：锡可显著提高黄铜在海洋大气和海水中的抗蚀性，也可使黄铜的强度有所提高。压力加工锡黄铜广泛应用于制造海船零件。

（2）铅黄铜：铅能改善切削加工性能，并能提高耐磨性。铅对黄铜的强度影响不大，塑性略为降低。压力加工铅黄铜主要用于要求有良好切削加工性能及耐磨的零件（如钟表零件），铸造铅黄铜可以制作轴瓦和衬套。

（3）铝黄铜：铝能提高黄铜的强度和硬度，但使塑性降低。铝能使黄铜表面形成保护性的氧化膜，因而改善黄铜在大气中的抗蚀性。铝黄铜可制作海船零件及其他机器的耐蚀零件。铝黄铜中加入适量的镍、锰、铁后，可得到高强度、高耐蚀性的特殊黄铜，常用于制作大型蜗杆、海船用螺旋桨等需要高强度、高耐蚀性的重要零件。

（4）硅黄铜：硅能显著提高黄铜的力学性能、耐磨性和耐蚀性。硅黄铜具有良好的铸造性能，并能进行焊接和切削加工。主要用于制造船舶及化工机械零件。

（5）锰黄铜：锰能提高黄铜的强度，不降低塑性，也能提高在海水中及过热蒸汽中的抗蚀性。锰黄铜常用于制造海船零件及轴承等耐磨部件。

（6）铁黄铜：黄铜中加入铁，同时加入少量的锰，可起到提高黄铜再结晶温度和细化晶粒的作用，使力学性能提高，同时使黄铜具有高的韧性、耐磨性及在大气和海水中优良的抗蚀性，因而铁黄铜可以用于制造受摩擦及受海水腐蚀的零件。

（7）镍黄铜：镍可提高黄铜的再结晶温度和细化其晶粒，提高力学性能和抗蚀性，降低应力腐蚀开裂倾向。镍黄铜的热加工性能良好，在造船工业、电机制造工业中广泛应用。

三、青铜

青铜原指铜锡合金，但是，工业上习惯把铜基合金中不含锡而含有铝、镍、锰、硅、铍、铅等特殊元素组成的合金也叫青铜。所以青铜实际上包含锡青铜、铝青铜、铍青铜和硅青铜等。青铜也可分为压力加工青铜（以青铜加工产品供应）和铸造青铜两类。青铜的编号规则是："Q＋主加元素符号＋主加元素含量（＋其他元素含量）"，"Q"表示青的汉语拼音字头。如QSn4-3表示成分为4% Sn、3% Zn、其余为铜的锡青铜。铸造青铜的编号前加"Z"。

（一）锡青铜

锡青铜是我国历史上使用得最早的有色合金，也是最常用的有色合金之一。它的力学性能与含锡量有关。当$w(Sn) \leqslant 5\% \sim 6\%$时，Sn溶于Cu中，形成面心立方晶格的α固溶体，随着含锡量的增加，合金的强度和塑性都增加。当$w(Sn) \geqslant 5\% \sim 6\%$时，组织中出现硬而脆的δ相（以复杂立方结构的电子化合物$Cu_{31}Sn_8$为基的固溶体），虽然强度继续升高，但塑性却会下降。当$w(Sn) > 20\%$时，由于出现过多的δ相，使合金变得很脆，强度也显著下降。因此，工业上用的锡青铜的含锡量一般为3%～14%。Sn＜5%的锡青铜适宜于冷加工使用，含锡5%～7%的锡青铜适宜于热加工，大于10% Sn的锡青铜适合铸造。除Sn以外，锡青铜中一般含有少量Zn、Pb、P、Ni等元素。Zn提高低锡青铜的力学性能和流动性。Pb能改善青铜的耐磨性能和切削加工性能，却要降低力学性能。Ni能细化青铜的晶粒，提高力学性能和耐蚀性。P能提高青铜的韧性、硬度、耐磨性和流动性。

（二）铝青铜

以铝为主要合金元素的铜合金称为铝青铜。铝青铜的强度和抗蚀性比黄铜和锡青铜还高，它是锡青铜的代用品，常用来制造弹簧、船舶零件等。

铝青铜与上述介绍的铜合金有明显不同的是可通过热处理进行强化。其强化原理是利用淬火能获得类似钢的马氏体的稳定组织，使合金强化。铝青铜有良好的铸造性能。在大气、海水、碳酸及大多数有机酸中具有比黄铜和锡青铜更高的耐蚀性，此外，还有耐磨损、冲击时不发生火花等特性。但铝青铜也有缺点，它的体积收缩率比锡青铜大，铸件内容易产生难熔的氧化铝，难于钎焊，在过热的蒸汽中不稳定。

（三）铍青铜

以铍为合金化元素的铜合金称为铍青铜。它是极其珍贵的金属材料，热处理强化后的抗拉强度可高达1250～1500MPa，HB可达350～400，远远超过任何铜合金，可与高强度合金钢媲美。铍青铜的含铍量在1.7%～2.5%之间，铍溶于铜中形成α固溶体，固溶度随温度变化而发生很大改变，它是唯一可以固溶时效强化的铜合金，经过固溶处理和人工时效后，可以得到很高的强度和硬度。

铍青铜具有很高的弹性极限、疲劳强度、耐磨性和抗蚀性，导电、导热性极好，并且耐热、无磁性，受冲击时不产生火花。因此铍青铜常用来制造各种重要弹性元件，耐磨零件（钟表齿轮，高温、高压、高速下的轴承）及防爆工具等。但铍是稀有金属，价格昂贵，在使用上受到限制。表9-7是各种青铜的牌号、成分、性能和主要用途。

表9-7 各种青铜的牌号、成分、性能和主要用途

<table>
<tr><th rowspan="2">类别</th><th rowspan="2">牌 号</th><th colspan="2">化学成分（质量分数）/%</th><th rowspan="2">状态</th><th colspan="3">力学性能</th><th rowspan="2">用 途</th></tr>
<tr><th>主加元素</th><th>其他</th><th>R_m/MPa</th><th>A/%</th><th>HBS</th></tr>
<tr><td rowspan="8">锡青铜</td><td rowspan="2">QSn4-3</td><td rowspan="2">Sn3.5～4.5</td><td rowspan="2">Zn2.7～3.7、Cu其余</td><td>T</td><td>350</td><td>40</td><td>60</td><td rowspan="2">制作弹性元件、化工设备的耐蚀零件、抗磁零件、造纸工业用刮刀</td></tr>
<tr><td>L</td><td>550</td><td>4</td><td>160</td></tr>
<tr><td rowspan="2">QSn7-0.2</td><td rowspan="2">Sn6.0～8.0</td><td rowspan="2">P0.10～0.25、Cu其余</td><td>T</td><td>360</td><td>64</td><td>75</td><td rowspan="2">制作中等负荷、中等滑动速度下承受摩擦的零件，如抗磨垫圈、轴套、蜗轮等</td></tr>
<tr><td>L</td><td>500</td><td>15</td><td>180</td></tr>
<tr><td rowspan="2">ZCuSn5Pb5Zn5</td><td rowspan="2">Sn4.0～6.0</td><td rowspan="2">Zn4.0～6.0、Pb4.0～6.0 Cu其余</td><td>S</td><td>180</td><td>8</td><td>59</td><td rowspan="2">在较高负荷、中等滑速下工作的耐磨、耐蚀零件，如轴瓦、衬套、离合器等</td></tr>
<tr><td>J</td><td>200</td><td>10</td><td>64</td></tr>
<tr><td rowspan="2">ZCuSn10P1</td><td rowspan="2">Sn9.0～11.0</td><td rowspan="2">P0.5～1.0、Cu其余</td><td>S</td><td>220</td><td>3</td><td>79</td><td rowspan="2">用于高负荷和高滑速下工作的耐磨零件，如轴瓦等</td></tr>
<tr><td>J</td><td>250</td><td>5</td><td>89</td></tr>
<tr><td rowspan="3">铅青铜</td><td>ZCuPb30</td><td>Pb27.0～33.0</td><td>Cu其余</td><td>J</td><td></td><td></td><td>25</td><td>要求高滑速的双金属轴瓦减摩零件</td></tr>
<tr><td rowspan="2">ZCuPb15Sn8</td><td rowspan="2">Sn7.0～9.0
Pb13.0～17.0</td><td rowspan="2">Cu其余</td><td>S</td><td>170</td><td>5</td><td>59</td><td rowspan="2">制造冷轧机的铜冷却管、冷冲击的双金属轴承等</td></tr>
<tr><td>J</td><td>200</td><td>6</td><td>64</td></tr>
<tr><td rowspan="3">铝青铜</td><td rowspan="2">ZCuAl9Mn2</td><td rowspan="2">Al8.5～10.0、Mn1.5～2.5</td><td rowspan="2">Cu其余</td><td>S</td><td>390</td><td>20</td><td>83</td><td rowspan="2">耐磨、耐蚀零件，形状简单的大型铸件和要求气密性高的铸件</td></tr>
<tr><td>J</td><td>440</td><td>20</td><td>93</td></tr>
<tr><td>ZCuAl9Fe4 Ni4Mn2</td><td>Ni4.0～5.0
Al8.5～10.0
Fe4.0～5.0</td><td>Mn0.8～2.5、Cu其余</td><td>S</td><td>630</td><td>16</td><td>157</td><td>要求强度高、耐蚀性好的重要铸件，可用于制造轴承、齿轮、蜗轮、阀体等</td></tr>
<tr><td rowspan="2">铍青铜</td><td rowspan="2">QBe2</td><td rowspan="2">Be1.9～2.2</td><td rowspan="2">Ni0.2～0.5、Cu其余</td><td>T</td><td>500</td><td>40</td><td>90</td><td rowspan="2">重要的弹簧和弹性元件，耐磨零件以及在高速、高压和高温下工作的轴承</td></tr>
<tr><td>L</td><td>850</td><td>4</td><td>250</td></tr>
</table>

注：T—退火状态；L—冷变形状态；S—砂型铸造；J—金属型铸造。

习题与思考题

1. 铸造铝合金（如 Al-Si 合金）为何要进行变质处理？
2. 以 Al-Cu 合金为例，说明时效硬化的基本过程及影响时效硬化过程的因素。
3. 铝合金能像钢一样进行马氏体相变强化吗，可以通过渗碳、氮化的方式表面强化吗，为什么？
4. 铝合金的自然时效与人工时效有什么区别，选用自然时效或人工时效的原则是什么？
5. 铜合金的性能有何特点，铜合金在工业上的主要用途是什么？
6. 哪些合金元素常用来制造复杂黄铜，这些合金元素在黄铜中存在的形态是怎样的？
7. 锡青铜属于什么合金，为什么工业用锡青铜的含锡量一般不超过 14%？
8. 铝合金的强化方式有哪几种，试就工业用铝各举一例说明。

第十章　非金属材料

第一节　高分子材料

高分子材料又称为高聚物，通常，高聚物根据力学性能和使用状态可分为橡胶、塑料、合成纤维、胶黏剂和涂料等五类。各类高聚物之间并无严格的界限，同一高聚物，采用不同的合成方法和成型工艺，可以制成塑料，也可制成纤维，比如尼龙就是如此。而像聚氨酯一类的高聚物，在室温下既有玻璃态的性质，又有很好的弹性，所以很难说它是橡胶还是塑料。

一、塑料

按照应用范围，通常可将塑料分为三种。

（一）通用塑料

通用塑料主要包括聚乙烯、聚氯乙烯、聚苯乙烯、聚丙烯、酚醛塑料和氨基塑料等六大品种。这一类塑料的特点是产量大、用途广、价格低，它们占塑料总产量的3/4以上，大多数用于日常生活用品。其中，以聚乙烯、聚氯乙烯、聚苯乙烯、聚丙烯这四大品种用途最广泛。

（1）聚乙烯（PE）。生产聚乙烯的原料均来自于石油或天然气，它是塑料工业产量最大的品种。聚乙烯的相对密度比较小（$0.91 \sim 0.97 g/cm^3$），耐低温，电绝缘性能好，耐蚀性好。高压聚乙烯质地柔软，适于制造薄膜；低压聚乙烯质地坚硬，可作一些结构零件。聚乙烯的缺点是强度、刚度、表面硬度都比较低，蠕变大，热膨胀系数大，耐热性低，且容易老化。

（2）聚氯乙烯（PVC）。聚氯乙烯是最早工业生产的塑料产品之一，产量仅次于聚乙烯，广泛用于工业、农业和日用制品。聚氯乙烯耐化学腐蚀、不燃烧、成本低、加工容易；但它耐热性差，冲击强度较低，还有一定的毒性。聚氯乙烯要用于制作食品和药品的包装，必须采用共聚和混合的方法改进，制成无毒聚氯乙烯产品。

（3）聚苯乙烯（PS）。聚苯乙烯是20世纪30年代的老产品，目前是产量仅次于前两者的塑料品种。它有很好的加工性能，其薄膜具有优良的电绝缘性，常用于电器零件；它的发泡材料相对密度小（$0.33g/cm^3$），有良好的隔音、隔热、防震性能，广泛应用于仪器的包装和隔音材料。聚苯乙烯易加入各种颜料制成色彩鲜艳的制品，用来制造玩具和各种日用器皿。

（4）聚丙烯（PP）。聚丙烯工业化生产较晚，但因其原料易得，价格便宜，用途广泛，所以产量剧增。它的优点是相对密度小，是塑料中最轻的，而它的强度、刚度、表面硬度都比PE塑料大；它无毒，耐热性也好，是常用塑料中唯一能在水中煮沸、经受消毒温度（130℃）的品种。但聚丙烯的黏合性、染色性、印刷性均比较差，低温易脆化，易受热、经光作用会变质，且易燃，收缩大。聚丙烯有优良的综合性能，目前主要用于制造各种机械零件，如法兰、齿轮、接头、把手、各种化工管道、容器等，它还被广泛用于制造各种家用电器的外壳和药品、食品的包装等。

（二）工程塑料

工程塑料是指能作为结构材料在机械设备和工程结构中使用的塑料。它们的力学性能较好，耐热性和耐腐蚀性也比较好，是当前大力发展的塑料品种。这类塑料主要有：聚酰胺、聚甲醛、有机玻璃、聚碳酸酯、ABS塑料、聚苯醚、聚砜、氟塑料等。

（1）聚酰胺（PA）。聚酰胺又叫尼龙或锦纶，是最先发现能承受载荷的热塑性塑料，在机械工业中应用比较广泛。它的机械强度较高，耐磨、自润滑性好，而且耐油、耐蚀、消音、减震，大量用于制造小型零件，可代替有色金属及其合金。

（2）聚甲醛（POM）。甲醛是没有侧链、高密度、高结晶性的线型聚合物，性能比尼龙好，但耐候性较差。聚甲醛按分子链化学结构的不同可分为均聚甲醛和共聚甲醛。聚甲醛广泛应用于汽车、机床、化工、电器仪表、农机等。

（3）聚碳酸酯。聚碳酸酯是新型的热塑性工程塑料，品种很多，工程上常用的是芳香族聚碳酸酯，其综合性能很好，近年来发展很快，产量仅次于尼龙。聚碳酸酯的化学稳定性也很好，能抵抗日光、雨水和气温变化的影响，它的透明度高，成型收缩率小，制件尺寸精度高，广泛应用于机械、仪表、电讯、交通、航空、光学照明、医疗器械等方面。如波音747飞机上就有2500个零件用聚碳酸酯制造，其总重量达2t。

（4）ABS塑料。ABS是由丙烯腈、丁二烯、苯乙烯三种组元组成的，三个单体量可以任意变化，制成各种品级的树脂。ABS具有三种组元的共同性能，丙烯腈可耐化学腐蚀，具有一定的表面硬度，丁二烯具有韧性，苯乙烯具有热塑性的加工特性，因此ABS是具有“坚韧、质硬、刚性”的材料。ABS塑料性能好，而且原料易得，价格便宜，所以在机械加工、电器制造、纺织、汽车、飞机、轮船、化工等工业中得到广泛应用。

（5）聚苯醚（PPO）。聚苯醚是线型、非结晶的工程塑料，具有很好的综合性能。它的最大特点是使用温度范围大（-190~190℃），达到热固性塑料的水平；它的耐摩擦磨损性能和电性能也很好，还具有卓越的耐水、蒸汽性能。所以聚苯醚主要用在较高温度下工作的齿轮、轴承、凸轮、泵叶轮、鼓风机叶片、水泵零件、化工用管道、阀门以及外科医疗器械等。

（6）聚砜（PSF）。聚砜是分子链中具有硫键的透明树脂，具有良好的综合性能，它耐热性、抗蠕变性好，长期使用温度为150~174℃，脆化温度为-100℃。广泛应用于电器、机械设备、医疗器械、交通运输等。

（7）聚四氟乙烯（F-4）。聚四氟乙烯是氟塑料中的一种，具有很好的耐高、低温，耐腐蚀等性能。聚四氟乙烯几乎不受任何化学药品的腐蚀，它的化学稳定性超过了玻璃、陶瓷、不锈钢，甚至金、铂，俗称“塑料王”。由于聚四氟乙烯的使用范围广，化学稳定性好，介电性能优良，自润滑和防黏性好，所以在国防、科研和工业中占有重要的地位。

（8）有机玻璃（PMMA）。有机玻璃的化学名称是“聚甲基丙烯酸甲酯”。它是目前最好的透明材料，透光率可达到92%以上，比普通玻璃好，且相对密度小（1.18），仅为玻璃的一半。有机玻璃有很好的加工性能，常用来制作飞机的座舱、弦舱，电视和雷达标图的屏幕，汽车风挡，仪器和设备的防护罩，仪表外壳，光学镜片等。有机玻璃的缺点是耐磨性差，也不耐某些有机溶剂。

（三）特种塑料

具有某些特殊性能，满足某些特殊要求的塑料。这类塑料产量低，价格贵，只用于特殊需要的场合，如医用塑料等。

二、橡胶

橡胶是具有高弹性的轻度交联的线型高聚物，它们在很宽的温度范围内处于高弹状态。一般橡胶在 -40 ~ 80℃范围内具有高弹性，某些特种橡胶在 -100℃的低温和200℃高温下都会保持高弹性。橡胶的弹性模数很低，只有1MPa，在外力作用下变形量可达100% ~ 1000%，外力去除又很快恢复原状。橡胶具有优良的伸缩性，良好的储能能力和耐磨、隔音、绝缘等性能，广泛用于制作密封件、减振件、传动件、轮胎和电线等制品。

纯弹性体的性能随温度变化很大，如高温发黏，低温变脆，必须加入各种配合剂，经加温加压的硫化处理，才能制成各种橡胶制品。硫化剂加入量大时，橡胶硬度增高。硫化前的橡胶称为生胶，硫化后的橡胶有时也称为橡皮。常用橡胶品种的性能及用途见表10-1。

表10-1　常用橡胶的性能及用途

名　称	通　用　橡　胶					
	天然	丁苯	顺丁	丁醛	氯丁	丁腈
代　号	NR	SBR	BR	HB	CR	NBR
抗拉强度/MPa	25 ~ 30	15 ~ 20	18 ~ 25	17 ~ 21	25 ~ 27	15 ~ 30
伸长率/%	650 ~ 900	500 ~ 800	450 ~ 800	650 ~ 800	800 ~ 1000	300 ~ 800
使用温度/℃	-50 ~ 120	-50 ~ 140	-73 ~ 120	120 ~ 170	-35 ~ 130	-35 ~ 175
抗撕性	好	中	中	中	好	中
耐磨性	中	好	好	中	中	中
回弹性	好	中	好	中	中	中
耐油性	差			中	好	好
耐碱性	好	好	好	好	好	
耐老化	中	中	中	好	好	中
价　格		高			高	
特殊性能	高强、绝缘、防震	耐磨	耐磨、耐寒	耐酸碱、气密、绝缘	耐酸碱、耐燃	耐油、耐水、气密
用途举例	通用制品、轮胎	通用制品、轮胎、胶板、胶布	轮胎、耐寒运输带	内胎、水胎、化工衬里、防震品	胶管、电缆、胶黏剂汽车门窗嵌条	油管、耐油密封垫圈汽车配件

续表 10-1

名 称	特 种 橡 胶				
	聚氨酯	乙丙	氟	硅	聚硫
代 号	UR	EPDM	FPM	Si	TR
抗拉强度/MPa	20~35	10~25	20~22	4~10	9~15
伸长率/%	300~800	400~800	100~500	50~500	100~700
使用温度/℃	-30~80	-40~150	-50~300	-70~275	-7~130
抗撕性	中	好	中	差	差
耐磨性	好	中	中	差	差
回弹性	中	中	中	差	差
耐油性	好		好		好
耐碱性	差	好	好		好
耐老化		好	好	好	好
价 格			高	高	
特殊性能	高强、耐磨	耐水、绝缘	耐油碱、耐热、真空	耐热、绝缘	耐油、耐碱
用途举例	实心轮胎、胶辊、耐磨件	气配件散热管耐热胶管、绝缘件	化工衬里、高级密封件、高真空橡胶件	耐高低温制品、耐高温绝缘件、印模	腻子密封胶、丁腈橡胶改性用

三、合成胶黏剂

胶黏剂统称为胶，它以黏性物质为基础，并加入各种添加剂组成。它可将各种零件、构件牢固地胶结在一起，有时可部分代替铆接或焊接等工艺。由于胶黏工艺操作简便，接头处应力分布均匀，接头的密封性、绝缘性和耐蚀性较好，且可连接各种材料，所以在工程中应用日益广泛。

胶黏剂分为天然胶黏剂和合成胶黏剂两种，浆糊、虫胶和骨胶等属于天然胶黏剂，而环氧树脂、氯丁橡胶等则属于合成胶黏剂。通常，人工合成树脂型胶黏剂由黏剂（如酚醛树脂、聚苯乙烯等）、固化剂、填料及各种附加剂（增韧剂、抗氧剂等）组成。根据使用要求可选择不同的配比。胶黏剂不同，形成胶接接头的方法也不同。有的接头在一定的温度和时间条件下由固化形成；有的加热胶接，冷凝后形成接头；还有的需先溶入易挥发的溶液中，胶接后溶剂挥发形成接头。

第二节 陶瓷材料

一、陶瓷材料的分类

无机非金属材料按照成分和结构，主要分为无机玻璃、玻璃陶瓷和陶瓷材料三大类。无机玻璃与酸性氧化物和碱性氧化物的高黏度的复杂固体物质，具有无定形结构。玻璃陶瓷又叫玻璃晶体材料，是在无机玻璃完全或部分结晶的基础上得到的，结构处于玻璃和陶瓷之间。陶瓷材料是由成型矿物质高温烧制（烧结）的无机物材料。陶瓷材料可分为传统陶瓷、特种陶瓷和金属陶瓷三种。

传统陶瓷是以黏土、长石和石英等天然原料，经过粉碎、成型和烧结制成的，主要用作日用、建筑、卫生以及工业上应用的绝缘、耐酸、过滤陶瓷等。

特种陶瓷是以人工化合物为原料制成的，如氧化物、氮化物、碳化物、硅化物、硼化物和氟化物瓷以及石英质、刚玉质、碳化硅质过滤陶瓷等。这类陶瓷具有独特的力学、物理、化学、电、磁、光学等性能，可满足工程技术的特殊需要，主要用于化工、冶金、机械、电子、能源和一些新技术中。在特种陶瓷中，按性能可分为高强度陶瓷、高温陶瓷、耐磨陶瓷、耐酸陶瓷、压电陶瓷、电介质陶瓷、光学陶瓷、半导体陶瓷、磁性陶瓷和生物陶瓷。按照化学组成分类，特种陶瓷可分为氧化物陶瓷、氮化物陶瓷、碳化物陶瓷、复合瓷和纤维增强陶瓷等。

金属陶瓷是由金属和陶瓷组成的材料，它综合了金属和陶瓷两者的大部分有用的特性。按照这种材料的生产方法，以前常将其归属于陶瓷材料一类，现在则多将其算作复合材料。

二、传统陶瓷（普通陶瓷）

传统陶瓷就是黏土类陶瓷，它产量大，应用广。大量用于日用陶器、瓷器、建筑工业、电器绝缘材料、耐蚀要求不很高的化工容器、管道，以及力学性能要求不高的耐磨件，如纺织工业中的导纺零件等。

三、特种陶瓷

现代工业要求高性能的制品，用人工合成的原料，采用普通陶瓷的工艺制得的新材料，称为特种陶瓷。它包括氧化物陶瓷、氮化硅陶瓷、碳化硅陶瓷、氮化硼陶瓷等几种。

（1）氧化铝陶瓷。这是以 Al_2O_3 为主要成分的陶瓷，Al_2O_3 含量大于46%，也称为高铝陶瓷。Al_2O_3 含量在90%～99.5%时称为刚玉瓷。按 Al_2O_3 的成分可分为75瓷、85瓷、96瓷、99瓷等。氧化铝含量越高性能越好。氧化铝瓷耐高温性能很好，在氧化气氛中可在1950℃的高温下使用。氧化铝瓷的硬度高、电绝缘性能好、耐蚀性和耐磨性也很好。可用作高温器皿、刀具、内燃机火花塞、轴承、化工用泵、阀门等。

（2）氮化硅陶瓷。氮化硅是键性很强的共价键化合物，稳定性极强，除氢氟酸外，能耐各种酸和碱的腐蚀，也能抵抗熔融有色金属的浸蚀。氮化硅的硬度很高，仅次于金刚石、立方氮化硼和碳化硼。具有良好的耐磨性，摩擦系数小，只有0.1～0.2，相当于加油的金属表面。氮化硅还有自润滑性，可在润滑剂的条件下使用，是一种非常优良的耐磨材料。氮化硅的热膨胀系数小，有极好的抗温度急变性。

氮化硅按生产方法分为热压烧结法和反应烧结法两种。反应烧结氮化硅可用于耐磨、耐腐蚀、耐高温、绝缘的零件，如腐蚀介质下工作的机械密封环、高温轴承、热电偶套管、输送铝液的管道和阀门、燃气轮机叶片、炼钢生产的铁水流量计以及农药喷雾器的零件等。热压烧结氮化硅主要用于刀具，可进行淬火钢、冷硬铸铁等高硬材料的精加工和半精加工，也用于钢结硬质合金、镍基合金等的加工，它的成本比金刚石和立方氮化硼刀具低。热压氮化硅还可作转子发动机的叶片、高温轴承等。

（3）碳化硅陶瓷。碳化硅的高温强度大，其他陶瓷在1200～1400℃时强度显著下降，而碳化硅的抗弯强度在1400℃时仍保持500～600MPa。碳化硅的热传导能力很高，仅次于氧化铍，它的热稳定性、耐蚀性、耐磨性也很好。

碳化硅是用于1500℃以上工作部件的良好结构材料，如火箭尾喷管的喷嘴、浇注金属中的喉嘴以及炉管、热电偶套管等。还可用作高温轴承、高温热交换器、核燃料的包封材料以及各种泵的密封圈等。

（4）氮化硼陶瓷。氮化硼晶体属六方晶系，结构与石墨相似，性能也有很多相似之处，所以又叫“白石墨”。它有良好的耐热性、热稳定性、导热性、高温介电强度，是理想的散热材料和高温绝缘材料。氮化硼的化学稳定性好，能抵抗大部分熔融金属的浸蚀。它也具有很好的自润滑性。氮化硼制品的硬度低，可进行机械加工，精度为1/100mm。氮化硼可用于制造熔炼半导体的坩埚及冶金用高温容器、半导体散热绝缘零件、高温轴承、热电偶套管及玻璃成型模具等。

氮化硼的另一种晶体结构是立方晶格。立方氮化硼结构牢固，硬度和金刚石接近，是优良的耐磨材料，也可用于制造刀具。

（5）氧化锆陶瓷。氧化锆的熔点为2715℃，在氧化气氛中2400℃时是稳定的，使用温度可达到2300℃。它的导热率小，高温下是良好的隔热材料。室温下是绝缘体，到1000℃以上成为导电体，可用作1800℃以上的高温发热体。氧化锆陶瓷一般用作钯、铑等金属的坩埚、离子导电材料等。

（6）氧化铍陶瓷。氧化铍的熔点为2570℃，在还原性气氛中特别稳定。它的导热性极好，和铝相近，其抗热冲击性很好，适于作高频电炉的坩埚。还可以用作激光管、晶体管散热片、集成电路的外壳和基片等。但氧化铍的粉末和蒸汽有毒性，这影响了它的使用。

（7）氧化镁陶瓷。氧化镁的熔点为2800℃，在氧化气氛中使用可在2300℃保持稳定，但在还原性气氛中使用时1700℃就不稳定了。氧化镁陶瓷是典型的碱性耐火材料，用于冶炼高纯度铁、铁合金、铜、铝、镁等以及熔化高纯度铀、钍及其合金。它的缺点是机械强度低、热稳定性差，容易水解。

第三节 复合材料

复合材料是两种或两种以上化学本质不同的人工合成的材料。其结构为多相，一类组成（或相）为基体，起黏结作用，另一类为增强相。所以复合材料可以认为是一种多相材料，它的某些性能比各组成相的性能都好。

我们已经研究过某些复合材料，那是一些在显微尺度上进行增强的材料。贝氏体、回火马氏体及沉淀硬化（时效硬化）合金都是通过细小颗粒硬化相的弥散而得到强化的。例如，回火马氏体（α相+碳化物）的抗拉强度可超过1400MPa，而单独的铁素体（α相）其抗拉强度则低于此值的20%。发生强化的原因就是在于材料中形变相的应变受到刚性相的制约。

一、复合材料的基本类型与组成

复合材料按基体类型可分为金属基复合材料、高分子基复合材料和陶瓷基复合材料三类。目前应用最多的是高分子基复合材料和金属基复合材料。

复合材料按性能可分为功能复合材料和结构复合材料。前者还处于研制阶段，已经大量研究和应用的主要是结构复合材料。

复合材料按增强相的种类和形状可分为颗粒增强复合材料、纤维增强复合材料和层状增强复合材料。其中，发展最快，应用最广的是各种纤维（玻璃纤维、碳纤维、硼纤维、SiC 纤维等）增强的复合材料。

二、复合材料的特点

（一）比强度和比模量

许多近代动力设备和结构，不但要求强度高，而且要求质量轻。设计这些结构时遇到的关键问题是平方-立方关系，即结构强度和刚度随线尺寸的平方（横截面积）而增加，而质量随线尺寸的立方而增加。这就要求使用比强度（强度/密度）和比模量（弹性模量/密度）高的材料。复合材料的比强度和比模量都比较大，例如碳纤维和环氧树脂组成的复合材料，其比强度是钢的七倍，比模量比钢大三倍。

（二）耐疲劳性能

复合材料中基体和增强纤维间的界面能够有效地阻止疲劳裂纹的扩展。疲劳破坏在复合材料中总是从承载能力比较薄弱的纤维处开始的，然后逐渐扩展到结合面上，所以复合材料的疲劳极限比较高。例如碳纤维-聚酯树脂复合材料的疲劳极限是拉伸强度的 70% ~80%，而金属材料的疲劳极限只有强度极限值的 40% ~50%。图 10-1 是三种材料的疲劳性能的比较。

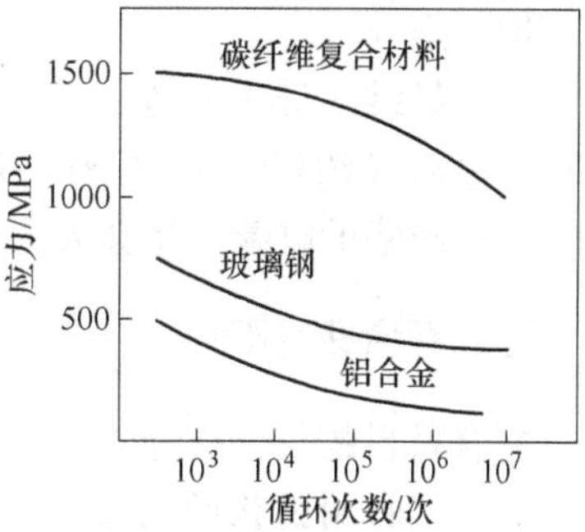

图 10-1 三种材料疲劳性能比较

（三）减震性能

许多机器、设备的振动问题十分突出。结构的自振频率除与结构本身的质量、形状有关外，还与材料的比模量的平方根成正比。材料的比模量越大，则其自振频率越高，可避免在工作状态下产生共振及由此引起的早期破坏。此外，即使结构已产生振动，由于复合材料的阻尼特性好（纤维与基体的界面吸振能力强），振动也会很快衰减。图 10-2 是两种不同材料的阻尼特性的比较。

（四）耐高温性能

由于各种增强纤维一般在高温下仍可保持高的强度，所以用它们增强的复合材料的高温强度和弹性模量均较高，特别是金属基复合材料。例如 7075-76 铝合金，在 400℃时，弹性模量接近于零，强度值也从室温时的 500MPa 降至 30 ~50MPa。而碳纤维或硼纤维增强组成的复合材料，在 400℃时，强度和弹性模量可保持接近室温下的水平。碳纤维增强的镍基合金也有类似的情况。图 10-3 是几种增强纤维的高温强度。

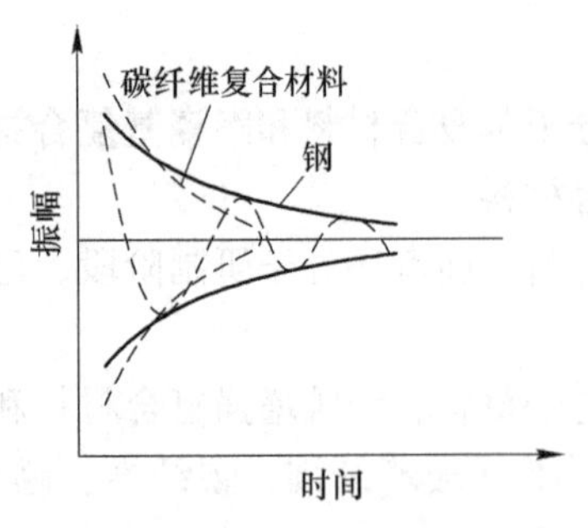

图 10-2 两种材料的阻尼特性的比较

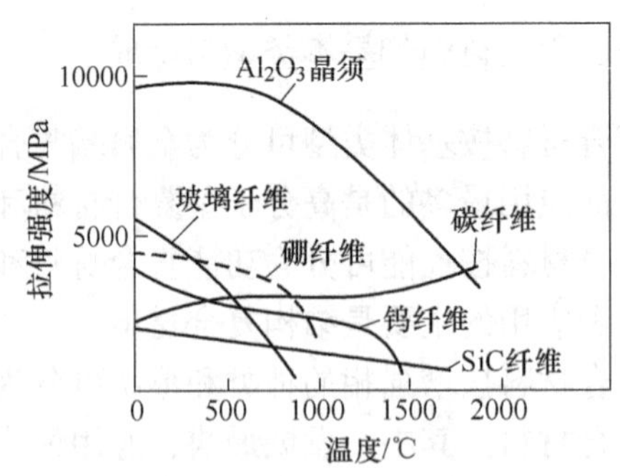

图 10-3 几种增强纤维的高温强度

(五) 断裂安全性

纤维增强复合材料是力学上典型的静不定体系，在每平方厘米的截面上，有几千至几万根增强纤维（直径一般为 10 ~ 100μm），当其中一部分受载荷作用断裂后，应力会迅速重新分布，载荷由未断裂的纤维承担起来，所以断裂安全性好。

(六) 其他性能特点

许多复合材料都具有良好的化学稳定性、隔热性、烧蚀性以及特殊的电、光、磁等性能。

复合材料进一步推广使用的主要问题是，断裂伸长小，抗冲击性能尚不够理想，生产工艺方法中手工操作多，难以自动化生产，间断式生产周期长，效率低，加工出的产品质量不够稳定等。

增强纤维的价格很高，使复合材料的成本比其他工程材料高得多。虽然复合材料利用率比金属高（约 80%），但在一般机器和设备上使用仍然是不够经济的。

上述缺陷的改善，将会大大地推动复合材料的发展和应用。

三、复合理论简介

复合材料的复合机理的研究目前尚不成熟，所以只介绍提高力学性能的复合理论。

(一) 影响强化的因素

1. 粒子增强复合材料

粒子增强复合材料的主要承受载荷是基体材料，在粒子增强复合材料中的粒子高度弥散地分布在基体中，使其阻碍导致塑性变形的位错运动（金属基体）或分子链运动（高聚物基体）。粒子直径一般在 0. 01 ~0. 1μm 范围内时增强效果最好，直径过大时，可引起应力集中，直径小于 0. 01μm 时，则近于固溶体结构，作用不大。增强粒子的数量大于 20% 时，称为粒子增强性复合材料，含量较少时称为弥散强化复合材料。

2. 纤维增强复合材料

纤维增强复合材料复合的效果取决于纤维和基体本身的性质、两者界面间物理、化学作用的特点以及纤维的含量、长度、排列方式等因素。为了达到纤维增强的目的，必须注意以下问题：

(1) 纤维增强复合材料中承受外加载荷主要靠增强纤维。因此应选择强度和弹性模量都高于基体的纤维材料作增强剂。

(2) 纤维和基体之间要有一定的黏结作用，两者之间的结合力要能保证基体所受的力通过界面传递给纤维。但结合力不能过大，因为复合材料受力破坏时，纤维从基体中拔出时要消耗能量，过大的结合力使纤维失去拔出过程，而发生脆性断裂。

（3）纤维的排布方向要和构件的受力方向一致，才能发挥增强作用。

（4）纤维和基体的热膨胀系数应相适应。

（5）纤维所占的体积百分比必须大于一定的体积含有率。

（6）不连续短纤维必须大于一定的长度。

（二）连续纤维复合材料的强度理论

连续纤维复合材料的强度理论，见式（10-1）~式（10-3）。

$$\sigma_c = \sigma_f V_f + \sigma_m V_m \tag{10-1}$$

$$E_c = E_f V_f + E_m V_m \tag{10-2}$$

$$V_f + V_m = 1 \tag{10-3}$$

式中 σ_c——复合材料的强度；

σ_f——增强纤维的强度；

σ_m——基体材料的强度；

E_c——复合材料的弹性模量；

E_f——增强纤维的弹性模量；

E_m——基体的弹性模量；

V_f——增强纤维的体积百分数；

V_m——基体的体积百分数。

需要说明的是，此式并不是对所有的体积百分数都有效，V_f 只有在大于某个值后才能起到增强效果。同样，该式对纤维的长度也有一定的要求。

（三）复合材料的界面

土木工程师知道，在钢筋与混凝土之间的界面上会产生剪应力。为此，一般在预应力钢筋的表面带有螺纹状突起。在增强纤维与其周围基体之间，也存在着类似的剪应力。但是，这里的剪应力是由化学结合而不是由机械结合来承担的。所以，复合材料界面结合情况是决定复合材料性能的重要因素。

增强纤维与基体之间的结合强度对复合材料的性能影响很大。如果界面结合强度低，则增强纤维与基体很容易分离，起不到增强作用，但如果界面结合强度太高，则增强纤维与基体之间应力无法松弛，从而形成脆性断裂。

四、纤维增强材料

（1）玻璃纤维。玻璃纤维有较高的强度，相对密度小，化学稳定性高，耐热性好，价格低。缺点是脆性较大，耐磨性差，纤维表面光滑而不易与其他物质结合。

玻璃纤维可制成长纤维和短纤维，也可以织成布，制成毡。

（2）碳纤维与石墨纤维。有机纤维在惰性气体中，经高温碳化可以制成碳纤维和石墨纤维。在2000℃以下可制得碳纤维，再经2500℃以上处理得石墨纤维。

碳纤维的相对密度小，弹性模量高，而且在2500℃无氧气氛中也不会降低。

石墨纤维的耐热性和导电性比碳纤维高，并具有自润滑性。

（3）硼纤维。硼纤维是用化学沉积的方法将非晶态硼涂覆到钨和碳丝上面制得的。

硼纤维强度高，弹性模量大，耐高温性能好。在现代航空结构材料中，硼纤维的弹性模量绝对值最高，但硼纤维的相对密度大，伸长率差，价格昂贵。

（4）SiC 纤维。SiC 纤维是一种高熔点、高强度、高弹性模量的陶瓷纤维。它可以用化学沉积法及有机硅聚合物纺丝烧结法制造 SiC 连续纤维。SiC 纤维的突出优点是具有优良的高温强度。

（5）晶须。晶须是直径只有几微米的针状单晶体，是一种新型的高强度材料。

晶须包括金属晶须和陶瓷晶须。金属晶须中可批量生产的是铁晶须，其最大特点是可在磁场中取向，可以很容易地制取定向纤维增强复合材料。陶瓷晶须比金属晶须强度高，相对密度低，弹性模量高，耐热性好。

（6）其他纤维。天然纤维和高分子合成纤维也可作增强材料，但性能较差。美国杜邦公司开发了一种叫做 Kevlar（芳纶）的新型有机纤维，其弹性模量和强度都较高，通常用作高强度复合材料的增强纤维。Kevlar 纤维刚性大，其弹性模量为钢丝的 5 倍，密度只有钢丝的 1/5 ~ 1/6，比碳纤维轻 15%，比玻璃纤维轻 45%。Kevlar 纤维的强度高于碳纤维和经过拉伸的钢丝，热膨胀系数低，具有高的疲劳抗力，良好的耐热性，而且其价格低于碳纤维，是一种很有发展前途的增强纤维。

五、玻璃纤维增强塑料

玻璃纤维增强塑料通常称为“玻璃钢”。由于其成本低，工艺简单，所以目前是应用最广泛的复合材料。它的基体可以是热塑性塑料，如尼龙、聚碳酸酯、聚丙烯等；也可以是热固性塑料，如环氧树脂、酚醛树脂、有机硅树脂等。

玻璃钢可用于制造汽车、火车、拖拉机的车身及其他配件，也可应用于机械工业的各种零件，玻璃钢在造船工业中应用也越来越广泛，如玻璃钢制造的船体耐海水的腐蚀性好，制造的深水潜艇，比钢壳的潜艇潜水深 80%。玻璃钢的耐酸、碱腐蚀性能好，在石油化工工业中可用来制造各种罐、管道、泵、阀门、贮槽等。玻璃钢还是很好的电绝缘材料，可制造电机零件和各种电器。

习题与思考题

1. 高分子材料的特点是什么？请举例子说明。
2. 作为高分子材料，橡胶和塑料在何种状态下使用？
3. 塑料的组成是什么？请分别阐述。
4. 陶瓷的性能、分类和主要成型方法是什么？
5. 什么是复合材料？复合材料有什么特性？
6. 编织袋、啤酒转运箱、旅行包、太空杯分别选用什么材料？

参 考 文 献

[1] 王运炎. 机械工程材料 [M]. 北京：机械工业出版社，2008.

[2] 张继世. 机械工程材料基础 [M]. 北京：高等教育出版社，2000.

[3] 王孝达. 金属工艺学 [M]. 北京：高等教育出版社，2005.

[4] 刘俊尧. 金属工艺基础 [M]. 西安：西北工业大学出版社，2009.

[5] 周飞. 金属学与热处理 [M]. 北京：电子工业出版社，2007.

[6] 安会芬. 金属材料与热处理 [M]. 北京：机械工业出版社，2014.

[7] 崔忠圻. 金属学与热处理 [M]. 北京：机械工业出版社，2012.

[8] 刘宗昌. 金属学与热处理 [M]. 北京：化学工业出版社，2008.

[9] 卞洪元. 金属工艺学 [M]. 北京：北京理工大学出版社，2009.

[10] 司乃钧，吕烨. 工程材料与热加工 [M]. 北京：高等教育出版社，2012.

[11] 彭广威. 金属材料与热处理 [M]. 北京：机械工业出版社，2012.

[12] 孙晓旭. 金属材料与热处理 [M]. 北京：机械工业出版社，2008.

[13] 丁德全. 金属工艺学 [M]. 北京：机械工业出版社，2011.

冶金工业出版社部分图书推荐

书　　名	作　者	定价(元)
材料成形计算机模拟（第2版）	辛啟斌　王琳琳　编著	28.00
材料成型过程传热原理与设备	井玉安　宋仁伯　编	22.00
材料成型与控制工程专业英语教程	徐　光　等编著	26.00
材料热工基础	张美杰　主编	40.00
当代铝熔体处理技术	柯东杰　王祝堂　编著	69.00
镀锌无铬钝化技术	张英杰　董　鹏　著	46.00
粉末冶金工艺及材料	陈文革　王发展　编著	33.00
粉末增塑近净成形技术及致密化基础理论	范景莲　著	66.00
工程材料与成型工艺	徐萃萍　赵树国　主编	32.00
金属材料成型自动控制基础	余万华　郑申白　李亚奇　编著	26.00
金属材料工程概论	刘宗昌　任慧平　郝少祥　编著	26.00
金属材料及热处理	王悦祥　任汉恩　主编	35.00
金属材料学	齐锦刚　等编著	36.00
金属材料学（第2版）	吴承建　等编著	52.00
金属材料液态成型实验教程	徐　瑞　严青松　主编	32.00
金属材料与成形工艺基础	李庆峰　主编	30.00
金属硅化物	易丹青　刘会群　王　斌　著	99.00
金属压力加工概论（第3版）	李生智　李隆旭　主编	32.00
快速凝固粉末铝合金	陈振华　陈　鼎　编著	89.00
难熔金属材料与工程应用	殷为宏　汤慧萍　编著	99.00
人造金刚石工具手册	宋月清　刘一波　主编	260.00
铁素体不锈钢	康喜范　编著	79.00
硬质合金生产原理和质量控制	周书助　编著	39.00